人与自然的和解

——以乌梁素海为例的山水林田湖草沙生态保护修复试点工程「技术指南」

内蒙古乌梁素海流域投资建设有限公司
上海同济工程咨询有限公司 著

中国环境出版集团·北京

图书在版编目（CIP）数据

人与自然的和解：以乌梁素海为例的山水林田湖草沙生态保护修复试点工程技术指南/内蒙古乌梁素海流域投资建设有限公司，上海同济工程咨询有限公司著. —北京：中国环境出版集团，2020.9

ISBN 978-7-5111-4362-4

Ⅰ. ①人… Ⅱ. ①内…②上… Ⅲ. ①淡水湖—流域—生态环境—环境保护—内蒙古 Ⅳ. ①X321.226

中国版本图书馆 CIP 数据核字（2020）第 113026 号

出 版 人　武德凯
责任编辑　韩　睿
责任校对　任　丽
封面设计　岳　帅

出版发行　中国环境出版集团
（100062　北京市东城区广渠门内大街 16 号）
网　　址：http://www.cesp.com.cn
电子邮箱：bjgl@cesp.com.cn
联系电话：010-67112765（编辑管理部）
发行热线：010-67125803，010-67113405（传真）
印　　刷　北京中科印刷有限公司
经　　销　各地新华书店
版　　次　2020 年 9 月第 1 版
印　　次　2020 年 9 月第 1 次印刷
开　　本　787×1092　1/16
印　　张　16
字　　数　290 千字
定　　价　80.00 元

编 委 会

序

党的十八大以来，从山水林田湖的“命运共同体”初具规模，到绿色发展理念融入生产生活，再到经济发展与生态改善实现良性互动，以习近平同志为核心的党中央将生态文明建设推向新高度，美丽中国新图景徐徐展开。2014年，习近平总书记考察内蒙古时指出要努力把内蒙古建设成为我国北方重要的“生态安全屏障”。2018年3月，十三届全国人大一次会议中指出要统筹山水林田湖草治理，加快乌梁素海等水生态综合治理，在祖国北疆构筑万里绿色长城。2018年6月，中央环保督察组现场督察乌梁素海流域时，明确要求加强乌梁素海生态环境保护和修复的系统研究，加快湖区和周边环境治理项目实施。

乌梁素海流域山水林田湖生态保护修复试点工程（以下简称“试点工程”）作为覆盖生态要素广、治理面积大的生态治理项目，于2018年12月在20余个省市的竞争性评审中以第一名的好成绩入围全国第三批山水林田湖草生态保护修复工程，经过内蒙古自治区党委和政府、巴彦淖尔市委和市政府、各行业主管部门、旗县区以及各参建企业的不懈努力，该项目生态治理取得了可观的成效，并在实施过程中积累了大量宝贵的生态治理经验。

随着近年来山水林田湖草生态保护修复试点工程在全国各地陆续展开，对先前没有从事过此项工作的地方政府、行业主管部门、各参建企业而言，无疑是一项重大机遇和挑战。有关生态修复方面国内有哪些成功的先例？他们是如何开展这项工作的？有哪些成功的经验和体会？治理后的效果（特别是生态恢复效果）能否持久长效？这些都是他们想迫切了解的，能有一个模板或样本供参考和借鉴，是再好不过的事情。

山水林田湖草是一个生命共同体，是相互依存、相互影响的大系统，如果种树的只管种树、治水的只管治水、护田的单纯护田，很容易顾此失彼，最终造成生态的系统性破坏，只有打破“自家一亩三分地”的思维定式，以系统工程的思路，全方位、全地域、全过程开展生态环境保护建设，才能还自然以自在、给生命以生机。在当前国家大力推进生态文明建设的背景下，我们作为大型综合生态治理的践行者，有责任为后人留下一部系统、翔实的生态保护工程技术指南，从而为现在乃至将来各项生态治理工程提供借鉴。为此，试点工程的授权实施单位内蒙古淖尔开源实业有限公司，建设单位内蒙古乌梁素海流域投资建设有限公司，全过程工程咨询单位上海同济工程咨询有限公司于2019年7月成立编写委员会，开始本书的编纂工作。一年来，通过编写者的努力以及诸多行业专家的大力支持，今天终于成书。

本书从试点工程山、水、林、田、湖、草、沙7大板块、35个子项目的实践中，选取了一批典型、先进的生态治理技术进行详细介绍，内容丰富、受众范围较广，既可作为行业相关管理、技术人员的工具书，也可作为兴趣爱好者的课外读物。书中还配了丰富的插图，让读者有身临其境、眼见为实的感觉。最后，就此机会谨向付出艰辛劳动的全体编写人员致以崇高的敬意，向为此书提供资料的单位、专家及各界人士表示衷心的感谢！

李根东

二〇二〇年六月

前言

“山水林田湖是一个生命共同体”是习近平总书记于2013年11月9日在《中共中央关于全面深化改革若干重大问题的决定》的说明中提出的治国理政方针理论。党的十八大以来，习近平总书记多次强调“山水林田湖是一个生命共同体”对发展生态文明建设的重要性。山水林田湖各生态要素之间相互影响、相互制约，共同组成完整的生态系统，从而发挥在自然界的重要功能。因此，对山水林田湖的修复治理需要从整体出发，系统统筹治理区域、治理要点。

本书将重点介绍乌梁素海流域生态保护修复试点工程，结合理论基础，介绍乌梁素海流域山水林田湖草沙生态系统修复治理的技术要点。旨在总结生态修复项目在实施过程中涉及的技术难点与措施，同时归纳了各个生态要素相应的治理手段，为后续的生态修复工程提供参考。

本书由内蒙古乌梁素海流域投资建设有限公司组织编写。由李根东、陈锐、杨卫东、王大伟主编，由上海同济工程咨询有限公司周方明、王甜、罗洋静、倪晓静、李辉、关丽罡、梁勇负责审稿。主要参编人员来自该项目全过程咨询单位上海同济工程咨询有限公司，具体分工为：王甜、贾文龙、李来成、成祯、高博、刘颖编写第1章、第3章，秦浩、柳晓军编写第2章，方齐飞、周涛、李长山、刘庆生、刘占山编写第4章，张强、费筱烨、冯太斌、龚庆碗编写第5章，燕可宇、李建峰、马建东、贺洋杰、阿拉木斯编写第6章。本书在编写过程中引用和参考了子项目案例，得到了中交公路规划设计院有限公司、中国市政工程西北设计研究院有限公司、国家林业和草原局调查规划设计院、内蒙古巴彦淖尔河套水利水电设计院、甘肃中建市政工程勘察设计研究院有限公司、中国建筑一局（集团）有限公司、中交第三公路工程局有限公司的理解与支持，同时引用了技术类的参考文献与著作，在此一并表示感谢。最后还要感谢中国环境出版集团的编辑等工作人员为本书出版所付出的辛勤劳动。

真诚欢迎广大读者对本书提出修改补充与更新完善的意见。

目录

第 1 章　山水林田湖生态保护修复试点工程　/ 1
1.1　试点工程建设的历史进程　/ 1
1.2　统筹山水林田湖系统治理的意义　/ 3

第 2 章　乌梁素海生态保护修复试点工程　/ 6
2.1　乌梁素海流域山水林田湖草生态保护修复试点工程概述　/ 6
2.2　试点工程实施模式　/ 15

第 3 章　矿山地质环境修复技术研究与实践　/ 30
3.1　矿产资源概述　/ 30
3.2　矿山地质环境问题　/ 31
3.3　发展绿色矿山　/ 32
3.4　乌梁素海流域矿山生态修复项目　/ 33
3.5　矿山修复技术介绍　/ 45
3.6　乌梁素海矿山修复技术介绍　/ 54
3.7　本章小结　/ 60

第 4 章　乌梁素海流域水环境治理　/ 61
4.1　乌梁素海湖体水环境保护与修复工程　/ 64
4.2　建设项目概况　/ 70
4.3　相关技术方案介绍与实操　/ 80

第 5 章 林草治理技术指南 / 136

5.1 林草生态系统概述与乌梁素海项目林草简介 / 137

5.2 试点工程中的林草治理——乌梁素海流域水土保持与植被修复工程 / 140

5.3 林草生态治理技术 / 149

第 6 章 乌梁素海流域沙漠治理 / 189

6.1 沙漠综合治理背景 / 189

6.2 乌梁素海流域沙漠治理项目概况 / 196

6.3 沙漠治理技术方案与实例 / 213

6.4 本章小结 / 242

参考文献 / 244

第1章

山水林田湖生态保护修复试点工程

1.1 试点工程建设的历史进程

1.1.1 “两山”理论

2005年8月15日，时任中共浙江省委书记的习近平同志考察安吉县天荒坪镇余村，首次提出“绿水青山就是金山银山”的论断。习近平同志对余村在保护生态环境方面所做的工作予以肯定。习近平同志强调：我们过去讲既要绿水青山，也要金山银山，实际上绿水青山就是金山银山，本身它有含金量，要让二者协同发展，让绿水青山源源不断地带来金山银山。

“绿水青山就是金山银山”强调的是生态环境发展可以为经济建设提供强大后备力量。绿水青山与金山银山相互依存、相互发展，并在一定条件下可转化为金山银山。2013年5月，习近平总书记在十八届中共中央政治局第六次集体学习时指出，“要正确处理好经济发展同生态环境保护的关系，牢固树立保护生态环境就是保护生产力、改善生态环境就是发展生产力的理念”。阐释了生态环境与生产力之间的关系，是对生产力理论的重大发展。我们要重视生态环境这一生产力要素，把绿水青山当作宝贵资源，将保护、修复绿水青山当作重要使命，切实保护好“绿水青山”，要全力发展“绿水青山”带动“金山银山”。

生态文明的核心是人与自然和谐共处，而“两山”理论的提出更好地阐述了生态文明建设与社会经济的和谐发展，丰富和发展了中国特色社会主义理论的重要组成部分，不仅表明我国在加快推进生态文明建设方面的决心，也以其绿色新观念为人们树立尊重自然、顺应自然、保护自然的生态文明理念。绿水青山既是自然财富，又是社会财富、经济财富，保护生态环境就是保护生产力，改善生态环境就是发展生产力。

1.1.2 “山水林田湖生命共同体”理论

“山水林田湖生命共同体”是习近平总书记于 2013 年 11 月 9 日在《中共中央关于全面深化改革若干重大问题的决定》的说明中提出的治国理政方针理论，其从辩证法角度深刻阐述了自然生态系统间的内在联系和相关关系，从本质上渗透阐明了人与自然生命过程之根本，把握了因时因地而异与因地制宜的原则，最终实现自然资源的永续利用与人地和谐。如果种树、治水、护田的只做自己的本职工作，不考虑生态问题，很容易顾此失彼，最后将导致生态系统性的损坏。山水林田湖系统保护和修复，就是要遵循自然生态的整体性、系统性及其内在规律，统筹考虑自然生态各要素以及山上山下、地上地下、陆地海洋、流域上下游，进行系统保护、宏观管控、综合治理，增强生态系统循环能力，维护生态平衡。其核心要义是树立自然价值理念，确保生态系统健康和可持续发展要求从过去的单一要素保护转变为以多要素构成的生态系统服务功能提升为导向的保护修复。

按照“山水林田湖生命共同体”内涵特征，开展山水林田湖综合修复必须坚持要素间的整体性、系统性和均衡性的原则。①整体性。山、水、林、田、湖是一个有机生命体，阐述了各要素间的相关影响、相互制约、相互促进的关系。要将山水林田湖作为一个整体，破除行政边界、部门职能等机制体制影响，开展整体性保护。②系统性。实施山水林田湖生态保护修复的核心理论基础是生态系统综合管理理论，保护和修复过程中要统筹管理自然资源与环境、污染治理与生态保护、水土气生态要素管理，目标是保护生态系统的原真性、完整性和生态服务功能。③均衡性。充分分析各要素间的影响机制、层次关系以及修复内容，分析各要素生态服务价值和环境成本效益，优化生态格局，各要素间要各守其位、均衡发展。

“山水林田湖是一个生命共同体”的提出，改变了传统生态保护与修复的模式，它将山、水、林、田、湖这些不同的生态系统看作统一的整体，从一个全新的角度为生态环境的综合性保护与治理提供了新的思路。今后对“山水林田湖”的综合性和系统性保护，应该打破行政边界，探索并建立跨行政区管理和流域管理相结合的跨界环境管理新体制，将山水林田湖所在区域视作一个生态系统共同体，整合区域内的国土、林业、环保、自然资源、水务等不同部门协同作战，从生态系统的完整性出发进行整体设计，进而实施综合保护和系统治理。

1.1.3 生态保护修复试点工程

党的十八大以来，习近平总书记从生态文明建设的宏观视野中提出“山水林田湖是一个生命共同体”的理念：“人的命脉在田，田的命脉在水，水的命脉在山，山的命脉在土，土的命脉在树。用途管制和生态修复必须遵循自然规律。”“山水林田湖生命共同体”理念是在充分认识人与自然关系的基础上提出的，是社会进步的重大成果，为科学推进生态文明建设指明了方向。“生命共同体”科学理论界定了人与自然的内在联系和相关关系，蕴含了重要的生态哲学理念，成为当前和今后一段时期推进生态文明建设的重要方法论。

自 2016 年 10 月财政部、国土资源部、环境保护部联合印发《关于推进山水林田湖生态保护修复工作的通知》以来，全国范围内先后启动了陕西黄土高原、京津冀水源涵养区、甘肃祁连山等多个生态保护修复工程试点，并且取得了积极的成效。至今，共实施了 3 批 25 个省市的山水林田湖试点工程，各省市试点工程的资金管理办法、项目管理办法、修复模式、治理技术、体制机制等都在不断地进行探索创新。部分试点工程实施预期目标基本实现，并取得较好的效果，有效改善了重点区域生态环境质量，为经济高质量、跨越发展奠定了良好的生态环境基础，形成了一批可复制、可推广的典型经验，为全国山水林田湖生态保护修复起到了先行示范作用。

坚持人与自然和谐共生是新时代坚持和发展中国特色社会主义的基本方略之一。实现人与自然和谐共生，必须要尊重自然、顺应自然和保护自然。中华人民共和国成立以来，我国经历了近 70 年的工农业生产和现代化进程，已崛起为世界第二大经济体，在这个过程中已经过度开发利用了自然资源，破坏了生态环境。

实施山水林田湖生态保护与修复工程，是适应社会主义生态文明建设的必然要求，是遵循自然规律，破解生态环境难题的重要举措。但以自然地理单元为基础的山水林田湖区域综合整治，普遍存在基础理论和技术方法不足，尚未建立起构成“生命共同体”的综合治理技术体系。

1.2 统筹山水林田湖系统治理的意义

加快山水林田湖生态保护修复，实现格局优化、系统稳定、功能提升，关系生态文明建设和美丽中国建设进程，关系国家生态安全和中华民族永续发展。长期以来，受到高强度的国土开发建设、矿产资源开发利用等因素影响，我国一些生态系统破损退化严重，部分关系生态安全格局的核心地区在不同程度上遭到生产生活活动的影响和破坏，提供生态产品的能力不断下降。此前开展的一些生态保护修复工作由于缺乏系统性、整体性考虑，客观上存在各自为政的状况，生态整治修复效果不尽理想，财政资金使用绩效亟待进一步提高。

党中央、国务院高度重视生态文明建设，就开展生态保护修复作出了明确的部署要求。开展山水林田湖生态保护修复是生态文明建设的重要内容，是贯彻绿色发展理念的有力举措，是破解生态环境难题的必然要求。各地要充分认识开展山水林田湖生态保护修复的重要性和迫切性，以高度的责任感和使命感，积极开展工作，不断开创生态保护建设的新局面。

“统筹山水林田湖系统治理”这一理念的提出，具有重大的理论意义、实践意义、历史意义和国际意义。

（1）理论意义。党的十九大报告首次提出“习近平新时代中国特色社会主义思想”，并将之正式写入《中国共产党章程》。习近平新时代中国特色社会主义思想博大精深、内涵丰富，涵盖新时代中国特色社会主义经济、政治、法治、科技、文化、教育、民生、民族、宗教、社会、生态文明、国家安全、国防和军队、“一国两制”和祖国统一、统一战线、外交、党的建设等各个方面。其中，“推进生态文明、建设美丽中国”是其重要内容之一。而统筹山水林田湖系统治理，则是推进生态文明、建设美丽中国的具体路径和重要抓手，是新发展理念中“绿色发展”理念的具体化。从这一意义来说，统筹山水林田湖系统治理，就是贯彻习近平新时代中国特色社会主义思想的重要组成部分，或者说，“统筹山水林田湖系统治理”的提出及其全面实施，就是以实际行动丰富习近平新时代中国特色社会主义思想的内涵。其理论意义是显而易见的。

（2）实践意义。总体而言，近年来我国在生态文明建设方面取得显著成效，如生态环境治理明显加强，环境状况得到改善等。但必须看到，当前我国各地不同程度地存在着各种生态环境问题，如“山”，山体破坏、山体滑坡；“水”，水量减少、水质污染、水土流失、水旱灾害；“林”，森林资源破坏、森林质量下滑，部分地区森林覆盖率降低；“田”，农田面积减少、质量下降、退化严重，北方耕地肥力下降，农田退化问题突出。

（3）历史意义。统筹山水林田湖治理，从根本上彻底解决“山、水、林、田、湖”系统的生态环境问题，这不仅有利于从实践上解决当前面临的突出生态环境问题，更有利于全国各地扎扎实实地推进生态文明、建设美丽中国。我们深信，通过若干年的艰苦努力，“山青、水秀、林茂、田丰、湖清、草绿”的美丽中国必将呈现在全人类面前。

（4）国际意义。统筹山水林田湖治理，是我国生态文明建设道路上的一个大飞跃，并且大大提高了中国的国际地位，彰显了我国国力和国际威望，向世界展示了我国在生态环境保护工作中的大国形象。

第2章

乌梁素海生态保护修复试点工程

2.1 乌梁素海流域山水林田湖草生态保护修复试点工程概述

2.1.1 试点工程实施背景

1. 项目的实施是习近平生态文明思想的重要实践

习近平生态文明思想是一个系统全面的理论体系，内涵丰富、博大精深，开辟了马克思主义人与自然关系理论的新境界，深刻回答了为什么建设生态文明、建设什么样的生态文明、怎样建设生态文明等重大理论和实践问题，是推进生态文明、建设美丽中国的强大思想武器、方向指引和根本遵循。

习近平总书记高度重视内蒙古的生态环境保护工作。2014年，习近平总书记考察内蒙古自治区时指出："内蒙古的生态状况如何，不仅关系到内蒙古各族群众生存和发展，也关系到华北、东北、西北乃至全国生态安全，要努力把内蒙古建成我国北方重要的生态安全屏障。"

乌梁素海流域作为我国重要的生态安全屏障，承担着保护黄河生物多样性及水生态安全、筑牢我国"北方防沙带"和维护西北乃至全国生态安全的重要使命。因此，实施乌梁素海流域山水林田湖生态综合治理是贯彻落实习近平生态文明思想的重要举措。

2. 项目的实施是贯彻落实习近平总书记2018年、2019年"两会"期间在内蒙古代表团重要讲话精神的具体行动

2018年习近平总书记在参加十三届全国人大一次会议内蒙古代表团审议时强调："要加强生态环境保护建设，统筹山水林田湖草治理，精心组织实施京津风沙源治理、'三北'防护林建设、天然林保护、退耕还林、退牧还草、水土保持等重点工程，实施好草畜平衡、禁牧休牧等制度，加快呼伦湖、乌梁素海、岱海等水生态综合治理，加强荒漠化治理和湿地保护，加强大气、水、土壤污染防治，在祖国北疆构筑起万里绿色长城。”同时还提出：“黄河流经内蒙古800多km，沿黄地区资源条件、基础设施、产业基础相对较好，要统筹谋划发展。”

2019年习近平总书记参加十三届全国人大二次会议内蒙古代表团审议时强调，保持加强生态文明建设的战略定力，探索以生态优先、绿色发展为导向的高质量发展新路子，加大生态系统保护力度，打好污染防治攻坚战，守护好祖国北疆这道亮丽风景线。

项目以“山水林田湖是一个生命共同体”的重要理念指导开展工作，通过全面实施乌梁素海流域山水林田湖草生态保护修复工程，对山上山下、地上地下、陆地水体以及流域上中下游进行整体保护、系统修复、综合治理，真正改变治山、治水、护田各自为政的工作格局，对于改善内蒙古乃至我国华北、西北地区生态环境，打造沿黄生态经济带，保障国土生态安全，建设生态文明，实现绿色发展，具有重大的现实意义和深远的战略意义。

3. 项目实施是践行“两山”理论、推动流域绿色高质量发展的生动实践

通过乌梁素海流域山水林田湖草生态保护修复试点工程处理好经济发展和生态环境保护的关系，最大限度地减少经济发展对生态环境的影响，可以实现区域内生态格局优化、生态系统稳定、生态功能提升，实现生产空间集约高效、生活空间宜居适度、生态空间山清水秀，是区域绿色高质量发展的重要途径。

试点工程通过“山水林田湖草”系统治理，改善流域生态环境，建设河套全域绿色有机高端农畜产品生产加工输出基地，大力发展绿色生态产业，有利于农民增收致富，有利于地区经济社会可持续发展，有利于保障国家粮食安全。这种“生态治理+生态产业”的绿色发展模式，是“绿水青山就是金山银山”绿色发展的生动实践。

4. 项目的实施是落实中央第二环保督察组对乌梁素海生态环境问题反馈意见的重要行动

2018年6月27日，中央第二环保督察组副组长、生态环境部副部长翟青同志带队对乌梁素海生态环境保护工作情况开展了现场督察。督察指出，“2016年第一轮中央环保督察以来，内蒙古自治区及巴彦淖尔市围绕乌梁素海生态环境保护做了一些工作，在分凌生态补水、环湖湿地建设、干渠河道管护、生态环境监测预警能力建设等方面取得了一些成效，但对乌梁素海生态环境保护新情况、新问题、新要求，研究、考虑不够，项目针对性不强，治理项目实施严重滞后，乌梁素海生态环境问题依然严重”。

针对中央环保督察组反馈的问题，内蒙古自治区及巴彦淖尔市把乌梁素海流域综合治理作为打好污染防治攻坚战、改善地区生态环境、推动可持续发展的重中之重，统筹推进乌梁素海综合治理，坚决彻底整改，确保真正取得实效。本项目的实施是落实此次反馈意见的重要行动。

5. 河套灌区形成的历史过程

河套灌区是我国著名的古老灌区之一，引黄灌溉已有两千多年的历史。始于秦汉，兴于清末，历经兴废，直至民国时期逐步形成八大干渠。当时由于河套地区的所有渠道都是直接从黄河上开口，无坝自流引水和受洪水侵害，灌溉保证率低，灌溉面积不足 300 万亩（1 亩=1/15 hm^2）。中华人民共和国成立后，党和人民政府十分重视河套水利事业的发展，始终把水利建设作为“生命工程”，坚持不懈大搞水利建设，先后历经引水、排水和节水三个主要建设阶段。从中华人民共和国成立初至 20 世纪 60 年代初期，1961 年兴建了三盛公水利枢纽，1958 年开挖总干渠，1967 年输水运行，总干渠全长 230 km，结束了黄河无坝多口引水的历史，开创了河套灌区一首制引水灌溉的新纪元；20 世纪 60 年代到 80 年代，灌区进入以排水建设为主的第二个阶段，1976 年疏通了总排干沟 257 km，1977 年建成了红圪卜排水站，1981 年打通了乌梁素海至黄河的出口，开挖了各级排水沟道，使灌区排水有了出路，初步形成了灌排配套体系。80 年代，利用世界银行贷款 6 000 万美元和地方配套，重点开展了灌排配套工程建设，完成总排干沟扩建、总干渠整治和八个排域 315 万亩农田配套，灌区灌排骨干工程体系基本形成。从 1998 年开始灌区进入了以节水为中心的第三个建设阶段。目前，灌区已建成灌排配套的七级工程体系，即总干渠（总排干沟）、干渠（沟）、分干渠（沟）、支渠（沟）、斗渠（沟）、农渠（沟）、毛渠（沟），拥有各类工程建筑物 18.35 万座，供排水渠（沟）道 10.36 万条、6.5 万 km。

6. 乌梁素海流域地理位置

乌梁素海流域范围可定义为对乌梁素海产生影响的汇水区域，包括整个河套灌区、乌梁素海海区、乌拉特前旗、乌拉特中旗与乌拉特后旗的阴山以南部分和磴口县的一部分，流域总面积约 1.63 万 km^2。

乌梁素海蒙古语意为“红柳湖”，是 19 世纪中叶受地质运动、黄河改道和河套水利开发影响而形成的河迹湖，水域面积 293 km^2（44 万亩），最大库容 5.5 亿 m^3，是我国第八大淡水湖、地球同一纬度最大的自然湿地、全球荒漠半荒漠地区极为罕见的大型草原湖泊，素有“塞外明珠”的美誉。乌梁素海湖区位于巴彦淖尔市乌拉特前旗境内，呼和浩特、包头、鄂尔多斯三角地带的边缘，河套平原东端，距乌拉特前旗政府所在乌拉山镇 22 km。

流域位于黄河的“几”字湾顶端，俗称“河套”地区，其范围以乌梁素海为中心，西至磴口县三盛公进水口，东至乌拉特前旗乌拉山口，南至磴口、杭后、临河、五原和乌拉特前旗四个旗（县区）的黄河之滨，北至乌拉特中旗和后旗的阴山山系。流域内有河流、平原、草原、湖泊、山脉、森林、沙漠，总体概括为“南河东湖西沙、一山一田一原”。“南河”就是巴彦淖尔段黄河，全长 345 km，约占黄河内蒙古段全长的 41%。“东湖”就是乌梁素海，总面积 44 万亩，是地球同纬度最大的自然湖泊，是我国八大淡水湖之一。“西沙”就是乌兰布和沙漠，是我国八大沙漠之一，总面积约 1 500 万亩，属于乌梁素海流域面积 506 万亩，主要由固定半固定沙地组成，分布有少数流动沙丘。“一山”就是乌拉山，总面积 209 万亩，拥有内蒙古自治区西部最大的天然次生林区乌拉山森林公园。“一田”就是 1 100 万亩耕地，年引水近 50 亿 m^3，土地平整，土壤肥沃，素有“塞上江南”的美誉。“一原”就是阿拉奔草原，总面积近 105 万亩，是内蒙古自治区九大集中分布的天然草场之一，更是巴彦淖尔市畜牧业主要基地。

7. 地质地貌

乌梁素海流域在地质构造上属于内陆断陷盆地，第四纪河湖相沉积巨厚，一般在 1 000 m 左右，整个河套平原基本上为冲积物、冲洪积物及风积物所覆盖。地层主要由粉土层和沙类土层组成。

乌梁素海流域总的地势自西南向东北微倾，地势平坦开阔，局部有一定的起伏，形成岗丘和洼地，这一特点对土壤盐渍化的形成有直接影响。灌区内的平原地貌可分为三种类型：狼山、乌拉山山前冲积洪积扇形倾斜平原；黄河冲积湖积平原；乌兰布和近代风积沙地。

8. 气候气象

乌梁素海流域地处中纬度地区，位于大陆深处，远离海洋，地势高漫，属中温带大陆性气候。这里冬寒夏炎，四季分明，降水少、温差大，日照足、蒸发强，春季短促、冬季漫长，无霜期短、风沙天多，雨热同季。

乌梁素海流域年平均气温 7.4～8.8℃，极端最低气温–30.5℃，极端最高气温 40.1℃。无霜期 146～151 d。流域内年平均降水量 174.7 mm，从东到西递减，乌拉特前旗 216.8 mm，磴口县 143.3 mm。一年四季降水极不均匀，夏季降水最多，占全年的 63.2%，冬季最少，仅占全年的 2.2%；降水年际变化大，最高年份与最少年份降水量相差 5 倍左右。与降水量形成鲜明对比，年蒸发量达到 1 992～2 351 mm。流域内湿润程度很低（0.11～0.20），是天然降水资源极度缺乏的地区；年平均日照时数 3 194.3 h，属我国日照资源比较充足的地区之一；境内年平均风速 3.0 m/s，大风多出现在 3—5 月，最大风速可达 27.7 m/s。年内大风日数在 20 天以上，风向多为西北风。

9．乌梁素海综合治理工作基础

20 世纪 90 年代以来，随着黄河上、中游地区“三化”进程的加快，特别是巴彦淖尔市工业化、城镇化的快速推进，排入乌梁素海的城镇生活污水、工业废水逐年增加，每年多达 5 500 万 t 的污水排入对乌梁素海造成严重污染，乌梁素海水循环能力减弱，盐分、氮磷等浓度提高，富营养化程度增加，生态功能逐步退化，严重影响了黄河的水生态安全。2008 年，乌梁素海污染达到最为严重的时期，由于黄河补水少、降雨量少、气温高、蒸发量大，湖区暴发大面积“黄苔”，引起国家高度重视，时任中央领导的温家宝、贾庆林等同志分别对此作出批示。

自 2009 年以来，巴彦淖尔市积极推进污染源治理工程，实施乌梁素海生态保护修复工程，加强监管力度，采取多渠道融资，依据 2016 年《乌梁素海综合治理规划》中的 96 个项目，目前累计实施 37 项，完成投资 32 亿元用于乌梁素海的治理与保护，至今乌梁素海水质逐步好转，鸟类数量有所增加，湖体生态功能逐步恢复，治理取得阶段性成果。确立了“生态补水，控源减污，修复治理，资源利用，持续发展”的治理模式，取得的成功经验主要有：一是多渠“活”水。每年补水 2 亿～3 亿 m^3，开挖水道 54 条，119 km，减少滞水面积。二是多措减污。组织国内外知名院校、顶尖专家，围绕乌梁素海的水环境问题进行了大量的科学研究，开展了“源头控制—过程阻断—河口拦截—湖内移出”四个重要阶段的水体污染治理，确保了治理效果。三是多方筹资。通过采取股权融资、利用外资、国内银行贷款、发行企业债券、发行河湖治理基金、租赁融资、PPP 项目融资等手段，多渠道融资资金 20 多亿元，为项目建设融资奠定了坚实的基础。

通过系统治理、综合施策，乌梁素海湖区污染程度得以减轻，水质有所好转。根据水质监测数据，2015 年乌梁素海水质历史性地由劣Ⅴ类转变为总体Ⅴ类。乌梁素海鸟类种群数量明显恢复，每年约有 100 万只野生鸟类到湿地栖息繁殖，疣鼻天鹅从 200 余只发展到现在的近千只。

10．乌梁素海流域主要生态环境问题及成因分析

在黄河流域和北方防沙带生态格局中，乌梁素海流域生态系统结构和功能受损极其严重，是开展治理修复最为迫切的“关键区域”，主要存在以下问题：

1）沙漠化问题：乌兰布和沙漠化加剧，影响区域生态安全

（1）沙漠化进程严重。乌梁素海流域内乌兰布和沙漠东西长 92 km，南北宽 61 km，总面积 506 万亩，约占乌兰布和沙漠总面积的 1/3。近 40 年，随着自然扰动和人为破坏，沙漠化进程不断扩大，侵蚀巴彦淖尔市及周边盟市近 100 km^2。第五次全国荒漠化和沙化监测结果显示，沙区现有沙化土地面积 256.6 万亩，其中重度沙化和极重度沙化面积分别占 25.28%和 16.29%。《乌兰布和沙漠综合治理与生态保护专项规划（2018—2022 年）》显示，虽然乌兰布和沙漠治理取得了一定的成绩，但是沙区生态脆弱，巩固成果任务艰巨。目前沙地生态系统主要以灌草型为主，一些已治理的地区植被尚处在恢复阶段，稳定性差，如保护利用不当，土地沙化极易反弹。据统计，5 年间沙区新垦土地面积近 50 万亩，加上原有土地，沙区开发面积达到 130 万亩，防沙治沙任务仍然艰巨。

（2）严重影响黄河水生态安全。水利部牧区水利科学研究所在乌兰布和沙漠刘拐沙头附近建设的风沙综合观测基地数据显示，1967—2012 年年平均入黄河泥沙量 315.56 万 t，2016 年入黄河泥沙量 107.56 万 t，对受沙漠影响较严重的河道左岸平均淤积厚度为 0.78 m，防洪压力大，同时威胁包兰铁路、110 国道、丹拉高速公路运行安全，影响巴彦淖尔市总干渠正常运行。

（3）严重影响日常生活。乌兰布和沙漠生态环境的恶化，不仅给当地农田水利工程造成很大危害，严重威胁沿黄河地区的经济发展及城镇生活供水，极大地影响当地群众生产生活和黄河中下游经济的可持续发展，而且对整个华北生态环境造成破坏。

2）地质环境问题：矿山环境问题突出，水土流失严重

乌拉特前旗境内环乌梁素海流域有乌拉山、白云常合山和渣尔泰山三条山脉。乌拉山南临黄河，西接乌梁素海，东西长约 90 km，南北宽约 20 km，是大青山的西延部分，里面拥有内蒙古西部最大的原始次生林、生物多样性非常典型，是内蒙古生态安全的重要屏障；北部的白云常合山东西长约 90 km，渣尔泰山东西长约 150 km。

乌拉山、白云常合山和渣尔泰山地区蕴藏着丰富的矿产资源，从 20 世纪六七十年代开始矿业活动逐步兴起。长期以来重开发轻保护，矿业开发占用破坏大量土地，导致山体和生态环境遭到严重破坏，露天采坑、废石渣堆遍布，原有的地形地貌景观遭到破坏，形成地面塌（沉）陷、崩塌、滑坡等地质灾害隐患，矿业活动产生的固体废物及废水粉尘对环境产生严重影响，土地被占用破坏；同时导致植被破坏，草原沙化，地表涵

养功能退化，水土流失严重，生物多样性也受到影响等，还导致山洪灾害频发，每年约 5 000 万 m^3 的洪水伴随大量的泥沙及污染物冲入并淤积乌梁素海中，造成湖体污染逐年增加。

根据矿山地质环境动态监测数据统计，环乌梁素海周边乌拉山、白云常合山地区共有露天采坑 711 个，废石（渣）堆 544 个，工业广场 202 个，占用损毁土地面积 38.78 km^2。其中无责任主体露天采坑 501 个，废石（渣）堆 424 个，工业广场 92 个，占用损毁土地面积 15.70 km^2。

3）草原退化问题：阿拉奔草原退化加剧，导致生态屏障功能降低

阿拉奔草原是乌拉特草原的重要组成部分，草原退化是当前草原生态系统最大的问题，由于旱灾和虫害频发、早期过度放牧，草原退化加速甚至草原沙化。草地中植物的多样性呈明显下降趋势，组成群落的牧草由 20 多种减至 10 种左右。优质建群植物逐渐衰退甚至被取代，夏雨型牧草在增加。在草地植物种类的组成上，群落中的伴生种和侵入种在增加，主要种群逐渐削弱或阶段性被侵入种或伴生种所取代。群落中植物种数急剧减少，稳定性下降，草原生态功能退化，草地逐渐荒漠化，水土流失严重，导致阿拉奔草原的水源涵养地和入湖污染物阻隔带功能下降，生态屏障功能降低，加剧了乌梁素海的水质恶化。

据《巴彦淖尔市水资源综合规划报告》分析，为了维持现有水面和水盐平衡，乌梁素海年平均湖面蒸发和植物蒸散损耗 4.02 亿 m^3，下渗水量 0.71 亿 m^3，降雨补充 0.72 亿 m^3，每年还需要乌毛计闸排入黄河 2.2 亿 m^3 左右，水量入不敷出问题严重。根据上述因素测算，每年需要乌梁素海入湖水量不少于 6.2 亿 m^3，现每年灌区农田退水、山洪水等补给乌梁素海约 3 亿 m^3，所以，每年至少需生态补水 3 亿 m^3 以上。

4）土壤环境问题：耕地土壤盐碱化加剧，农业面源污染严重

由于河套灌区特殊的水文地质构造，一方面土壤母质含盐；另一方面引黄灌溉也带入大量盐分，据测算，近 5 年每年由引黄灌溉带入灌区的盐分约 280 万 t，由各级排水系统排出的盐分约 135 万 t（其中每年滞留于湖区的盐分约为 3 万 t），灌区每年积盐约 145 万 t。乌梁素海流域内现有耕地 1 100 万亩，其中约 484 万亩耕地含有不同程度的盐碱，占总耕地面积的 44%。乌梁素海流域盐碱化耕地具有含盐量高、pH 高、土壤板结、通气性不良、肥力水平低、保水保肥能力差的特点，不利于作物出苗和正常生长，经济效益低下。乌梁素海流域盐碱化耕地农作物经济总产出约为 36 亿元，亩均 750 元。现有轻中度盐碱化耕地种植向日葵等；重度盐碱化耕地仅能生长稀疏的碱草，无任何经济

收益。由于盐碱化严重，农作物产量低，农户为了追求产量和效益，施以大量化肥农药，大水压盐，导致土壤板结退化、沙化，又进一步加重农业面源污染，造成更多的盐碱地，形成恶性循环。

11．乌梁素海流域生态环境问题诊断

综上所述，巴彦淖尔市已实施了一大批生态环境保护和修复项目，乌梁素海流域的生态治理已初见成效，但生态系统结构和功能仍然损坏严重、退化趋势明显，主要表现为湖泊水面萎缩、水质尚未稳定达标、土壤盐碱化、农田面源和城镇村落污染严重、山体和林地破坏严重、水土流失加剧、草原退化等生态环境问题。环境管理方面依然存在条块分割、工作协同不足、治理项目部署分散、体制机制不健全、治理资金短缺等问题，生态环境治理和修复工作尚缺乏系统性、整体性。鉴于乌梁素海流域特殊的地理位置和重要的生态功能，如果不能进一步系统治理流域内的生态环境问题，会对黄河中下游的水生态安全和我国北方的生态安全产生严重威胁。可以说，乌梁素海流域的生态环境保护工作已经到了“进则全胜，不进则退”的关键时刻，亟须国家项目支持，开展流域生态综合治理。

12．乌梁素海流域的资源禀赋与发展瓶颈分析

乌梁素海流域地处温带大陆性季风气候区，农业生产条件优越，属同纬度罕见的高积温地区，极适宜多种作物生长。流域内水网密布，水资源丰沛。河套灌区共有 7 级灌溉系统，近年来，农业灌溉用水年均 50 亿 m^3，是亚洲最大的一首制自流引水灌区，是国家重要的商品粮油生产基地和绿色食品原料基地。光、热、水等条件为发展高品质农牧业创造了良好的条件，河套平原已成为全国地级市中最大的肉羊、向日葵、脱水菜和番茄生产基地。全国“三品一标”产品数量达到 341 件。全力打响河套地域品牌，“天赋河套”农产品区域品牌注册成功，在上海、北京举办了品牌发布会，“河套农产，献给世界的友好食物”品牌形象成功登陆美国纽约时代广场。特色农畜产品出口到 80 多个国家和地区，出口额连续 9 年居内蒙古自治区首位。2018 年 5 月，开通了巴彦淖尔至伊朗首都德黑兰首列中欧班列，进一步密切了与沿线国家的经贸往来。

乌梁素海流域是我国光能、风能资源最为丰富的地区之一，清洁能源潜力巨大。全年日照时数 3 194.3 h 以上。年平均太阳总辐射量大于 1 686 kW·h，且具备建设大型地面光伏电站的土地条件和电网接入条件，因而光热能发展潜力巨大。同时，乌梁素海流域也是我国风能资源丰富的地区之一，风能资源富集区主要集中在乌拉特中旗、乌拉特后旗、磴口县阴山以北地区以及乌拉特前旗乌拉山北坡，70 m 高度年平均风速为 8.1 m/s。生物质能资源丰富，巴彦淖尔市年均秸秆可收集量 493.4 万 t，畜禽粪便 2 040 万 t。通过生物质能产业年产天然气 6 480 万 m^3，可以满足全市 59 个建制乡镇（苏木）78 万人口的生活燃气需求。

乌梁素海流域拥有先天自然条件优势和良好的绿色产业发展基础，但也面临着巨大的生态环境压力、薄弱的经济基础和较多的贫困人口等发展制约因素。2017 年巴彦淖尔市 GDP 为 740.1 亿元，占内蒙古自治区经济的 4.6%，第一产业占比高达 21.5%，是传统农牧业生产区，目前乌梁素海流域面临的最大瓶颈就是生态环境因素制约农业提质增效。同时乌梁素海流域风能储量巨大，太阳能全国第二，生物质能居内蒙古自治区首位，但形成的电能、天然气等清洁能源体量不大，未形成新产业、新动能和新增长极。因此，乌梁素海流域亟待依托“山水林田湖草”综合治理与绿色高质量发展的机遇，从流域生态系统的高度开展综合、高效的生态保护与修复，实现绿色产业发展。

2.1.2 试点工程实施内容

根据“尊重自然、差异治理”的原则，按照“因地制宜、重点突出”的规划方法，结合现有主要生态保护修复相关规划方案，将乌梁素海流域生态保护修复分为 6 个主要治理区域，形成“四区、一带、一网”的生态安全格局，具体包括：

（1）环乌梁素海生态保护带。

（2）河套灌区水系生态保护网。

（3）乌梁素海水生态修复与生物多样性保护区。

（4）阿拉奔草原水土保持与植被修复区。

（5）乌拉山水源涵养与地质环境综合治理区。

（6）乌兰布和沙漠综合治理区。

环乌梁素海生态保护带，范围包括湖区周边的农田、城镇和村落等。针对生态保护带的面源、点源污染问题，通过环湖生态保护带的控污减排措施，展开对环湖带的农牧业、城镇和村落污染物整治工程，从源头治理，减少入排干污染物。

河套灌区水系生态保护网，范围包括连接乌梁素海和环湖生态保护带的主要排干沟。针对入排干沟水质污染问题，开展排干沟治理、人工湿地、生态补水等一系列措施和工程，进一步提升排干沟水质，减少入湖污染物。

乌梁素海水生态修复与生物多样性保护区，范围包括乌梁素海湖区。为了保护湖体的水生态修复和生物多样性，提升湖泊的降解和净化功能，改善湖体的水质和富营养化状态，改善整个湖区的水流条件、增加湖体库容和水量、减少湖体内源污染物，开展湖体内源治理工程。结合乌梁素海环湖生态保护带和河套灌区水系生态保护网，形成水质改善治理系统，进一步提升乌梁素海入黄河水质，保护黄河水生态安全。

阿拉奔草原水土保持与植被修复区，范围包括阿拉奔草原和水土保持清水产流区。为了减少季风通道上游流域的水土流失，通过开展阿拉奔草原及水土流失源头带、过程带、缓冲带的水土保持和植被恢复工程，减少入湖污染物和泥沙量，防风固沙。

乌拉山水源涵养与地质环境综合治理区，范围主要指乌拉山的山体。通过开展乌拉山的地质环境、地质灾害整治和植被恢复措施工程，改善乌拉山受损山体的地质地貌环境，提高水源涵养功能，减少入湖污染物和泥沙量，改善湖体水环境，提升乌拉山的生态屏障服务功能。

乌兰布和沙漠综合治理区，主要指磴口的乌兰布和沙漠。通过开展乌兰布和林草植被恢复措施，防沙治沙，与乌拉山水源涵养与地质环境综合治理区、阿拉奔草原水土保持与植被修复区及其他治理区结合，系统提升“北方防沙带”功能。

2.2　试点工程实施模式

2.2.1　资金筹措模式

试点工程项目属综合性系统工程，一期包含 35 个子项目，二期正在组织项目申报，两期总投资高达 180 亿元，仅靠地方政府的有限财力投入不能满足建设资金的全部需求。因此，为了保证乌梁素海流域山水林田湖草生态保护修复试点工程顺利实施、圆满达标，一方面积极申请国家专项资金支持；另一方面积极建立多元投融资渠道，采取多种形式，创新整合各种资金，引入社会资本，确保试点工程建设资金足额到位。试点工程资金采用地方自筹、引入社会资本、国家专项资金三方面相结合的模式。

1. 地方自筹

1）自治区财政厅资金

2018 年，财政部下发了《财政部关于下达 2018 年重点生态保护修复治理专项资金预算的通知》（财建〔2018〕622 号），下达重点生态保护修复治理基础奖补资金 10 亿元。2019 年 1 月 16 日，内蒙古自治区财政厅再次向内蒙古巴彦淖尔市下发了《内蒙古自治区财政厅关于下达 2018 年重点生态保护修复治理专项资金的通知》，确认将巴彦淖尔市乌梁素海流域山水林田湖草生态保护修复工程建设纳入国家第三批山水林田湖草生态保护修复工程试点，同时将622号文下达的重点生态保护修复治理基础奖补资金10亿元专项用于本试点工程建设。

2）整合各类生态环境保护专项资金

2017年12月21日，国务院下发了《国务院关于探索建立涉农资金统筹整合长效机制的意见》（国发〔2017〕54号），要求“进一步完善现行涉农资金管理体系，按照涉农专项转移支付和涉农基建投资两大类，对行业内交叉重复的中央涉农资金予以清理整合。中央层面构建涉农资金管理体系，其中涉农专项转移支付以农业生产发展、农业资源及生态保护、农村土地承包经营权确权登记颁证、动物防疫、农业综合开发、土地整治、林业生态保护恢复、林业改革发展、水利发展、大中型水库移民后期扶持、农业生产救灾及特大防汛抗旱等大专项为主体，涉农基建投资以重大水利工程、水生态及中小河流治理等其他水利工程、农村饮水安全巩固提升、重大水利项目勘察设计等前期工作、农业生产发展、农业可持续发展、现代农业支撑体系、森林资源培育、重点区域生态保护与修复、生态保护支撑体系、农村民生工程等大专项为主体”。巴彦淖尔市政府按照54号文精神，参照“大专项+任务清单”模式，整合了矿山地质环境、农村环境综合整治、水污染防治、水生态及中小河流治理、林业生态保护、土地整治和国家统筹补充耕地经费补助等各类专项资金，支持试点工程建设。

3）发行地方政府债券

2018年5月4日，财政部下发了《财政部关于做好2018年地方政府债券发行工作的意见》（财库〔2018〕61号），就地方政府债券发行计划管理、地方政府债券发行定价市场化水平、地方政府债券期限结构、地方政府债券信用评级和信息披露机制、地方政府债券投资主体多元化、债券资金管理、地方政府债券发行服务水平、债券发行组织领导等方面提出了要求。2019年4月30日，财政部下发了《财政部关于做好地方政府债券发行工作的意见》（财库〔2019〕23号），对地方债券的发行节奏、发行进度、市场化、期限结构、信息披露、柜台发行、资金拨付管理、现场管理、信息报送等方面提出了详细的规定和要求。依据23号文精神，内蒙古自治区财政厅于2019年8月7日下发了《内蒙古自治区财政厅关于发行2019年内蒙古自治区政府专项债券（十五至十七期）有关事宜的通知》（内财债函〔2019〕378号），开展落实了2019年度地方债发行工作，将安排一定数额资金集中投入试点工程建设中。

2. 引入社会资本，设立基金

依据中国证券监督管理委员会 2012 年 9 月 20 日下发的《证券投资基金管理公司管理办法》，经过前期充分的合理性论证，试点工程采用创新模式设立基金，由实施单位按照政府和上级单位的授权，与中标联合体中的各单位共同组建基金。基金出资方由政府平台公司、中标 EPC 总承包联合体中的施工央企、社会资本管理公司组成，各单位采用一次性认购、分期实缴的方式出资，基金以股权投资方式投资于项目公司（SPV 公司），由项目公司负责项目的投融资、勘察设计、施工和运营管理。

3. 国家专项资金

2019 年，财政部经济建设司下达了 2019 年度山水林田湖草生态保护修复专项资金，拟申请 20 亿元全部用于试点工程建设。

2.2.2 推进模式

1. 项目组织

为加快推进乌梁素海流域山水林田湖草生态保护修复试点工程，形成责权一致、运转有效的推进体制，现将试点工程建设组织情况汇报如下：

自试点工程立项以来，市政府成立了指挥部，下设四个工作组，并建立了联席会议制度，负责项目推进的整体统筹协调；各旗县区、委办局负责协调解决项目实施中存在的各项问题；成立了 SPV 公司，负责项目的具体实施工作；聘请了全过程工程咨询单位，负责开展项目全过程工程咨询服务。

1）指挥部

指挥部负责试点项目各项工作的组织领导、决策指挥、管理调度、监督考核工作，全面统筹推进试点项目工程建设，研究解决项目建设中的重大问题。指挥部下设综合办公室、计划财务组、工程协调推进组和工程监督管理组。

2）SPV 公司

巴彦淖尔市政府和下属实施单位淖尔公司，按照实施“六个好”（工程质量好、工程进度好、资金配套好、财务审计好、廉政建设好、绿色产业发展好）的目标，通过公开招投标的形式择优选取了上海博宁资产管理有限公司、信达资本管理有限公司、中国建筑一局（集团）有限公司、中交第三公路工程局有限公司、中交公路规划设计院有限公司、中国市政工程西北设计研究院有限公司、甘肃中建市政工程勘察设计研究院有限公司参与项目的投资建设。淖尔公司按照政府和上级单位的授权，与中标联合体中的各单位共同组建了基金，并快速投资到了试点工程建设中。基金公司与负责具体实施的淖尔公司、中标联合体各家单位，一起设立了乌梁素海流域投资建设有限公司（以下简称“SPV 公司”）。通过基金和 SPV 公司的设立，吸引了社会化的专业运营团队，包括引入基金的专业财务和金融服务团队，并引入投资人的项目建设和运营团队，理顺政企关系，形成了共同建设乌梁素海项目“六个好”的利益共同体。SPV 公司具体负责组织调研和实施方案的编制及审查，编制工程建设管理制度、建设计划和方案、施工方案和监理规划，组织勘察设计和技术交底，负责工程进度、质量、投资、安全文明施工、合同和信息管理，工程进度款的审核和拨付，组织竣工验收和移交管理工作，负责组织结算、决算工作，负责运营管理，保证项目按期、保质、保量完成。

3）行业主管部门

负责项目实施的行业指导、管理、监督；负责组织设计方案评审和审批；负责申请办理核准立项、用地预审、规划许可、施工许可等行政审批许可事宜；协助 SPV 公司组织项目实施。

4）各旗县区

负责协调处理工程施工涉及的征地、拆迁及社会矛盾纠纷；协调推进核准立项、用地预审、规划许可、施工许可等行政审批的办理；组织项目所需水、电配套供应，安排施工材料及设备机具运输通行；协调项目行业主管单位开展施工技术指导；协调项目所在地办理工程安全质量监督备案、验收，做好行政执法和治安、卫生等各项社会管理工作，确保工程顺利实施。

2．项目运行

1）建立了全方位的项目管理体系。

根据试点工程项目的情况和特征，已编制、建立、下发一套完整的项目管理制度，其中包含《工作指导大纲》《报批报建管理办法》《设计管理办法》《造价管理办法》《合同管理办法》《进度管理办法》《质量管理办法》《安全文明施工管理办法》《信息及文档管理办法》《会议、报告管理办法》《资金管理办法》《巡查督导管理办法》《项目评估考核管理办法》等 19 项内容。以提升项目管理效率和水平，全方位保障试点工程项目的顺利完成。

2）建立了三级会议推进体系

指挥部工作组定期举行项目协调推进会，协调解决项目遇到的重大问题，为项目的顺利实施提供根本保障；淖尔公司、SPV 公司、全过程咨询公司定期举行参建单位主要负责人参加的项目协调推进会，统筹各参建方，发挥合力，确保项目高效推进；定期举行参建单位分部主要负责人参加的工程监理例会，及时发现并解决项目实施过程中存在的问题。

3）建立了日汇总、周调度、月通报的管理模式

以日报的形式每日汇总项目建设情况，便于各方及时了解工程进度；每周通过召开调度会议，对施工资源进行统筹调度，加快项目推进；每月通报项目实施的整体情况，总体把控工程进展，为领导决策提供依据。

2.2.3 全过程工程咨询服务模式

近年来，在国家大力推行全过程工程咨询模式的背景下，乌梁素海山水林田湖草生态保护修复试点工程（以下简称“试点工程”）作为国家重点关注的大型复杂项目群，使用全过程工程咨询模式，一方面响应了国务院和住房与城乡建设部对于“全过程工程咨询”的发展号召，遵循了国家宏观政策的价值导向；另一方面做到了“对症下药”，大幅降低了试点工程前期规划、过程控制和组织协调存在的困难与风险，确保项目全过程投资、质量、进度、安全得到有效控制，保障项目绩效和社会效益的实现。因此，全过程工程咨询模式对试点工程项目的高质量顺利实施不可或缺。

1. 全过程工程咨询模式的背景

改革开放以来，我国工程咨询服务市场化快速发展，形成了投资咨询、招标代理、勘察、设计、监理、造价、项目管理等专业化的咨询服务业态，部分专业咨询服务建立了执业准入制度，促进了我国工程咨询服务专业化水平提升。随着我国固定资产投资项目建设水平逐步提高，为更好地实现投资建设意图，投资者或建设单位在固定资产投资项目决策、工程建设、项目运营过程中，对综合性、跨阶段、一体化的咨询服务需求日益增强。这种需求与现行制度造成的单项服务供给模式之间的矛盾日益突出。

总的来说，有以下几点因素促成了全过程工程咨询概念的提出。

（1）转变建筑业经济增长方式的需要，推进工程咨询行业高质量发展的需要。

（2）政府职能转变、发挥市场作用的需要。

（3）深化工程建设组织管理模式改革。

（4）推进工程咨询行业组织结构调整与资源优化组合。

解决工程咨询碎片化问题，提高委托方项目全寿命周期决策的科学性、组织实施的专业化和运行的有效性，确保项目投资效益发挥的需要。

实现工程咨询类企业转型升级、提升企业核心竞争力的需要；推进工程咨询行业国际发展战略的需要。采用全过程咨询服务的最终目的是为建设单位固定资产投资及工程建设活动提供高质量智力技术服务，全面提升投资效益、工程建设质量和运营效率，推动高质量发展，是工程咨询业发展的客观需要和历史选择。

2. 历年的相关政策文件

历年相关政策文件如图 2.1 所示。

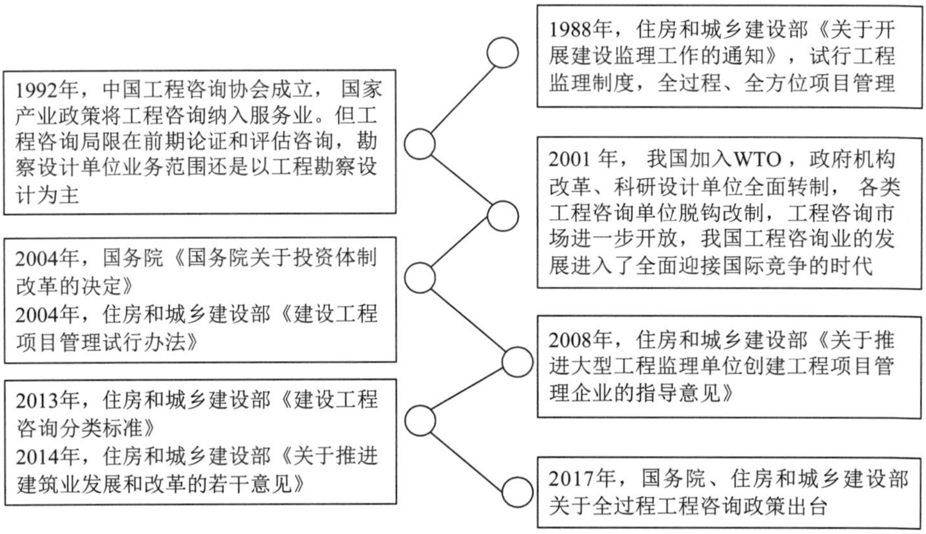

图 2.1 历年相关政策文件

可以看出，历年国务院、住房和城乡建设部、国家发展改革委对全过程咨询的发展非常重视，鼓励工程咨询企业培育和发展，逐步形成健全全过程工程咨询管理制度，积极延伸服务内容，完善工程建设组织模式，提供高水平全过程技术性和管理性服务项目，提高全过程工程咨询服务能力和水平，培养有国际竞争力的企业。尤其是 2017 年国务院办公厅发布的《国务院办公厅关于促进建筑业持续健康发展的意见》（国办发〔2017〕19 号），以及同年住房和城乡建设部发布的《关于开展全过程工程试点单位工作的通知》（建市〔2017〕101 号），积极推动鼓励了行业龙头代表性企业对全过程咨询服务实施与实践，对全过程咨询服务市场的开放与推广又进了一步，表现了国家对发展全过程咨询服务的重视与决心。

2019 年 3 月 15 日，国家发展改革委与住房和城乡建设部共同发布了《关于推进全过程工程咨询服务发展的指导意见》（发改投资规〔2019〕515 号），提出要深入贯彻习近平新时代中国特色社会主义思想和党的十九大精神，深化工程领域咨询服务供给侧结构性改革，破解工程咨询市场供需矛盾，创新咨询服务组织实施方式，大力发展以市场需求为导向、满足委托方多样化需求的全过程工程咨询服务模式，要充分认识推进全过程工程咨询服务发展的意义，发挥投资决策综合性咨询在促进投资高质量发展和投资审批制度改革中的支撑作用，以全过程咨询推动完善工程建设组织模式，鼓励多种形式的全过程工程咨询服务市场化发展。该指导意见还强调了要引导国内的综合性咨询公司发挥其优势，通过大型项目的实践，打造出一批可以与国际著名咨询企业相对标的优质咨询企业，并重点强调了为增强政府投资决策科学性，提高政府投资效益，政府投资项目要优先采取综合性咨询服务方式。

3. 试点工程全过程工程咨询的任务

全过程工程咨询服务，包括全过程工程咨询管理、项目前期决策咨询（编制可行性研究报告、环境影响评价报告、节能评估报告、社会稳定风险评价报告）、造价咨询、招标代理、工程监理等服务，已开展和即将开展的服务内容框架如图 2.2 所示。

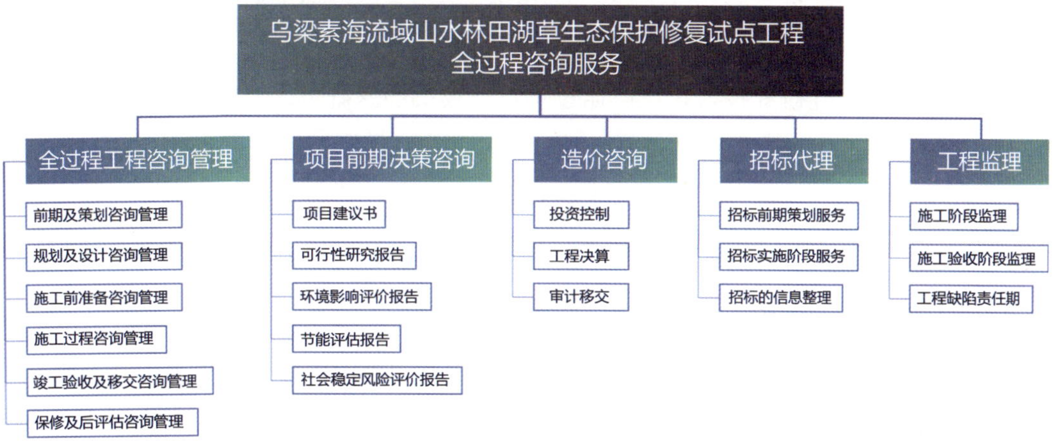

图 2.2　全过程工程咨询服务内容框架

1）全过程工程咨询管理

全过程工程咨询管理是贯穿项目全过程的工程咨询管理服务链，是对项目决策、实施和运行各阶段进行策划、组织、控制、协调的集成化管理，具体包括：

（1）前期及策划咨询管理：项目决策策划的论证、项目决策策划的深化、项目配套管理与报审、项目实施策划。

（2）规划及设计咨询管理：设计前期工作、设计任务的委托、设计合同管理、设计阶段的造价控制、设计阶段的质量控制、设计阶段的进度控制、设计协调及信息管理、设计阶段的报批报建及配套管理、专业深化设计管理。

（3）施工前准备咨询管理：发包与采购管理、施工前各项计划管理、施工前准备阶段建设配套管理、施工前准备阶段政府建设手续办理、开工条件审查。

（4）施工过程咨询管理：施工过程的进度控制、施工过程的质量控制、施工过程的投资控制、施工过程的招采控制、施工过程的合同管理、施工过程的设计与技术管理、施工过程的安全文明管理、施工过程的组织与协调管理、施工过程的信息与文档管理。

（5）竣工验收及移交咨询管理：项目联合调试、项目竣工验收准备、项目竣工验收管理、项目竣工结算和审价、项目移交管理。

（6）保修及后评估咨询管理：项目保修管理、项目决算和审计、项目其他工作（零星改建工程）、项目咨询管理工作总结、项目后评估。

2）项目前期决策咨询

遵循“客观性、针对性、合规性”的原则，根据客户的需求，通过全方位地调查、分析和论证，编制高质量、科学合理的研究、策划和评估报告。

（1）编制可行性研究报告。在已通过项目建议书的基础上，对拟建项目的必要性、合理性、建设条件、建设方案和建设时序展开深入的研究，从宏观和微观层面对拟建项目进行技术、经济、环境、社会、风险等方面的分析论证，比选和优化方案，为最终决策提供依据。主要内容包括：项目建设背景及建设可行性分析；项目产品市场调查、市场预测及产品竞争力分析；场址选择、征地拆迁和移民安置的方案设计；资源供应、配套条件分析；产品方案、建设规模、工程技术方案和节能方案设计；投资估算与融资方案设计；财务评价和经济影响分析；环境影响分析；社会影响分析；风险分析等。

（2）编制环境影响评价报告。对规划和建设项目实施后可能造成的环境影响进行分析、预测和评估，提出预防或减轻不良影响的对策与措施、进行跟踪监测的方法与制度。成果文件包括《环境影响报告书》《环境影响报告表》和《环境影响登记表》。

（3）编制节能评估报告。根据节能法规、标准，对建设项目的能源利用是否科学合理进行分析评估，并编制节能报告；主要内容包括评估依据、项目概况、能源供应情况评估、项目建设方案节能评估、项目能源消耗和能效水平评估、节能措施评估、存在的问题及建议等。

（4）编制社会稳定风险评价报告。对可能影响社会稳定的因素展开系统的调查，科学的预测、分析和评估，并制定风险应对策略和预案。主要内容包括项目概况、项目社会稳定风险评估的程序和方法、项目社会稳定风险调查、项目社会稳定风险分析、项目预期社会稳定风险等级评判、项目社会稳定风险防范措施、结论及建议等。

3）造价咨询

通过深入广泛的调查，分析同类项目的市场信息，结合多年积累的工程数据，提供工程量清单、招标控制价、结算审价的编制及全过程造价控制服务。

（1）发承包阶段。编制清单、最高投标限价、投标报价分析、清标报告。

（2）实施阶段。进行过程投资控制，资金使用计划，工程计量与工程款审核，合同价款调整，工程变更、索赔、签证，工程实施阶段造价控制。

（3）竣工结算阶段。收集资料归档，编制结算审价报价，全面审查项目各项费用支出，协助业主完成财务竣工决算的审核工作，编写总结性咨询报告。

4）招标代理

恪守“公开、公平、公正、诚实、信用”原则，坚持从客户需求出发，针对不同的建设项目特点，策划制定采购与招投标的实施方案，凭借严格的招标与采购程序，选择在资格、能力、资信、价格等方面都能最大限度地满足客户和项目建设实际需要的承包商和供应商。

（1）招标前期策划服务。针对本项目成立专业的招标代理工作小组，参与招标的前期准备工作并提供招标策划，编制采购需求计划和工作方案，根据项目的总进度计划协商确定具体的招标工作日程安排并在具体实施过程中跟踪监控，编制招标文件及合同文本并报管理部门备案审核，为委托人提供采购产品市场概况、市场现状。

（2）招标实施阶段服务。办理建设工程招标登记手续，协助招标人就服务项目办理相关审批手续，发布公开招标公告、组织资格预审、招投标、评标等工作，协助组织重大项目的采购方案、技术方案的专家论证、评审会，进行回标分析、提请招标人确认结果、公示及时发布中标结果公示，协调处理相关的供应商质疑并妥善处理矛盾，协助相关部门处理供应商投诉，协助招标人按招标成果签订合同。

（3）招标的信息整理。提供所承担项目的进展状态表，整理招标文件资料，按时间顺序编排成册，项目结束后及时上报归档招标代理工作内容。

5）工程监理

坚持“诚信、公正、科学、守法”的宗旨，贯彻优质服务理念，提供规范化的监理服务，服务周期从施工准备期开始，经施工、安装调试、竣工验收等阶段，直至项目保修期结束为止，通过“三控、两管、一协调”，确保高质量实现项目目标。

（1）施工阶段监理：协助业主和承包商编写开工报告、全面检查开工前各项准备工作、报业主批准后由总监理工程师签发开工令；协助业主组织设计交底和图纸会审；协助业主审查和确认承包商选择的分包商；审查和批准承包商的施工组织设计、重要施工技术方案、施工进度计划、施工质量保证体系和施工安全保证体系；对工程进行全过程的监理，加强巡视和旁站监督，对不符合规范和质量标准的工序、分项、分部工程和不安全的施工作业，通知承包商停工整改或返工并报告业主；组织分部、分项工程和隐蔽工程的检查验收；协助业主、设计人、承包商及监理提出的工程变更，签认工程变更通知和工程变更费用报审表；进行工程计量，签发工程款支付申请表，竣工结算文件，公正处理和有效控制工程现场签证；定期召开工程例会，对每月的工程进度、质量和安全环卫情况通过监理月报向业主进行总结汇报，检查和解决工程中存在的问题和需要协调解决的问题；督促和检查承包商整理合同文件和技术档案资料，使之符合城建档案归档的要求；督促承包商做好现场安全防护、消防、文明施工及卫生工作，并对现场有关问题向承包商提出书面意见。

（2）施工验收阶段监理：组织工程竣工初步验收，审核和签署工程竣工申请报告；参加业主组织的竣工验收，签署竣工验收文件和竣工移交证书；记录未完成工作及需修改的事项，以保证承包商在认可的工期内完工；检定及核对所有承包商交回的竣工图及资料；协助业主与承包商完成工程总结算的有关工作；协助业主整理完整的竣工验收修补清单。

（3）工程缺陷责任期：记录未完成工程或需修改的事项，设置专人检查承包商在保修书规定内容和范围内缺陷修复的质量，监督承包商完工；对业主反映的工程缺陷原因及责任进行调查和确认，并协助进行处理；协助业主按保修合同的规定结算保修抵押金；做好保修期监理工作的记录和总结。

4．试点工程项目全过程工程咨询服务的工作开展情况

1）试点工程全过程工程咨询服务的工作模式

自同济咨询进场以来，试点工程的全过程工程咨询服务工作以全过程统筹、全方位策划、上海—内蒙古两地联动的方式开展，形成了“策划—规划—实施”的总体工作模式，总体框架如图 2.3 所示。

（1）总体控制策划。为保障试点工程项目建设紧扣国家生态文明建设要求，不偏离方向，有条不紊地顺利实施，同济咨询已完成大量的前期工作，明确了项目管理指导原则，进行了项目总体资源分析，完成了项目体系性目标策划和论证、组织管理策划及资金使用策划等顶层设计工作，为项目的规划和实施奠定了基础。

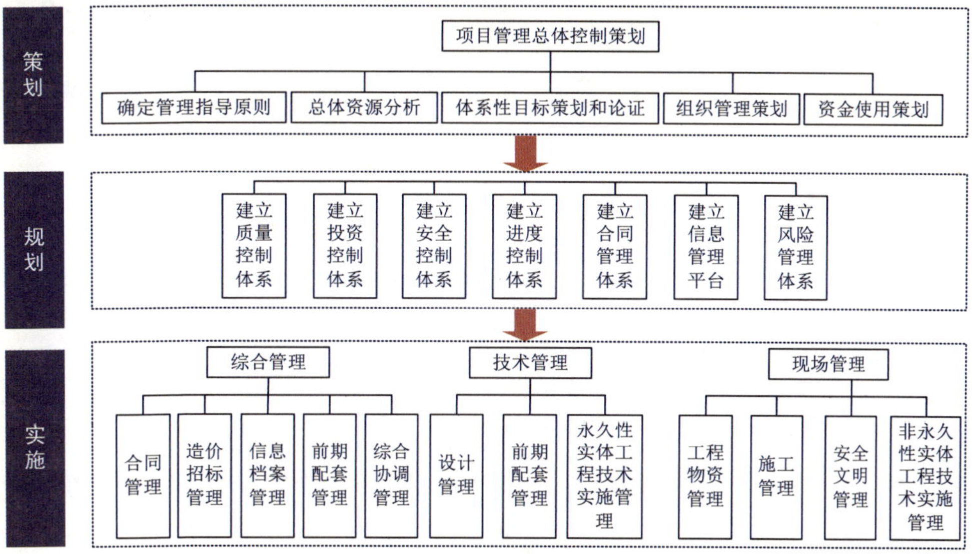

图 2.3　全过程工程咨询服务总体工作模式框架

（2）项目规划。项目规划是保障项目投资可控、高质量、高效率实施的具体行动，目前试点工程项目已建立完备的质量控制体系、投资控制体系、安全控制体系、进度控制体系、合同管理体系、风险管理体系。信息管理平台即将上线，未来将根据项目实施情况不断调整升级。

（3）项目实施。项目实施工作由综合管理、技术管理、现场管理三大板块构成。同济咨询始终以同济大学的优质专家技术资源和先进的管理技术为支撑，以公司丰富的工程咨询经验为基础，通过内蒙古—上海两地联动机制，确保项目管理创新高效，技术资源丰厚先进，现场施工安全高质，全过程保障项目顺利实施。

2）试点工程全过程工程咨询组织架构

全过程咨询项目管理总部分为前期咨询（可研、稳评、环评、节能）、报批报建与设计管理、造价采购与合同管理、现场管理、信息文档管理、后勤人事财务、生态环境所、造价咨询所、前期咨询所、项目管理所、乌梁素海技术中心等 11 个管理部，如图 2.4 所示。

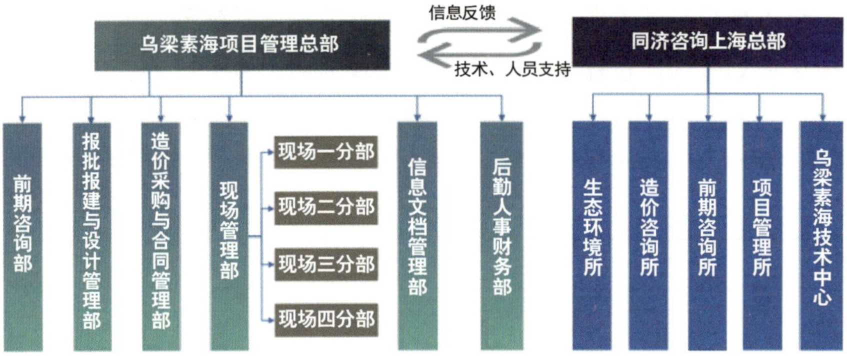

图 2.4　全过程工程咨询组织架构

3）试点工程全过程工程咨询工作进展情况

（1）总体协调。

同济咨询进场后，为保证试点工程项目的顺利实施，确保各单位发挥合力，科学有序地做好本项目的推进工作，开展了大量的协调工作，主要包含以下几个方面：①对试点工程 35 个子项目大量的前期信息进行了梳理，明确了项目的实施难点、任务细节及责任分工，为项目实施推进工作的开展奠定了基础；②积极与政府部门沟通，开展了大量的对接工作，有效协调明确了政府各委办局的权责，建立了各委办局与实施单位沟通的桥梁，为市、区、各旗县政府及主管部门的放心决策提供了依据，保证了项目的高效推进；③组织多轮谈判，完成了中建、中交的项目实施分配，有效解决了各参建方之间的矛盾和问题；④随时督促 EPC 总承包单位保证人力、物力资源的充沛，保证各类项目工作和任务保质完成；⑤针对试点工程 35 个子项目中存在的技术问题，完成了大量调研、对接、协调工作，统筹各方技术资源，为项目引进了先进的技术。组建了同济咨询乌梁素海技术中心，建立专家库，为项目管理工作提供高精尖技术支撑；⑥邀请各相关领域专家，组织了各类培训工作，包括专项技术培训、无人机培训、内部专项工作培训等，保证项目推进不被人员技能差异所阻碍。

（2）建章立制。根据试点工程项目的情况和特征，已编制、建立、下发一套完整的项目管理制度，其中包含《工作指导大纲》《报批报建管理办法》《设计管理办法》《造价管理办法》《合同管理办法》《进度管理办法》《质量管理办法》《安全文明施工管理办法》《信息及文档管理办法》《会议、报告管理办法》《资金管理办法》《巡查督导管理办法》《项目评估考核管理办法》等 19 项内容，以提升项目管理效率和水平，全方位保障试点工程项目顺利完成。

（3）报建手续。试点工程规模大、情况复杂，前期存在大量的报建手续问题，其中包含政府部门协调困难、项目不断调整、项目权属不清等。已针对这些问题开展了大量跟踪、协调工作，针对报建中可研报告、规划选址、土地预审、环境评价、资金到位情况、立项审批等内容进行了梳理和推进，并将所有项目报建手续状态每周更新一次，专项解决凸显的问题，保证报建进度。

（4）设计管理。针对试点工程 35 个子项目的设计工作进行了推进和梳理，基本确定分为三类，由原设计单位继续设计的项目，由原设计单位将设计成果移交 EPC 总承包单位进行继续设计的项目，由 EPC 总承包单位设计的项目，可见设计情况较为复杂，涉及大量的对接和谈判工作。

（5）造价管理。完成了各相关项目的概算审核工作，已基于先进的动态投资控制理论，建立了投资数据动态控制系统，及时跟踪、审核项目投资进展，直观反映项目投资节约、正常、超额的情况，严防项目投资超概。

（6）现场管理。现场管理包含项目管理和现场监理两大板块，已持续对现场施工的进度、投资、质量、安全进行管理和把控，充分发挥了项目管理和监理的职能，完成了大量管理工作和协调工作，保证现场施工安全有序、投资可控、质量优质、进度高效地开展。

（7）信息管理。已建立文档资料线上线下双重归档模式，保证项目实施过程中产生的大量信息文档资料得到有序存储。建立了月报、周报、日报制度，可有效追溯每一项工作过程，并及时向政府和业主反映项目进展情况。

策划并构建了乌梁素海综合信息管理平台，实现了无人机直播、文档云存储、项目信息报表优化、参与单位权限设定、线上审批等功能，以保证项目管理有效率，领导决策有依据。

5．全过程工程咨询在试点工程项目中发挥的作用

乌梁素海山水林田湖草生态保护修复试点工程项目属流域综合治理项目，是大型复杂工程项目群，也是一个复杂的巨系统，具有战略意义大、地域跨度广、项目参与方多、项目类型复杂、涉及专业广、技术难度大等特点。基于本项目的特点和难点，项目整体和局部的前期规划、过程控制和组织协调存在较大的困难和风险。

全过程工程咨询通过把试点工程全生命周期内的决策咨询、项目管理、招标代理、造价咨询、工程监理等管理集成化服务，实现服务内容的高度整合，从而助力项目实现更低的投资、更快的工期、更高的品质和更小的风险等目标。

（1）节省投资。全过程咨询服务单位单次招标的优势，可使其合同成本大大低于传统模式下决策咨询、项目管理、招标代理、造价咨询、工程监理等参建单位多次发包的合同成本，实现“1+1＞2”的效益。由于全过程咨询单位服务覆盖全过程，整合了各阶段工作服务内容，更有利于实现全过程投资控制，通过限额设计、优化设计和精细化管理等措施降低“三超”风险，提高投资收益，确保项目的投资目标。

（2）加快工期。由一家单位提供全过程工程咨询服务的情况下，一方面，可最大限度地处理内部关系，大幅度减少建设单位日常管理工作和人力资源投入，有效减少信息漏斗，优化管理界面；另一方面，创新模式不同于传统模式冗长繁多的招标次数和期限，可有效优化项目组织和简化合同关系，并克服项目管理、招标代理、造价咨询、工程监理等相关单位责任分离、相互脱节的矛盾，缩短项目建设周期。

（3）提高品质。各专业过程的衔接和互补，可提前规避和弥补原有单一服务模式下可能出现的管理疏漏和缺陷，全过程咨询单位既注重项目的微观质量，更重视建设品质、使用功能等宏观质量。创新模式还可以充分调动全过程咨询单位的主动性、积极性和创造性，促进新技术、新工艺、新方法的应用。

（4）减少风险。五方主体责任制与住房和城乡建设部工程质量安全三年提升行动背景下，建设单位的责任风险加大，全过程咨询单位作为项目的主要参与方和负责方，势必发挥全过程管理优势，通过强化管控减少甚至杜绝生产安全事故，从而较大程度降低或规避建设单位主体责任风险。同时，可有效避免因众多管理关系伴生的廉洁风险，有利于规范建筑市场秩序，减少违法违规的行为。

综上所述，全过程工程咨询将对试点工程的高质量顺利实施起到至关重要的作用。

2.2.4 EPC 总承包模式

EPC（Engineering Procurement Construction）是指公司受业主委托，按照合同约定对工程建设项目的设计、采购、施工、试运行等实行全过程或若干阶段的承包。通常公司在总价合同条件下，对其所承包工程的质量、安全、费用和进度进行负责。

在 EPC 模式中，Engineering 不仅包括具体的设计工作，而且可能包括整个建设工程内容的总体策划以及整个建设工程实施组织管理的策划和具体工作；Procurement 也不是一般意义上的建筑设备材料采购，而更多的是指专业设备、材料的采购；Construction 应译为“建设”，其内容包括施工、安装、试测、技术培训等。

EPC 模式还包括全部正常达标，接手就可正常使用。交付前应做无负荷试运行、带负荷联动试运行、试生产直至达产达标并正常生产为止。

EPC 总承包模式特点包括以下 3 种。

1. 以发包人要求为核心管理要素

发包人在招标文件中明确提出要求。该发包人的要求为发包工程的基本指标，一般包括功能、时间、质量标准等基本指标，并非详细的技术规范。各投标的承包商根据业主要求，在验证所有有关的信息和数据、进行必要的现场调查后，结合自己的人员、设备和经验情况提出初步的方案，业主通过比较评估，选定中标的 EPC 总承包商，并签订合同。

2. 以总承包商为履约核心

由总承包人自行完成对整个工程项目的设计与采购施工一体化的策划，并对发包人提供的全部数据信息进行复核和论证，设计、生产（制造）及生产产品所需物资的采购、调配和 EPC 项目的试运行管理，直至符合并满足业主在合同中规定的性能标准。

总承包商在此合同项下的风险较施工总承包合同要大很多，包括发包人在招标文件以及其后程序中提供的全部资料和数据信息，总承包人均需要复核，发包人对此类文件和数据的完整性、准确性不承担责任，除非合同另有约定或属于总承包人无法复核的情况。

业主对工程项目的工作控制是有限的，一般不得干涉承包商的工作，但可对其工作进度、质量进行检查和控制。发包人和总承包人在 EPC 合同中的分工见表 2.1。

表 2.1　各阶段业主与承包商职责表

项目阶段	业主	承包商
项目实施准备	组建项目机构，筹集资金，选定项目地址，确定工程承包方式，提供功能性要求，编制招标文件	
发包方案确定	对承包商提供的招标文件进行技术和财务评估，签订合同	递交投标文件，签订合同
项目实施	检查并控制进度、成本和质量目标，分析变更和索赔，并根据合同进行支付	设计与优化，设备材料采购和施工单位选择，全面进行设计与采购、施工的管理与协调，控制造价
移交和试运行	竣工检验和竣工后检验，接受工程，联合承包商进行试运行	接受单体和整体工程的竣工检验，培训业主人员，联合业主进行试运行，移交工程，修补工程缺陷

3. 根据实际项目需要，扩展合同范围

合同实施完毕时，业主获得一个可投产或者运行的工程设施，有时在 EPC 总承包模式中承包商还承担可行性研究的工作。EPC 总承包模式如果加入了项目运营期间的管理或维修，还可以扩展为 EPC 加维修运营（EPCM）模式。

第3章

矿山地质环境修复技术研究与实践

生命共同体之“脊骨”——矿山

“一切从矿业开始”（Everything begins with mining）。步入工业社会以来，矿产资源就成为影响经济和国力的重要因素之一。

第十八届世界采矿大会提出的主题是“一切从矿业开始”。这一主题充分反映了矿业在人们生活和经济发展建设中所起到的重要的基础性作用。发展农业是解决人民吃饭的问题，发展矿业是解决国民经济发展、工业原材料、能源和社会就业等问题。矿业资源不仅是国民经济发展的基本物资，也是国家经济安全的重要战略性物资。从环境的角度讲，矿业是支撑一个优良环境的重要物质基础，同时又是可能对环境造成破坏的物质因素，它是一把“双刃剑”。在矿山资源勘查开采过程中，由于过度的开采或不加保护的开采已经对矿山生态环境带来无法挽回的损害，这不但严重威胁矿区生态系统和居民的健康，而且不利于资源可持续发展。因此，人类在获取矿产资源的同时，对矿山生态环境进行恢复治理已经迫在眉睫。矿山生态修复作为践行“绿水青山就是金山银山”理念的重要抓手，受到越来越多的关注。

本章将围绕内蒙古巴彦淖尔乌梁素海山水林田湖草生态保护修复试点工程——乌拉山南北麓矿山环境与生态修复工程介绍矿山生态修复技术。

3.1 矿产资源概述

中国是世界上成矿地质条件优越、矿种较多、资源总量较丰富的国家，是具有自己资源特色的一个矿产资源大国。矿产资源作为一个产业，有其特殊性：矿产资源储量有限不可再生；矿产资源分布不均衡，造成北煤南运、南磷北调、西气东输；矿山经济效益具有递减性，随着开采时间的延长，经济效益逐步下行。

中国既是一个矿产资源大国，又是一个资源相对贫乏的国家；既有许多优势矿产，又有短缺矿产。我国矿产资源主要有以下特点：①矿产资源总量丰富，人均资源相对不足。②矿产质量贫富不均，贫矿多、富矿少。③超大型矿床少，中小型矿床多。我国矿床资源与国外相比，超大型矿床明显偏少。④地理分布不均衡，矿产高度集中区和严重短缺区并存。

3.2　矿山地质环境问题

矿产资源的大规模、高强度开发及煤炭作为燃料的高强度利用，给全球可持续发展与区域生态环境保护带来了严峻挑战。主要挑战来自以下几个方面。

3.2.1　采矿引起的景观破坏

地下采矿引起地表沉陷、地面建筑物破坏、固体废物堆积；露天采矿则需要清理地表植被、建筑物，使河流改道，然后剥离大量的岩土，设立排土场排弃这些岩土；选矿过程中还会产生大量尾矿，需要建设尾矿库排弃这些尾矿。除此之外，矿井提升井塔、专用铁路线、矿山特殊工业建筑等都会对原有乡村景观产生影响。

3.2.2　采矿引起的地质破坏

地下开采引起上部岩体运动，采空上方岩层产生破碎带、裂缝带和整体弯曲带以及地表将出现不连续变形，即裂缝带露出地表。急倾斜矿体开采时地表会出现塌陷漏斗，山区开采时容易引起山体滑坡等，露天采矿时因需要剥离有用矿物上覆盖的岩土会导致原有岩层的切割和颠覆。无论是地下开采还是露天开采，地下含水层均会受到不同程度的扰动，严重时将使地下含水层完全被破坏。

3.2.3　采矿与燃煤引起的环境污染

采矿与燃煤引起的环境污染包括大气污染、水污染、土壤污染、噪声、固体废物排放等。不同类型的开采方式、不同种类的矿山所形成的污染也不同。通常金属矿山开采因围岩矿物组成及矿石需要破碎、化学选矿等原因，引起的环境污染较为严重。大气污染包括矿井废风排放，粉尘污染，燃煤排放 CO_2、SO_2、CO、NO_2 等；水污染包括矿山废水排放与生活污水排放等；土壤污染主要由粉尘、污水排放及固体废物排放引起。

3.2.4 占地面积大

矿山一般由采矿工业场地、露天采场（坑采）、选矿工业场地、废石场及尾矿库等组成。开采会产生大量废石和固体废物，不仅露天开采（或坑采）会直接毁坏地表土层和植被，而且矿山开采过程中的废弃物（尾矿、废石等）需要大面积的堆置场地，从而导致对土地的过量占用和对堆置场原有生态系统的破坏，引起水土流失。

3.2.5 固体废物产生量大

采矿活动因大量剥离或开拓，会产生大量废石，每采出 1 t 矿石平均产出废石 1.25 t。这些固体废物因受地形、气候条件及人为因素的影响，可能发生崩塌、滑坡、泥石流等。例如，矿山排放的废石常堆积在山坡或沟谷内，这些松散物质在暴雨冲刷下，极易发生泥石流。近年来，尾矿库溃坝事件时有发生，造成人员及严重的经济损失。

3.2.6 影响时间长

矿山项目属建设生产性项目，大型项目服务年限一般几十年，破坏的植被和固体废物堆置得不到及时治理，就会造成长期的水土流失。

矿业活动导致地质环境问题的结果可划分为五类：土地资源损毁、水环境扰动、大气污染、矿山地质灾害、景观与生态破坏。

3.3 发展绿色矿山

2017 年，随着《关于加快建设绿色矿山的实施意见》的发布，绿色矿山新格局正式形成，矿山修复由原本的地质修复发展为生态修复。虽然表面上看矿山废弃地是采矿后遗留下来的、生态环境受到严重破坏的、需投入大量资金整治的，但实际上其土地属性并没有发生实质变化，可以通过生态修复和景观再造，结合矿山周围景观特色，将矿山建设成与周围环境相适宜的景观游览地。针对矿山废弃地的不同情况，因地制宜，采取不同修复措施，多种方法结合，达到最佳修复效果。

生态修复核心就是要使生态系统恢复自我运行。开展露天矿山生态修复工作，必须坚持尊重自然、顺应自然、保护自然；必须坚持节约优先、保护优先、自然恢复为主。

必须坚持源头严防、过程严管、后果严惩，必须坚持整体保护、系统修复、综合治理；必须坚持问题导向、底线思维，用改革创新的办法破解面临的矛盾和难题；必须把握机遇，主动作为。自然资源部要求，各地要强化措施，协同配合，突出重点，因地制宜，严把质量关，严防廉政风险，切实保障露天矿山生态修复工作成效。

同时，要根据矿山当前存在的主要问题“一矿一策”确定主要修复任务。首先，要解决采矿造成的地质灾害隐患以保证安全。其次，恢复土地、林草植被和解决水土污染，按照“山水林田湖草是一个生命共同体”的理念使生态系统达到自我运行的标准，体现生物多样性。同时鼓励各地在政策上积极探索，以政策引导带动社会资本投入，及时总结推广经验，发挥典型示范带动作用，形成可复制、可推广的治理新模式。自然资源部将利用卫星遥感手段每半年对进展情况进行监测，同时不定期组织现场抽查。

3.4 乌梁素海流域矿山生态修复项目

3.4.1 地区概况

乌拉山，位于内蒙古巴彦淖尔市明安川之南，黄河之北，全长 70 多 km，在包头市境内长 34 km。乌拉山为阴山支脉，横贯巴盟东南部。海拔 1 500～2 322 m，主峰大桦背海拔 2 322 m。100 多年前，乌拉山风景极为秀丽，原始森林茂密，野生动物众多。近百年来，山林发生过两次火灾，原始森林被毁灭殆尽，后来仅萌生出片片次生林。1950 年后，国家在这里建立了国有林场，经过 30 多年的封山育林和人工造林，目前森林面积已达 22 万亩。山脉南坡有明显的断层崖俯临黄河，山沟较多，山麓有一系列洪积扇和三级阶地。沉积物由山麓至黄河北岸的三湖河平原，从洪积为主的碎石、沙砾层渐变为冲积粉砂性黏土，灌溉农业发达。森林覆盖率为 27.75%，森林下发育有山地淋溶褐土和典型褐土。森林线以上为草甸草原和山地草甸草原土；森林线以下为干草原和山地栗钙土，山脉南坡和西坡则为荒漠草原和棕钙土。乌拉山是内蒙古西部地区主要林业基地。山地草场以放牧山羊为主，每年牧草返青后上山，秋后返回山麓过冬。

该地区蕴藏着丰富的矿产资源，从 20 世纪六七十年代开始矿业活动逐步兴起。由于长期以来重开发轻保护，矿业开发占用破坏大量土地，山体和生态环境遭到严重破坏，露天采坑、废石渣堆遍布，原有的地形地貌景观遭到破坏，形成地面塌（沉）陷、崩塌、滑坡等地质灾害隐患，矿业活动产生的固体废物及废水粉尘对环境产生严重影响，土地被占用破坏；也导致了植被破坏，草原沙化，地表涵养功能退化，水土流失严重，生物多样性也受到影响；还导致山洪灾害频发，每年约 5 000 万 m^3 的洪水伴随大量的泥沙及污染物冲入并淤积乌梁素海中，造成湖体污染逐年增加。因此，综合整治矿山地质环境对乌梁素海流域健康发展显得尤为重要。

3.4.2 项目概况

根据《乌梁素海流域山水林田湖草生态保护修复试点工程实施方案》：环乌梁素海周边地区共有露天采坑 711 个，废石（渣）堆 544 个，工业广场 202 个，占用损毁土地面积 38.78 km^2。其中无责任主体露天采坑 501 个，废石（渣）堆 424 个，工业广场 92 个，占用损毁土地面积 15.70 km^2。本项目区域内共有无责任主体露天采坑 352 个，废石（渣）堆 285 个，工业广场 62 个。

该地区矿山地质环境问题主要为：引发地质灾害、影响含水层、影响地形地貌景观以及占用和破坏土地资源。①破坏和占用土地资源。矿业开发引起的土地资源破坏点多面广，程度各不相同。由于矿业开发活动占用、损毁土地面积广泛，挖损和占用、损毁单元主要为露天采场、废石（渣）堆以及工业广场等。②影响和破坏地形地貌景观。治理区内设有天然林自然保护区，治理区内现状情况下存在的露天采坑、废石（渣）堆不同程度地改变了治理区内原有的地形条件与地貌特征，对地形地貌景观造成了不同程度的影响。③影响和破坏地下含水层。该地区地下水类型主要划分为松散岩类孔隙水和基岩裂隙水两大类型。含水厚度不均，一般为 3～12 m；基岩裂隙水含水层为各矿区基岩，裂隙深度不稳定，含水层厚度一般为 45.13～53.43 m。④引发地质灾害。因矿业开发所引起的地质灾害隐患类型主要为崩塌、泥石流，形成的地灾隐患点较多，分布零星。⑤影响乌梁素海水质。由于山体破坏、废石渣堆遍布，地表植被退化，草原沙化，地表涵养功能退化，使其水质受到影响。

根据乌梁素海流域生态保护试点工程实施方案，矿山地质环境综合整治项目共包含 17 个治理区，根据矿山地质环境及影响因素共分为三大类：土地资源损毁、矿山地质灾害以及景观与生态破坏。

1. 土地资源损毁类

根据各治理区设计方案介绍，土地资源损毁类矿山包括 5 个治理区，各治理区具体情况见表 3.1。治理区以前是透闪石和铁矿开采区，开采较为集中，开采方式以露天开采为主。由于长期以来重开发轻保护，矿业开发占用破坏大量土地，原有的地形地貌景观遭到破坏，形成崩塌、泥石流等地质灾害隐患，对该地区的土地资源造成了严重影响。

表 3.1　土地资源损毁类各治理区情况

治理区	开采方式	类型	坑/个	渣堆/个	损坏面积/hm^2	环境问题
1	露天开采	透闪石矿	6	21	25.65	治理区内采坑形状不一，河道两侧堆积有挖沙形成的沙堆。部分露天采坑边坡陡立，存在崩塌地质灾害隐患。剥离的废石、废土、废料随意堆放于采坑周边空地上，最终形成了规模较大的废渣堆，占用了大量土地资源
2	露天开采	铁矿	97	77	57.82	存在河道泥石流、便道、治理区内零散采坑、废石堆等地质环境问题。问题主要表现为废弃采坑、废石堆占用、破坏土地植被资源，部分采坑边坡存在崩塌地质灾害隐患，废石堆堆放在河道中，存在泥石流地质灾害隐患
3	露天开采	铁矿	1	62	4.97	大小不等的渣堆，占用了大量土地资源
4	露天开采	铁矿	143	163	27.7	采坑规模不等、形状不一，废石、废土随意堆放，占用了大量土地资源

治理区内现状地质环境问题主要由自然因素和人为因素导致，自然因素主要表现为沟谷型泥石流和崩塌地质灾害，人为因素主要表现为采矿形成采坑、废石堆，崩塌（滑坡）地质灾害，坡面状泥石流（废石堆形成），破坏了原始地形地貌，占用了大量土地植被资源（原始次森林），破坏了含水层结构。在矿产开采过程中将剥离的废石、废土随意堆放于采坑周边空地上。还有干选站在生产开采过程中，在山前空地上和沟谷中进行碎石、干选，并把一些破碎料随意堆放在空地上，最终形成了规模较大的废石堆，占用了大量土地资源，破坏了原有地形地貌。损毁的土地利用类型主要以其他草地为主，部分废石堆占用破坏土地植被面积较大，占用破坏土地植被资源的程度较为严重。废土石堆的边坡地形较原始的地形坡度有所加大，坡度变陡，而堆顶面坡度相对变平缓，使原始地形的一致性变差（如图 3.1、图 3.2 所示）。

图 3.1　土地资源损毁类渣堆

图 3.2　土地资源损毁类采坑

2. 矿山地质灾害类

该项目中地质灾害类治理区共有 5 个，各治理区情况见表 3.2、图 3.3、图 3.4。该地区由于长期以来重开发轻保护，矿业开发占用破坏大量土地，地貌是受构造、岩性、气候、流水等内外引力作用形成的，区域地貌单元受地质构造控制，而岩性、气候等条件控制微地貌的形成和演变。按地貌成因和形态特征，可划分为 2 个地貌类型：侵蚀构造地形、堆积地形。原有的地形地貌景观遭到破坏，形成崩塌、泥石流等地质灾害隐患，对该地区的矿山地质环境造成了严重影响。因此需解决因矿业开发遗留的矿山环境地质问题，消除现状情况下治理区存在的地质灾害隐患，恢复和重塑治理区内的地形地貌景观，改善附近居民的生产和生活环境。治理区范围内地貌类型可分为中山区和沟谷区。

同时，由于早期矿业开发活动缺少环境保护意识，治理区缺乏统一规划，长期的无序开采，使治理区内形成规模不等、形状不一的采坑。治理区内的部分露天采坑边坡高陡直立，存在崩塌地质灾害隐患。在矿产开采过程中将剥离的废石、废土随意堆放于采坑周边空地上，故治理区主要地质环境问题是露天采坑高陡边坡崩塌地质灾害。

表 3.2 矿山地质灾害类治理区情况

治理区	开采方式	类型	坑/个	渣堆/个	面积/hm^2	环境问题
1	露天开采	铁矿	11	13	7.82	存在崩塌地质灾害及其隐患、破坏地形地貌景观
2	露天开采	硅石矿、铁矿	47	104	15.24	露天采坑的坡面坑体存在较多危岩体
3	露天开采	铁矿	11	4	11.53	地形地貌景观遭到破坏，部分采坑边坡高陡，局部竖向节理发育，边坡顶部风化层节理裂隙发育，结构不稳定，在降雨、冻涨、风化等作用下存在崩塌地质灾害隐患
4	露天开采	铁矿	1	—	—	采坑内部四周边缘上部存在较多危岩体，且风化裸露面积较大；采坑边沿极不规整、参差不齐，存在崩塌等地质灾害，凹陷式采坑与周边地貌极不协调

图 3.3 地质灾害类采坑

图 3.4　地质灾害类渣堆

3. 景观与生态破坏类

根据设计方案，景观与生态破坏类治理区共 7 个，具体见表 3.3、图 3.5、图 3.6。治理区内铁矿资源丰富，铁矿和料石矿开采方式均为露天开采，矿山开采后形成的废渣、尾渣随意堆放；治理区内还分布两处金矿采区，开采方式为井工开采，遗留废弃渣堆和工业场地。渣堆直接堆放于河谷中央，堵塞河道，严重影响地形地貌景观。矿山开采形成的固体废物有些因颗粒较细还存在生态环境问题。其具体表现在：

（1）高陡边坡：为多年采石、采矿遗留的废弃工作面，长度十几米至上百米不等。坡面多近于直立，局部区域可见危岩体。在降雨、风化、震动等自然与人为因素的作用下存在发生崩塌灾害的可能性；影响地形地貌景观，影响程度较严重；破坏原有土地资源和植被，破坏地类主要为草地。

（2）露天采场：露天采场多呈椭圆状、不规则状，严重地影响乌拉山保护区的地形地貌景观；同时破坏原有土地资源和植被，破坏地类主要为草地。

（3）矿山固体废物（废渣堆）：矿山固体废物为采矿形成的废渣堆，以废渣为主，包括部分采场地表的风化层与表土，也包括部分碎石加工过程中产生的岩石碎屑。矿山固体废物基本上沿山坡、河谷就地无序排放形成废渣堆，较严重地影响了保护区内的地形地貌景观，同时破坏原有土地资源和植被，破坏地类主要为草地。

（4）废弃工业场地：为矿石加工及成品堆放场地，长度几十米至上百米不等。大部分场地有人为修建的碎石加工平台，局部形成高陡人工边坡，在降雨、震动等自然因素与人为因素的作用下存在发生崩塌灾害的可能性，影响保护区内的地形地貌景观；同时破坏原有土地资源和植被，破坏地类主要为草地。治理区内长期的无序开采，使治理区内形成规模不等、形状不一的采坑，采坑内及周边无序堆积有废渣堆。治理区内的部分露天采坑边坡陡立，存在崩塌地质灾害隐患。在矿产开采过程中将剥离的废石、废土随意堆放于采坑周边空地上，最终形成了规模较大的废渣堆，占用了大量土地资源，并影响地形地貌景观。

个别治理区位于山前的洪积扇上，呈宽缓的“U”形河谷，河面最窄处 28 m 左右、最宽处 120 m 左右，河岸两侧地表无不良地质作用。区域内以侵蚀、堆积为主，河谷下切不深。总的地形趋势是东北高，西南低，属河流冲洪积堆积地貌。大量固体废物随意堆放，不仅占用土地资源，影响地貌景观，还加剧当地沙尘天气，严重恶化生态环境。该区内主要为采沙、采石料遗留废弃采坑，表现为坑多堆少。

表 3.3 景观与生态破坏类治理分区情况

治理区	开采方式	工业广场	平硐口	坑/个	渣堆/个	损坏面积/hm^2	环境问题
1	露天开采		9	114	130	101.13	崩塌地质灾害隐患、破坏压占土地资源及影响地形地貌景观等
2	露天开采	3	—	11	20	24.14	矿坑内形成规模不等、形状不一的采坑，采坑内及周边无序堆积有废渣堆。治理区内的部分露天采坑边坡陡立，有的甚至达到90°直角采坑，存在崩塌地质灾害隐患
3	露天开采	2	—	13	20	7.31	占用了大量土地资源、堵塞河道，不仅影响地形地貌景观甚至形成堰塞湖，对下游牧民生活和生产造成较大的安全隐患。剥离废石土与尾矿沙风化扬尘对环境的污染程度严重
4	露天开采	1	—	24	63	10.64	存在泥石流地质灾害隐患；损毁的土地类型为其他草地，损毁土地的形式为压占损毁，程度为重度损毁；废石/渣堆的堆放对原始的中山地貌产生了破坏，严重影响当地的地形地貌景观
5	露天开采	1	—	36	30	92.60	存在崩塌地质灾害隐患；对附近居民造成安全隐患，破坏了原有地形地貌景观
6	露天开采	53	137	233	302	—	边坡上部节理裂隙发育、岩体破碎，存在小型崩塌地质灾害及隐患；部分废石堆内颗粒较细，在大风天气易形成扬沙；规模较大的采场中现存有降雨积水；部分山体颜色多为灰色、黄色，而小规模的采场、平硐及其周边分布的废石堆多为黑色，与周边景观极不协调

图 3.5　景观与生态破坏类采坑

图 3.6 景观与生态破坏类渣堆

3.5　矿山修复技术介绍

随着社会经济快速发展，矿产资源的开采日益剧烈，使矿区生态环境受到严重破坏，更是给地区生态安全埋下巨大隐患。2018 年全国矿山修复高峰论坛指出，截至 2017 年全国矿产资源开发占用土地面积仍高达 362 万 hm^2，矿山修复形势严峻且急迫。矿山开采活动不但占用和破坏大量优质土地，而且矿山开采和采后的长时间内极易引发二次污染，使周边环境不断恶化。根据社会生态建设及可持续发展的需要，对矿山地质生态环境修复已经迫在眉睫，由此提出大型矿山废弃地生态环境修复措施以及生态环境问题预防措施。

矿山生态修复是指将受损生态系统恢复到接近于采矿前的自然状态，或重建成符合人类某些有益用途的状态，或恢复成与其周围原始环境相协调的状态。几乎所有的开采活动干扰都超越了开采前生态系统的恢复力承受程度，若任由采矿废弃地依靠自然演替恢复，可能需要 100～10 000 年。尤其是金属矿开采后的废弃地，其表面形成极端的生态环境，自然条件下植物几乎无法存活。矿山生态修复是一项系统工程，不仅涉及废弃地所处的地质、地貌、水文、植被、土壤等因素，同时需要生态学、生物学、土壤学、植物学等多个学科的共同参与，充分体现了多学科交叉综合的特点。从实践的角度看，生态修复具有一定的生态、环境、社会、经济效益。理论上，矿山生态修复也是在矿山废弃地生态系统的退化、自然恢复的过程与机理等理论研究的基础上，建立起相应的技术体系，用以指导和恢复因采矿活动引起的退化生态系统，最终服务于矿山废弃地的生态环境保护、土地资源利用和生物多样性的保护等。矿山的生态修复通常是指将采矿破坏的土地因地制宜地恢复到所期望状态的行动和过程，是矿区生态环境综合整治工作的核心。

矿山关闭后，会遗留大片矿山废弃地，这些废弃地不同程度地受到了破坏。而为了保证土地资源利用的合理性，缓解地区的土地压力，并切实做好环境美化，保证地质安全，有必要对这些矿山废弃地进行有效的治理。其中，最常见也是效果最突出的治理方式就是生态恢复。

3.5.1　修复原则

矿山生态修复不单单是自然生态系统的修复，同时还要考虑与自然生态系统相匹配的社会、经济系统的修复。不同国家和地区由于自然环境和社会经济发展水平不同，矿山生态修复的目的也有所不同，但是其内涵和目的逐渐趋向于更综合的生态问题。当前我国矿山生态修复的突出问题：①制定的生态修复目标缺乏科学性和合理性。在矿山生态修复的实践中，常以园艺方法来取代重建生态系统功能和结构的整体修复。矿山生态修复绝不仅仅是简单复绿，恢复生态系统功能也不等于植被恢复。②尚未形成公认的鉴定矿山生态修复程度的评价指标体系。探索一套科学、实用、有效的生态修复评价体系，对矿山生态修复效果作出合理、准确的判断和评价，从而及时调整生态修复目标和技术方法是十分必要的。③矿山生态修复成效缺乏系统性和长期性的监测体系与监管机制。

矿山生态修复工程浩大，而工程结束恰恰是土地质量提高、植物生长、生态系统发展和稳定的起始点，这就意味着矿山生态修复必须进行长期监测，只有通过长期、系统性的监测，才能评估矿山生态修复措施及工程的成效。矿山修复需遵循以下原则：

1．以人为本、预防为主

按照以人为本的原则，最大限度地消除治理区内因矿业开发产生的地质灾害隐患和安全隐患。对可能出现的地质灾害和安全隐患，按照预防为主的原则进行预防设计，通过改善地质环境，减少地质灾害的发生，消除治理区内的安全隐患。

2．全面规划、突出重点

治理区内的治理工作需要与周边矿区的治理工作相衔接，使治理区域最终的治理效果达到统一、协调。而治理区内的露天采场和渣堆是设计工作中重点关注的内容。

3．随坡就势、以废治废

山坡式开采的采场，边坡较陡，大规模清除危岩体不仅治理成本较高，而且受周边地形约束，还会造成新的创面。因此治理时不仅仅是简单的危岩体清除，更需要结合现场实际情况进行回填、垫坡，使治理后的采场、渣堆与周边地形地貌相协调。

4．技术可行、经济合理

治理工作要切实可行，经济合理。从恢复地质环境的角度提出科学的地质环境治理设计，保护和改善环境，争取以最小的投入换取最大的环境效益和社会效益。

5．因地制宜、综合治理

根据治理区实际情况，确定切实可行的治理措施，提出科学的矿山地质环境治理设计，以实现科学性和可操作性。气候、水文、土壤和生物四大因素存在差异性，导致矿山生态系统具有明显区域分异。在生态修复规划时，应根据区域差异性、特殊性因地制宜选择合适的生态修复措施。

3.5.2　修复思路

废弃矿山生态环境治理通常有 4 个基本要求：消除安全隐患、消除视觉污染、恢复生态环境、整合矿地资源。根据对废弃矿山地质环境特征的调研，结合当地政府部门和社会对治理的要求，在实践中总结了 2 种废弃矿山综合治理模式：一是消除地质灾害类，将存在地质危害的矿山通过工程手段消除危害；二是恢复土地使用功能类，主要消除废弃矿山遗留的残山残坡。对整治后的废弃矿山矿地要求能耕则耕、能建则建、宜景则景、能林则林，最终实现资源与环境的和谐统一。

露天采石场废弃矿山生态环境综合治理一般的技术及其工艺流程为：削坡或清坡—坡面防护加固—设置截排水设施—坡面绿化建植—绿化养护等。削坡的目的一是消除矿山原有的危岩险坡，消除崩塌、滑坡等矿山边坡地质灾害隐患；二是降低坡度，为生态复绿提供一个适宜的坡率条件。坡面防护加固措施一般有清坡、随机锚杆加固、主动网防护、格构梁加固、挡墙隔离拦挡等，以确保边坡安全稳定。设置截排水沟的主要目的是排导坡面汇水，防止雨水冲蚀，造成水土流失，破坏坡面的绿化建植层。在整个整治的工艺流程中，最核心的是坡面绿化建植技术。目前，针对人工硬岩边坡的生态植被恢复应用较广泛的技术手段有栽植绿化、撒播种子绿化、液力喷播、客土喷播、有机质喷播、植生袋、三维网、植被混凝土、种植槽等。在坡面绿化建植完成后，后期的养护工程也十分重要，甚至对治理效果起着决定性的作用。目前采用的养护方法主要有：架设喷灌系统养护、滴灌养护、人工浇灌养护等，通常人工养护时间为 2 年，第 1 年属于强制养护期，以确保人工植被成活，第 2 年为常规养护，使人工建植的绿化坡面逐步向自然状态过渡，实现与周边自然植被在视觉上初步相融的景观。

以往废弃矿山治理主要采用单一的削坡、自然复绿、客土喷播和种植乔灌木遮挡绿化等治理方法，治理方式简单粗糙，植物生长的土壤条件不具备，复绿效果较差。同时由于在治理工程中缺乏对矿地利用的思考，大多数治理工程实施后矿地依然无法得到有效利用。具体存在的问题主要表现为：一是治理经验欠缺，模式单一，简单照搬公路边坡的复绿治理方式，未有针对性地考虑废弃矿山的具体特征采用合理的技术手段，导致坡面植生层流失严重，植被覆盖度低，人工治理痕迹明显，治理效果不佳。二是治理缺乏规划协调，未能充分考虑废弃矿山治理的系统性，往往重视短期治理效果而忽视长期的养护，往往只重视边坡的绿化而忽视了对矿山宕底废弃地的综合整治和开发利用，造成治理后的矿地仍得不到合理利用。三是没有盘活废弃矿山的价值，只见投资不见收益。废弃矿山的自然生态环境治理目前基本靠政府财政拨款出资，投入巨大收益极小，造成治理资金缺口大，治理积极性低。四是矿地利用缺少政策支持。矿山开采完毕后矿地的属性没有得到明确，社会资本想进入废弃矿山治理但没有相应的优惠、鼓励、筹措等政策支持，影响矿地开发利用，也造成了治理征地等相关政策处理的困难。

3.5.3 修复技术

矿山生态修复是以生态环境恢复为核心，研究如何因地制宜、因矿施治，开展矿山生态环境修复工作，从而取得生态、经济、社会的最佳综合效益。

1. 喷混植生技术

喷混植生技术是当前国内外废弃矿山生态修复的常用技术，是废弃矿山边坡工程防护与边坡生态绿化并重的措施之一，可以在短时间内让植被快速生长覆盖矿山边坡表面。该技术利用锚杆加固结合铁丝网技术，运用特制喷混机械将土壤、有机质料、黏结剂、植物种子等混合干料加水后喷射到岩面上，形成近 10 cm 厚的具有大小孔隙的硬化体。喷混植生技术的特点：①适用于地质条件恶劣的岩石表面。在矿山边坡表面采用镀锌铁丝网和钢杆锚固，提高抗拉力强度，能有效地防止边坡崩塌和边坡小碎石掉落。②抗侵蚀性和抗水土流失。通过黏结剂的胶结作用使喷混基质硬化，提高边坡的抗冲刷性，避免雨水等对种植基质造成冲刷侵蚀。在后期生长的灌草植被和喷混基材的作用下，边坡的抗侵蚀性又得到进一步增强。③保障植被快速成型及生态稳定性。喷混基质一般的厚度为 10 cm，能确保植物日后生长的需求。石质表面上喷混植生后，一般 2～3 个月能全面覆盖，1 年后灌草立体生态成型，能拦截雨水的冲击，植被的根系深扎交错能增加土体内聚力，提高建植层土体的凝聚强度。具体方式可分为：人工播种绿化、液力喷播绿化、客土喷播绿化、有机质喷播绿化。

江西城门山铜矿喷混植物种子主要有高羊茅、狗牙根、百喜草等禾本科和田箐等豆科草本植物，后期补种采用了胡枝子、紫穗槐、紫花苜蓿等草灌木品种。

2. 植生袋技术

植生袋技术是将选好的草、灌、乔木种子、保水剂、有机质、微生物肥料等材料，通过特制的机器设备均匀地充填在两层可降解的无纺布中间，并覆上一层抗老化绿网，然后将其缝制成袋状。植生袋是一种新型边坡绿化材料，其技术特点为：主要应用于反坡、地形不规则的裸露岩石边坡的修复，可以快速、全面地覆盖整个坡面，提高坡面的保水性，为日后植被更替创造良好的生态环境。该技术见效快、效果稳定，没有表面纹理的要求，普遍适用于边坡高度小于 15 m，坡度较大（≤60°）岩土边坡，边坡也适用于需要快速恢复植被防止坡面土壤侵蚀。当边坡较陡，边坡长度超过 10 m 时，应分级处理。

江西永平铜矿植生袋中填充的种子主要有高羊茅、狗牙根、百喜草等禾本科和田箐等豆科草本植物，后期补种更多地采用了刺槐、女贞等灌木品种。

3. 自然修复技术

自然修复是受人为干扰或非人为干扰的生态系统，凭借自身调整、更新、适应性改变等恢复力，辅以生物因素恢复技术、封育技术等，在不通过大规模的工程措施恢复到原有生态系统结构和功能基础上的生态修复方法。

封山育植（林灌草）技术，通过设置围栏、警示牌等避免人为扰动，采取灵活多样的封育方式（长期、定期、轮流等）保证生态系统自我恢复的技术。

4. 生态植被毯坡面植被恢复技术

生态植被毯坡面植被恢复技术，即用秸秆、麦草等原料，在载体层上添加草籽、保水剂和营养土。经过处理后，将其加工成生态植被毯，再加上灌木种子，以保护边坡并恢复植被。该技术操作简单易行，植被恢复效果好，能有效地防治水土流失，不受边坡长度的限制。它适用于坡度较陡的区域，如尾矿库、废石场的侧坡植被恢复。

5. 边坡治理

边坡，泛指与地平线有一定倾斜角度的斜面。对矿山污染进行生态环境修复的前提条件是保证边坡稳定，主要通过坡面处理结合坡面植被恢复的方法来实现。边坡治理是指清除危岩边坡，形成坡向安全角，以消除崩塌的隐患，同时通过植被恢复来进一步保持边坡稳定。

（1）边坡比法。通过边坡路堤、开挖和设置安全平台等措施来控制边坡的高度和坡度，从而实现边坡稳定的管理技术。该方法适用于一个斜坡 1∶（1.00～1.75）和相对破碎岩质边坡。该方法的高度一般不超过 12 m。

（2）削坡平台法。一般情况下，高度超过 1 500 m 以上土质或土质边坡的岩石边坡，应分为台阶坡路堑工程。对于不允许的场地条件和大规模的路堑边坡工程，可能造成两处生态破坏或岩石边坡超过 30 m，在保证边坡安全稳定的前提下，可进行局部路堑工程或危岩清理工程。该方法适用于坡度≤50°、土质边坡和地表破碎岩坡的边坡。坡度在 45°～55°；边坡可以放平台。

（3）锚固方法。指用锚杆将张力传递到稳定的岩土层中，消除塌方和滑坡地质灾害的方法。该方法适用于岩质边坡和土质边坡的锚固。

（4）挡土墙法。以混凝土砌块砌体或混凝土为挡土墙，采用混凝土浇筑和整体浇筑，一般为 3～12 m，往往排在松散的岩土边坡中，对保护生态环境、建筑物或其他需要特殊保护区起着保护作用。

6．岩石表面垂直绿化技术

岩质边坡稍凹地形坡度、建槽轴承高强度砂浆砌筑，砌筑、回填种植土、灌木和藤本植物的种植，实现岩石裸露地表植被。该技术不受边坡长度的限制，一般适用于＞75°的高陡边坡。

7．生态注浆边坡植被恢复技术

将有机物、肥料、保水剂、黏合剂、土壤水分合理地按一定比例掺入糊状物，使植物生长层对废弃地进行灌浆、振动、压实、渗透和稳定，用大量的废弃物为植物生长和土壤肥力提供条件。该技术主要用于石废料、矿渣等块状、大间隙、缺乏植物生长的土壤材料。它适用于软岩面坡度 30°～45°，如泥岩、页岩和灰岩互层。当坡度＞45°时，边坡应与坡面锚联合使用，要求每坡度长不超过 10 m，边坡必须稳定。

8．对土工格室边坡植被恢复技术

土工格室固定在缺乏植物生长、土壤条件和表面稳定性差的坡面上。在栅格室种植土壤，播种适宜的混灌草，实现植被恢复。该技术适用于 30°～50°的坡度和岩石的均质硬坡。当坡长大于 10 m 时，边坡应分级。

9．三维网络边坡植被恢复技术

在裸露的坡面上设置三维网络，植被的恢复是通过播种、喷洒、撒播草地来实现的。三维网络对坡面的变化具有良好的黏附性，能够保证植被恢复效果的持续稳定。

10．辅助修复技术

针对矿山污染的特征，在进行植物修复时，还需辅助一些措施，如应用边坡稳定技术、截排水措施、覆盖措施等，才能达到最佳的修复效果。

1）应用边坡稳定技术

具体就是在确保坡面稳定的基础上，采取挡土墙修建、挂网加锚杆固定和削坡卸载等措施来确保矿山废弃地高陡边坡的稳定性，为后续生态修复营造良好的条件。

2）截排水措施

为了降低废弃地坡面水土流失发生概率，加快排出坡面残存的水，需要在坡面和坡顶位置合理设置截排水沟来确保坡面的整体稳定性，避免后续生态修复过程中出现滑坡或水土流失等病害。

3）覆盖措施

利用植物种子修复、植草后，可用无纺布或草帘覆盖，防止雨水冲刷和大风吹蚀，起到保水保温作用，促进种子萌发、生长，同时也有助于防范鸟类对种子过多取食而影响植物种子修复效果。

该技术可与周围环境建立一致的植被景观或生态系统，通过观赏价值、生物生产力或自然保护效应创造效益。同时，该技术属于原位修复，因成本低、不造成二次污染而成为国内外研究的热点，将其应用于矿山污染生态修复具有广阔的前景。

除此之外，矿山开采还会引起多种重金属污染，金属矿山开发的采、选、冶都会向环境中排放重金属元素。例如，原生硫化物矿床开采过程中所产生的废弃硫化物经过长期的自然氧化和雨水淋滤导致重金属元素进入矿区。另外，固体废物的风化也可以导致重金属原色的淋滤石方，特别是铅锌矿，在开采利用过程中，围岩及尾矿中的铅、锌、砷以及伴生组分镉、铬、铜在雨水的淋滤下进入土壤并累积起来。针对这类矿山，主要采用以下土壤修复方式。

（1）生物修复技术。矿山重金属污染的生物修复技术主要是通过植物修复或微生物修复从土壤中转移重金属或者转化成无害状态。生物修复技术通过综合利用动物、植物、微生物的新陈代谢活动——吸收、转化、降解土壤环境和水环境有害物质，使土壤和水环境中的污染物得以去除和稳定，从而提高或改善其质量。它的优点是可以原位进行，对环境影响小，能最大限度地降低污染物浓度，同时一般不会形成二次污染；缺点是耗时长，应用条件相对苛刻（生物新陈代谢易受环境条件变化的影响）、修复效果不稳定，并非所有有害物质都能被生物所利用。生物修复技术包括植物修复、动物修复、微生物修复、菌根生物修复等。

①植物修复技术。在遭受污染的土壤中种植具有超聚集能力的植物，等待植物成熟后收获并进行科学处理，从而使重金属从土壤中分离出来达到修复的目的；植物钝化是通过植物分泌出的物质降低重金属的活性，从而可以有效减少重金属污染的生态毒性，并能有效防止重金属进入地下水和食物链中，严重降低了对人类健康造成的威胁；植物提取是指通过超累积植物吸收土壤中的重金属，并将其转移储存在植物茎叶部分，然后集中处理收获的产物，有效降低了重金属含量；植物挥发是指通过植物吸收重金属后，经过一系列反应将重金属转化为可挥发的状态，并逐渐从植物中挥发出来，但这种方法仅仅适用于具有挥发性的重金属，应用的范围比较小。利用植物修复矿山污染生态

的关键，是根据具体的环境条件和需要来选择适宜的植被。在了解矿山污染土壤的特殊性质后，应遵循生态适应性、抗逆性、生物多样性、相融性、经济适用性等原则来选择植被。利用超富集植物修复污染废弃矿山，将产生大量的重金属富集植物。如果处理不当，重金属元素会释放到环境中，形成两种污染。传统的处理方法有焚烧法、高温分解法、堆肥法、压实填埋法、灰化法和液相萃取法。新的处理方法包括植物冶金、水热改性、生物脱附等。修复植物的处置技术目前尚处于研究阶段，在处置技术的工艺流程设计、处置效果和资源化利用方面还存在争议，在一定程度上阻碍了该技术的工程化应用。

②动物修复技术。土壤动物是在土壤中度过全部或部分生命的动物，其种类繁多，数量庞大。其中，蚯蚓在土壤中含量巨大，能与土壤混合，改善土壤结构，提高土壤的渗透性、排水性和持水能力。研究表明，向矿山污染中引入经筛选和驯化后的蚯蚓，不仅提高了土壤肥力、结构、透水性和通气性，而且丰富了土壤中的铜、铅等重金属元素，达到了可持续利用的目的，但只有在植物改良获得一定成效后实施该法才可获得理想效果。

③微生物修复技术。是利用微生物具有的吸附作用和转化作用将重金属转化为低毒性产物，从而可以明显降低污染程度，微生物修复方法不能直接降解金属，但是能改变重金属具有的某些物理化学特性，从而使重金属得到迁移和转化。再加上每种细胞表面都带有电荷，土壤中的微生物可以吸附重金属离子，然后微生物和重金属离子进行氧化反应可以达到降低重金属毒性的目的。

（2）土壤修复技术。土壤为植物生长提供养分和水分，同时也作为植物根系伸展、固持的介质，对矿山生态修复起着决定性作用。矿山生态修复的重要目标之一是修复受损害土地的特性，使其生产力达到矿业活动前所能达到的程度或比受损前更好。目前土壤修复的主要技术方法有物理、化学、生物和组合技术。

①物理修复。物理修复包括表土分层保存、换土、客土混合机深耕翻土等方法，根据矿山地质环境条件选择不同方法。矿业活动前将表土分层取走保存，工程结束后对损毁的土地进行修复时将之前保存的土壤运回加以利用，这种方法已成为许多国家当前践行绿色矿山理念的标准程序。土壤物理修复的关键是覆盖、培育与维持表土，改良土壤结构，构建植被覆盖，有效控制土壤侵蚀。

矿山重金属污染的物理修复技术主要有电动修复法和玻璃化技术法两种。电动修复法是通过在电解池两侧施加直流电压形成一种稳定的电场梯度，接着土壤中所含的重金属通过电迁移或电渗流的途径被带到电解池的两极处理室中并进行进一步的处理，从而高效降低土壤污染程度。电动修复法是一门新型的污染修复技术，比较适合于低渗透程度的黏土或者淤泥土，而且可以回收多种重金属元素，具有高效益、低污染等一系列的优点。对于玻璃化技术法，是通过电极加热遭受过重金属污染的土壤，在经过冷却后形成相对稳定的玻璃态物质，虽然在一般条件下玻璃也是非常稳定的，普通的试剂很难破坏玻璃的化学结构，所以这种技术是非常适用于某些特殊金属的，如放射性废物，但这种修复技术比较复杂，目前仍然难以大规模使用。

②化学修复。矿山重金属污染的化学修复技术主要是化学稳定固化方法和土壤淋洗法，即通过向土壤中加入重金属固化剂或钝化剂，改变重金属的物理化学性质，然后通过吸附作用和沉淀作用使重金属扩散能力得到高效遏制，这是一种经济可行的方法。由于目前我国可持续发展理念的深入应用，对重金属进行稳定固化越来越受到社会重视，环境材料应该具备最大使用性能和最低环境负荷的特点，同时还要经济具备可行性。截至目前，对于重金属稳定固化的修复材料主要有黏土矿物、磷酸盐等。

对于土壤淋洗法，将土壤中含有的重金属转移至液相中，再将含有重金属的废水进一步回收处理，这种方法的关键在于淋洗液的选择，要选择既能最高含量提取重金属，而且又会爆出原有的土壤结构的淋洗液。

化学修复过程通常向土壤中加入材料或试剂来改良土壤的理化性质，实践表明，在矿山受损土壤中加入有机废弃物（无毒有机污水污泥、垃圾等）、有机添加剂（堆肥、粪肥等）、无机添加剂（采石废弃物、石灰、石膏、木屑等）等，能够有效提高土壤养分。木屑可以显著提高草本、灌木和乔木的存活率，城市污泥也被应用于矿山土壤改良，其中含有丰富的营养元素和有机质，同时具有较强的黏性和持水性，对于提高土壤微生物活性和增加土壤肥力具有较好效果。化学修复从总体上可以分为两大类：原位化学修复和异位化学修复。原位化学修复可进一步分为农耕法、中耕法、螺钻法、灌溉法、喷雾法、可渗透性化学活性栅（PRB）技术。

③添加营养素。土壤养分的缺乏是矿山污染植物生长的限制因素之一。可以通过施用氮、磷、钾肥等改善和提高土壤肥力。对于土壤 pH 调整较大的土壤类型，可根据肥料的 pH 特性和改良对象的 pH，施用一定比例的化肥。化肥改良能迅速改善土壤的理化性质，但施用化肥时，由于土壤侵蚀或水分渗入、淋溶，容易造成地下水污染。对于土壤 pH 调整量小、肥力较差的土壤，强黏、保水有机肥（如锯末、堆肥、粪肥、有机污泥、粉煤灰等）能提高土壤 pH，提高土壤肥力，改善土壤质地，提高土壤持水能力和

阳离子交换能力。有机肥改良，产生的副作用极小，但价格比化肥高，会增加工程建设成本。将肥料改良与客土改良技术配套使用，可提高肥料改良的效果。

（3）矿井水污染控制与资源化技术。对酸性矿井水处理的中和法、生物化学法、湿地生态工程法、反渗透法等，对高矿化度矿井水脱盐的化学法、热力法、膜分离法等，对含有毒、有害元素或放射性元素矿井水的混凝、沉淀、吸附、离子交换和膜技术处理方法等。

（4）隔离法。各种防渗材料的使用，如水泥、黏土、石盘等，可以保护污染土壤中未受污染的土壤或水体，可以减少或防止污染物扩散到其他土壤或水体。常用的如振动梁泥墙、平墙、薄膜墙等，这种方法经常使用，污染严重，易于推广，一段时间后可分解，使用范围有限。

生态景观重建也是矿山污染生态修复的主要措施之一。矿山关闭后留下的岩石堆、机械设备和采矿留下的典型地貌等，是一些非常重要的资源，具有极高的历史、科研、审美及市场价值。矿区废弃地生态景观建设是在原有景观的基础上，合理开发新的旅游资源，合理规划和设计景观，将自然资源和历史文化资源转化为经济优势，创造经济效益和生态效益。主要内容包括火山口充填整平、裂缝修补、岩桩污染治理、体型修复绿化、坡地整平、坡地绿化、文化景观开挖修复、梯田水利建设。该法主要适用于临近城区或者风景区，人流量较大，有造景需求的矿山污染。根据矿区污染改造后主体的功能不同，大致可分为城市开放空间、矿业遗迹旅游目的地、博物馆等。针对不同类型的矿山污染，应充分了解其地理位置、地形地貌、气象、水文、土壤、生物资源等自然概况，当地的人口、经济、矿产资源产业和社会经济状况。同时，遵循生态学原理，恢复土壤、植被、土壤微生物和动物的综合利用，采取工程措施和生物措施相结合，进行生态恢复，矿山生态环境系统的合理完整的功能恢复，能保持长期稳定的自然维度。

3.6 乌梁素海矿山修复技术介绍

乌梁素海流域矿山生态修复内容主要包括矿山地质灾害治理、矿山环境治理、矿山生态修复，采取防护堤导流、泥石流物源镇压+清理平整+三联防护技术+动态监测措施。其中，地质灾害治理采取崩塌体清理→防护堤导流→泥石流物源镇压清运→生态修复，达到消除地质灾害的目的；矿山环境治理采取削坡、清理→整平、覆土→生态修复，达到恢复地貌景观和土地使用功能的目的；矿山生态修复采取三联防护技术，即用物理防护→抗蚀防护→生态修复，达到恢复矿山植被、保持水土、防风固沙的目的。

通过生态修复，减少占用破坏土地面积，恢复自然地形地貌，恢复地表植被，能有效提高林草植被覆盖度，提高土壤的涵养能力，减少水土流失，控制扬沙扬尘，避免山体滑坡、坍塌，消除次生地质灾害发生，强化生态屏障功能，使其成为西北部与华北部控制沙害风害的重要防御区，对修复乌梁素海流域生态系统结构，提高黄河生态服务功能具有不可替代的作用。

3.6.1　消除地质灾害治理类

综合考虑露天采坑和废渣对矿山地质环境的破坏及影响程度，在掌握地质环境问题的分布状况与影响程度的基础上，以消除地质灾害和安全隐患、恢复地形地貌景观和土地资源为重点目标，开展地质环境保护与恢复。

消除地质灾害治理主要是对以前铁矿、硅石矿等开采形成的矿山地质环境问题进行治理，消除现状情况下治理区存在的地质灾害隐患，恢复和重塑治理区内的地形地貌景观，改善附近居民的生产和生活环境。根据治理区内的地质环境问题特征，确定主要治理工程措施为：

1. 清理渣堆

（1）为了防止渣堆堵塞河道，堆积于河道内的渣堆必须全部清理。

（2）堆积于采坑周边的渣堆，具备清理交通条件时，全部清理。

（3）清理渣堆时，优先清理零星分布的、规模较小的渣堆。

（4）若采坑容积足够，清理的渣堆根据就近原则全部回填于周边采坑；若治理分区内采坑容积较小，将清理后仍剩余的渣堆根据周围地形地貌就地整形。

（5）清理渣堆时，若施工空间不允许进行机械操作，采用人工清理；若运距小于 50 m，采用推土机等机械推运；若运距大于 50 m，则采用自卸汽车等机械运输。

（6）清理渣堆时，采取就近逐级清理的方法，首先推运至采坑的边缘部分，然后推运至采坑的中心区。清理过程中，尽量把大块砾石推运至采坑底部，细小颗粒的废渣推运至顶部。

（7）清理渣堆时应注意保持渣堆上方电线杆的稳定性。

（8）废渣清理工程量综合考量实地测绘的渣堆积存量和采坑容积之间的平衡关系。

2. 回填采坑（垫坡）

（1）对于“凹陷式”开采形成的露天采坑，若周边堆积废渣方量足够，则利用废渣进行全部回填，使回填后的采坑基本恢复至原有地形地貌。机械采用装载机、推土机、自卸汽车等，回填工程量综合参考实地测绘后计算的采坑填方量与渣堆挖方量之间的平衡关系，如图 3.7 所示。

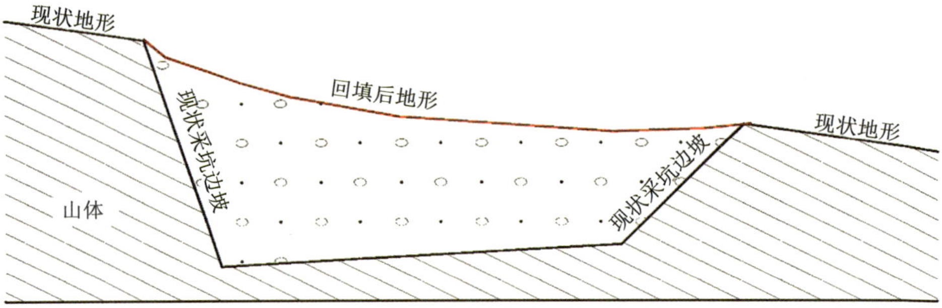

图 3.7 回填工程示意图

（2）若采坑周边缺少回填物源，则对区内边坡高陡的“山坡式”采坑利用废渣进行垫坡；通过垫坡，高陡边坡与采坑底部自然衔接，使其与周边地形地貌相协调，如图 3.8 所示。机械采用装载机、推土机、自卸汽车等。

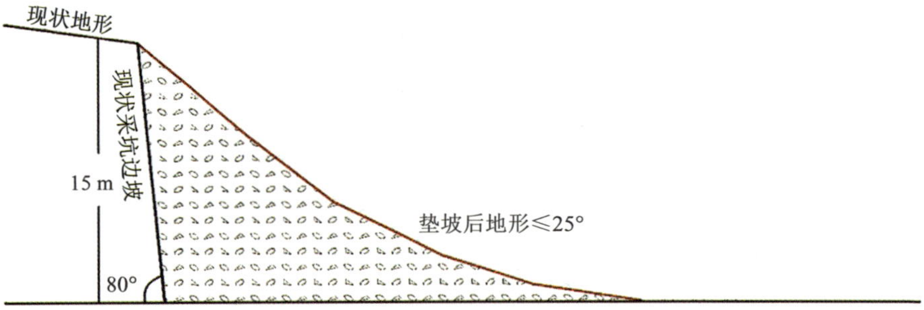

图 3.8 垫坡工程示意图

3. 清除危岩体

区内部分露天采坑现状条件下边坡陡立，风化严重，岩体松散，存在崩塌隐患。为消除崩塌地质灾害隐患，设计对其进行清除危岩体，清除危岩体产生的固体废物就地堆放于采坑底部进行垫坡。

（1）若危岩体存在于低缓边坡，利用挖掘机等机械进行清除危岩体。

（2）若危岩体存在于高陡边坡，利用机械难以施工，则采用爆破方式进行清除危岩体（具体施工过程中，也可以利用其他手段达到清危目的）。由于采坑边坡高陡，清除危岩体施工过程中应注意施工安全，对人员及机械采取必要的防护措施，防止发生危险。

4．拆除废弃建筑物

对治理区内遗留的废弃建筑物利用挖掘机等机械进行拆除，拆除后产生的固体废物清理至附近采坑。具体技术要求如下：

（1）拆除时按先上后下、先非承重结构后承重结构、先板梁后墙柱的原则，按顺序进行，禁止数层同时拆除。

（2）拆除建筑物内所有门窗及其他附属结构，拆除建筑物全部腾空，拆除物及时外运，堆放在安全区域。

（3）推倒墙体时，必须遵守下列规定：①砍切墙根的深度不能超过墙厚度的 1/3，墙的厚度小于两块半砖的时候，不许进行掏掘。②为防止墙壁向掏掘方向倾倒，在掏掘前要用支撑撑牢。③建筑物推倒前，应发出信号，待所有人远离至建筑物高度 2 倍以上的距离后，方可进行。④在建筑物倒塌范围内若有其他建筑物时，严禁采用推倒方法。

（4）旧房推倒后，组织工人回收构件中有价值的可利用废品。

（5）在高处进行拆除工程，要设置流放槽。拆除较大的或者沉重的构件，要用吊绳或者起重机械配合并及时吊下或运走，禁止向下抛。拆卸下来的各种构件材料要及时清理，分别堆放在指定位置。

（6）机械解体作业时应设专职指挥员，监视被拆除物的动向，及时用对讲机指挥机械操作员进退。

（7）采用湿式作业法，控制扬尘污染，实施封闭式管理，避免垃圾和扬尘向四周扩散。

（8）拆除过程中，现场照明不得使用被拆除建筑物中的配电线，应另外设置配电线路。

（9）拆除区周围应设立围栏，挂警告牌，并派专人监护，严禁无关人员逗留。

5．设置挡水墙

为防止造成水土流失，对治理区内回填后采坑的局部区域设置挡水墙。挡水墙各项技术要求详见《砌体工程施工质量验收规范》（GB 50203—2002）。

6. 设置排水沟

治理区内局部区域汇水面积较大，可能对治理单元造成影响，重要位置应设置排水沟，防止水土流失的发生，如图 3.9 所示。

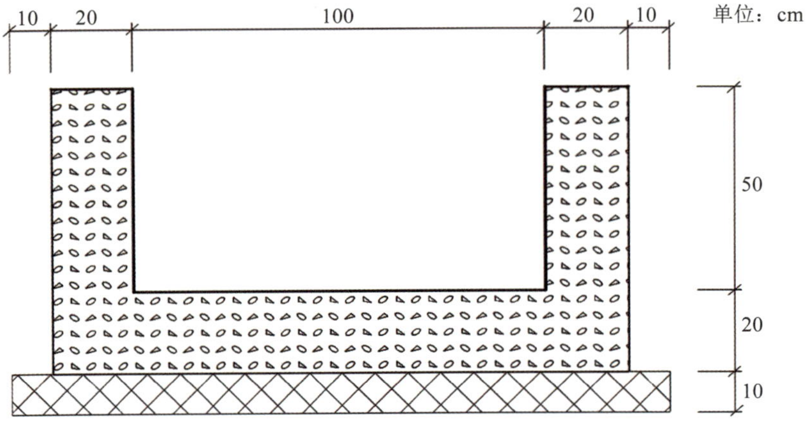

图 3.9 排水沟横切面图

排水沟各项技术要求如下：

（1）排水沟用浆砌块石砌筑，石料强度不低于 MU30，砌体所用石材应质地坚实，无风化剥落及裂纹，石料使用前应洗刷干净。浆砌石施工时采用挤浆法作业，保证砂浆饱满，上下石缝相互错开，杜绝通缝、瞎缝等质量通病。

（2）排水沟每间隔 15 m 设置一伸缩缝，宽度 20 mm，缝间采用沥青砂浆充填。

（3）排水沟基础应夯实，然后铺设 10 cm 厚 C15 混凝土砼垫层。

（4）基础开挖时应做好防护措施，防止危害发生。

（5）回填夯实时应分层夯实，分层厚度不大于 30 cm，也可根据现场试验性施工确定合理分层夯实厚度。

（6）排水沟验收详见《砌体工程施工质量验收规范》（GB 50203—2002）。

7. 砌筑电线杆护坡基础

区内部分渣堆上面竖立有电线杆，清理渣堆时应注意保持渣堆上方电线杆的稳定性。最终的清理效果应该是一个以电线杆为圆心、半径不小于 5 m、坡度≤30°的“圆锥体”；该“圆锥体”的实际半径可根据施工中渣堆与原始地形的实际界线有适当变化。清理渣堆后对该“圆锥体”侧面积修筑电线杆护坡基础，以保证其稳定性。每处电线杆护坡基础的理论工程量计算方法为：护坡基础=圆锥体侧面积×厚度。

8. 设置标志牌

在该治理项目施工完成后，在治理区内设置一处永久性标志牌，对“某区矿山地质环境治理工程项目”概况做简要说明。

3.6.2　恢复土地使用功能类

对治理区内因矿业开发活动的地形地貌景观和土地资源进行恢复治理，在消除地质灾害的基础上，使治理区达到与周边地貌相协调的效果。根据具体情况，进行复绿工程，恢复各个采坑及废渣堆破坏、占用土地资源的使用功能。恢复土地使用功能类的治理措施在消除地质灾害类措施之后，进行复绿工程。主要措施如下：

对治理区内整平、覆土平整、取土场平整后的场地进行人工撒播草籽，草籽撒播完毕后自然恢复植被。根据区域土壤、气候等自然条件，草种应适于种植当地中等品质以上的牧草，如紫花苜蓿、沙打旺、披碱草、柠条、花棒、胡枝子等。在确定恢复植被区域的第一个种植季节（7 月、8 月雨季来临之前）进行人工撒播。复绿工程实施后需进行管护，包括洒水、补播牧草、季节性休牧等。具体植草技术措施如下：

（1）播种前准备：播种前进行去芒处理，并浸种催芽处理（每千克种子加水 10～20 kg，浸种 12 小时）。

（2）播种方法：在确定恢复植被区域的第一个种植季节人工撒播，草籽单位用量为 50 kg/hm^2，播种方式为 1∶1∶1∶1∶1 混播。

（3）管理：在有条件的情况下可对复垦的植被进行适当管护，以保证其成活率。

某些治理区不存在地质灾害、土地资源被占用等情况，主要问题在于该区降水稀少，植被稀疏，下垫面岩石裸露汇流迅速。因此，这种区总体是在利用原有沟道的基础上，对现有沟道进行疏浚；建设绿地涵养区、湿地修复区等一系列多元复合技术方法进行生态修复，以达到缓坡绿化、自然生态化的目的。

该工程主要通过对该治理区进行多功能区划分建设，将场地划分为四个分区：科普教育区、绿地涵养区、湿地修复区、生态保育区。

1. 科普教育区

该区的功能定位是对原有场地进行生态环境治理提升，以教育科普活动为经营主体，打造一个新时代的生态修复示范教育基地。主要建设内容为生态停车场、入口标识、入口广场、修复科普园、彩叶密林等。

2. 绿地涵养区

该区主要以覆种植土营造生态绿地，同时设置园路串联场地。主要建设内容为入口广场、活动场地、全民教育园、亲水平台、缀花草地、矿业科普教育、观景平台、生态林地、生态缓冲林、生态护坡等。

3. 湿地修复区

该区现内部有地下积水现象，因此因地制宜地通过覆种植土营造生态草地，并在内部穿梭一条慢行体验跑道。湿地修复区中通过调蓄湿地净化收集雨水，同时通过土方就地平衡建设生态树岛，部分区域设置科普廊道，满足科普教育功能。在浅水区域设立浅滩湿地，丰富动植物生态环境。

4. 生态保育区

该区通过覆土绿化恢复生态绿地，在生态环境治理营造上以生态野区为方向，在场地周边种植生态缓冲林，区域内设置围绕格桑花的内部环路，串联片区内部设立科普解说点和观景点。园区内的生态环境治理特色元素构成主要有花田、水溪、生态林、树岛等。

整个片区的功能定位是以生态保育为主，展现自然群落演替，以保护乡土动植物为主，兼具科普教育、休憩功能的新概念生态修复区。

3.7 本章小结

矿产资源是社会经济持续发展的必要条件和物质基础，国民经济持续、快速的发展离不开矿产资源快速稳定的供给。随着我国经济社会发展对矿产资源的需求持续快速增长，由于过度的开采或不加保护的开采已经给矿山生态环境带来了无法挽回的损害，矿山生态修复作为践行“绿水青山就是金山银山”理念的重要抓手，应受到更多的关注。

矿山修复不单单是自然生态系统的修复，同时还要考虑与自然生态系统相匹配的社会、经济系统的修复。矿山生态修复是一项长期性和系统性的工作，要利用先进的土地复垦技术打好基础，重视生态重建工程建设，真正将矿山恢复成为绿水青山。本章通过对矿山生态修复技术、乌梁素海山水林田湖草生态修复试点工程矿山综合治理项目的介绍，结合项目区域特点，阐述了矿山生态修复的原则、思路及技术模式，旨在总结归纳生态修复试点工程的矿山治理模式，为后续矿山治理提供参考。

第4章

乌梁素海流域水环境治理

“上善若水，水善利万物而不争，处众人之所恶，故畿于道。”

——《道德经》

“山水林田湖草是一个生命共同体”，阐释了水资源与其他自然生态要素之间唇齿相依的共生关系。山是流域水资源与降雨径流的主源地，治水就应做好山区水源涵养；森林素有“绿色水库”之称，不仅能涵养水源，调节河川径流，而且能防止水土流失，保护土地资源；草是先锋植物，素有“地球皮肤”的美称，不仅能固沙保土，而且可为林木的生长创造条件；农田是天然透水性土地，深耕深松以土蓄水，是保护水资源的重要途径；湖泊是水资源的重要载体，是调蓄洪水的主要水域空间，保护水域也就是保护水资源之“本”。埃及是一个创造了人类灿烂的文明古国，但古埃及为扩大耕地、冶炼金属等，滥伐森林、开垦草原，植被破坏后，造成严重的水土流失和土地沙化。因此，我们开展水治理，应遵循生态系统的整体性，深入研究山水林田湖草的共生关系，提出系统治理方案。

水是生命之源，作为连通山水林田湖草生态体系各要素间的重要一环，是体系之“魂”，是生态系统中的血液部分。乌梁素海位于内蒙古巴彦淖尔市乌拉特前旗境内、呼和浩特、包头、鄂尔多斯三角地带的边缘，距乌拉特前旗政府所在地乌拉山镇 13 km，距 110 国道 22 km，是黄河改道形成的河迹湖，中国八大淡水湖之一，黄河流域最大的湖泊，总面积 300 km^2，素有“塞外明珠”“塞外都江堰”之美誉。地处后套平原东端，明安川和阿拉奔草原西缘，北靠狼山山前洪积扇，南邻乌拉山山后洪积阶地，北纬 41°，东经 108°54′。乌梁素海流域水环境治理对于整个河套平原乃至黄河流域水生态的改善具有重大意义。

据《水经注》记载，乌梁素海原为黄河北支故道，北支（即今乌加河）流经乌梁素海后与南河汇合。新构造运动使阴山山脉持续上升，后套平原相对下陷，于清道光三十年（1850 年），黄河改道南移，在乌拉山西部则留下了一个乌梁素海，这就是乌梁素海的前身。当时仅在大卜尔洞、海壕两处有约 2 km^2 的河迹湖。清末，河套平原先后开浚几条大灌渠，灌溉渠道尾水汇入乌加河，流积乌梁素海。20 世纪 30 年代，黄河数年水涨，后套多次被淹，后套灌区入海退水量大增，海子周围又修建起许多防水堤，水流不畅，海子水面逐年扩大。1947 年，湖水淹没面积达到 800 km^2，且由于湖堤断断续续，未经统一整修，决口频繁，形成“水来人走，水退人回”的局面。1949 年后，河套灌区灌溉系统经过整修，退水量受到限制，海子水位下降，两岸堤防全面加固增修，湖面趋于稳定且逐渐缩小。1965 年，海子水位 1 090 m，水域面积 470 km^2。进入 20 世纪 70 年代，乌梁素海周边实施围湖造田，湖滨一带多垦为农田，湖区面积缩小为 250 km^2。1977 年，湖水持续上涨，湖区西北岸堤防决口，海子面积扩大至 290 km^2。灌区排水系统建成后，灌溉尾水经过各级排水沟汇入乌梁素海。1977 年总排干沟建成后，年排水量增加到 3.5 亿 m^3。1980 年，乌梁素海至黄河出口疏浚，并建红圪卜排水站，扬尾水入黄河。总排干沟年排水量达到 5 亿 m^3。至此，乌梁素海能够通过排水设施调节湖面水位，使湖水面积较为稳定，一般在 293 km^2，湖面海拔 1 018.79 m。乌梁素海旅游资源的开发始于 1997 年，2006 年再度进行大规模开发。目前，乌梁素海生态旅游区已初具规模，并开始大量接待游客。

乌梁素海形似一瓣橘，被芦苇和香蒲分割成大小不一的几个水域；南北长 35～40 km，东西宽 5～10 km，面积约 293 km^2，湖面高程 1 018.5 m，最大水深约 4 m，大片水域水深在 0.5～1.5 m。近年来，由于大量营养物质入湖，致使乌梁素海水上植物不断扩大面积，水下形成成片草原，已明显地变为苇型湖，使这个很年轻的湖泊呈老化趋势，湖底上部沉积的淤泥厚度 0.2～0.5 m，岩性淤泥质为沙壤土，黑灰色有臭味，颗粒组成以粉细粒为主，下部为浅黄色原土质。主要补给水源是灌溉退水、雨水、山洪和地下水补给。水的矿化度呈上升趋势，20 世纪 70 年代初为 4 g/L，70 年代后期矿化度上升到 6 g/L。乌梁素海南北长 50 km，东西宽 20 km，湖面上生长着茂盛的芦苇和蒲草，在浩瀚的湖水中生息着鲫、草、鲢、赤眼等 20 多种鱼类[3]。这里尤其以盛产黄河大鲤鱼而蜚声内蒙古。每到春、夏、秋三季，锦鳞跳跃，鸟语花香，有 130 多种珍禽异鸟在这里安家落户，生息繁衍，其中有列入国家重点保护的疣鼻天鹅、大天鹅、斑嘴鹈鹕和琵琶鹭等。作为黄河流域重要的自然“净化区”和生物“种源库”，乌梁素海的重要性不言而喻。乌梁素海是河套灌区水利工程的重要组成部分，它接纳了河套地区 90%以上的农田排水，经过湖泊的生物生化作用后，排入黄河，起到改变水质、调控水量、控制河套地区盐碱化的作用。乌梁素海湿地生态系统对维护周边地区生态平衡起着相当重要的作用。

自20世纪90年代以来，随着黄河上、中游地区“三化”进程的加快，特别是巴彦淖尔市工业化、城镇化的快速推进，排入乌梁素海的城镇生活污水、工业废水逐年增加，对乌梁素海造成严重污染，水体富营养化程度增加，生态功能逐步退化，严重影响了黄河的水生态安全。2008年，乌梁素海污染达到最为严重的时期，湖区暴发大面积“黄苔”。根据巴彦淖尔市环境监测站2005—2010年的监测资料，乌梁素海环境污染和生态功能退化形势严峻，氨氮超标率为30.3%；底泥污染严重，总氮、总磷和重金属超标，西大滩与东大滩底泥污染最为严重；鱼类种类和数量大幅减少，淡水渔业基地功能逐渐丧失。2012年5月，除了黄藻外，乌梁素海的大部分水面已经被芦苇覆盖，整个湖区的水质黑而腥臭。据巴彦淖尔市河套水务集团提供的资料介绍，这里的水质常年都是“劣Ⅴ类”，不仅不能饮用、浇地，甚至不能接触皮肤。在乌梁素海湿地水禽自然保护区的坨苏尔核心区，黄藻的面积更大，几乎布满了公路两侧的水面。黄藻是一种生长在湿地的藻类植物，在温度适宜、水体富营养化加剧时迅速生长蔓延，覆盖水面，对水生植物、鸟类和鱼类等能造成致命危害。

造成乌梁素海污染的原因，除了农业排水含化肥量大之外，还包括流域内排放的城镇生活废水和工业污水。汇集在乌梁素海中的河套退水，每年的蒸发量可以达到2 000 mL，水分蒸发后，原来水中所含有的矿物质、农药和化肥的残留物等，不断地沉积、浓缩，加剧了乌梁素海的污染。一方面，巴彦淖尔市“产业总体技术水平低、粗放型用水模式以及区域经济社会发展模式，造成资源消耗量大、排污水平高”；另一方面，在工业规模快速膨胀的同时，污染治理投入不足。巴彦淖尔市“污染控制和生态环境治理水平尚在发展过程中，环保设施不完善，污染治理体制机制不健全；环境保护技术设备成套化与产业化程度较低，综合治理策略缺乏系统性、科学性和长期延续性”。

近年来，乌梁素海生态环境恶化，水污染问题突出，湖水水量补给不足，生物填平作用加速，生物多样性不断减少，湿地生物群落向单一化演变，乌梁素海面临严重的生态危机。湿地的退化将造成植被减少、草地退化与沙化、新的沙尘暴源地产生等一系列生态后果，对区域生态环境恶化将产生不可估量的效果。为保护乌梁素海的生态安全，必须采取必要的措施来缓解生态压力和矛盾，修复生态系统，让乌梁素海发挥其重要的作用。

4.1 乌梁素海湖体水环境保护与修复工程

项目治理聚焦于改善乌梁素海周边环境，以达到构建我国“北方防沙带”生态安全屏障，阻隔乌兰布和沙漠和库布齐沙漠连通，重建黄河流域最大的功能性草原湿地，保证黄河中下游水生态安全，确保国家三大灌区之一的河套灌区农牧业生产安全等目标。水环境治理贯穿于山水林田湖草综合治理的各个方面。

4.1.1 乌梁素海流域气候气象特征

乌梁素海流域地处中纬度地区，位于大陆深处，远离海洋，地势高漫，属中温带大陆性气候。流域冬寒夏炎，四季分明，降水少、温差大，日照足、蒸发强，春季短促、冬季漫长，无霜期短、风沙天多，雨热同季。

乌梁素海流域年平均气温 7.4～8.8℃，极端最低气温–30.5℃，极端最高气温 40.1℃。无霜期 146～151 d。流域内年平均降水量 174.7 mm，从东到西递减，乌拉特前旗 216.8 mm，磴口县 143.3 mm。一年四季降水极不均匀，夏季降水最多，占全年的 63.2%，冬季最少，仅占全年的 2.2%；降水年际变化大，最高年份与最少年份降水量相差 5 倍左右。与降水量形成鲜明对比，年蒸发量达到 1 992～2 351 mm。流域内湿润程度很低（0.11～0.20），是天然降水资源极度缺乏的地区；年平均日照时数 3 194.3 h，属我国日照资源比较充足的地区之一；境内年平均风速 3.0 m/s，大风多出现在 3—5 月，最大风速可达 27.7 m/s。年内大风日数在 20 天以上，风向多为西北风。

4.1.2 乌梁素海流域河流水文特征

乌梁素海流域主要河流水系为黄河水系和乌梁素海湖区，黄河由巴彦淖尔市南端过境，在巴彦淖尔市的磴口县二十里柳子入境，东至乌拉特前旗劳动渠出境，境内全长 345 km，多年平均径流量 315 亿 m^3。汇入黄河水系的黄河支流包括狼山山洪沟、乌拉山山洪沟等（图 4.1）。

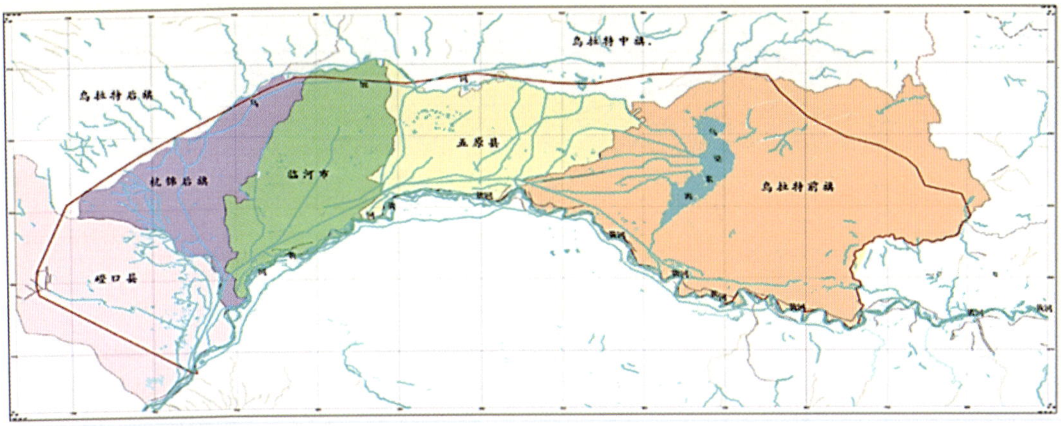

图 4.1 乌梁素海流域水系

4.1.3 乌梁素海流域水环境现状

近年来，内蒙古自治区与巴彦淖尔市高度重视乌梁素海流域的生态治理工作，投入了大量的人力、财力、物力，实施了一大批生态环境保护和修复项目，流域生态环境保护已初见成效。

在水资源保护利用方面，当地已实施灌区续建配套与节水改造、排水设施改造、农田水利基本建设、黄河堤防等一批重点水利项目，水资源的支撑保障能力进一步提升。加大水土保持综合治理项目建设力度，治理面积 431.3 km^2，减少入黄河泥沙 245.6 万 t。

4.1.4 乌梁素海流域水环境生态问题及成因

1. 乌梁素海流域水质状况较差，水生态安全受到严重威胁

近年来，随着乌梁素海综合治理的不断推进，整体水质已经呈现出逐年变好的趋势。根据 2013—2017 年乌梁素海四项指标监测数据，目前，乌梁素海整体水质（年均浓度）已经达到Ⅴ类（总氮不计入水质类别评价），符合国家“水十条”和自治区责任状的要求，年均四项污染物浓度如图 4.2 所示。

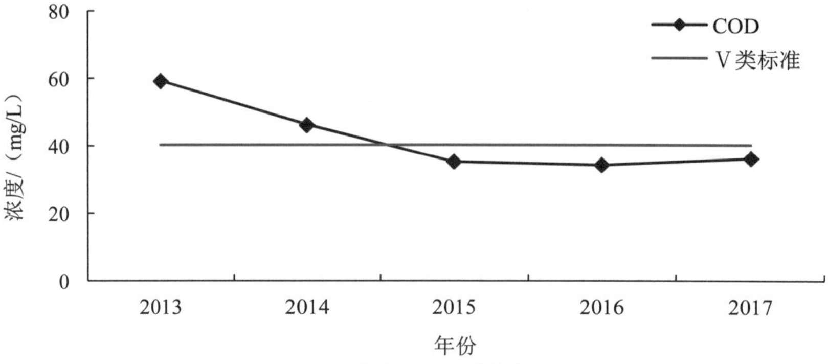

（a）COD 年均浓度与V类标准对比

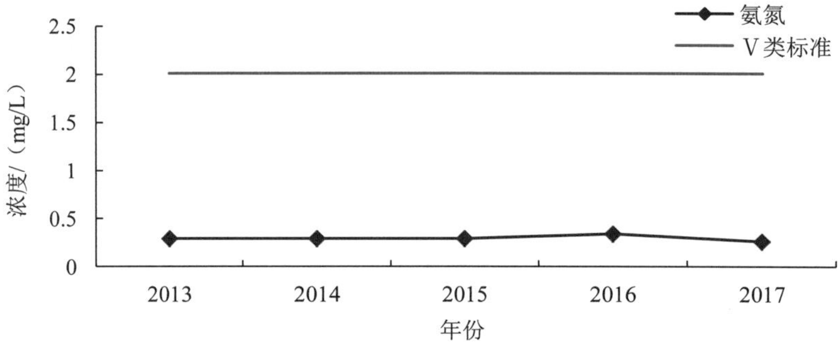

（b）氨氮年均浓度与V类标准对比

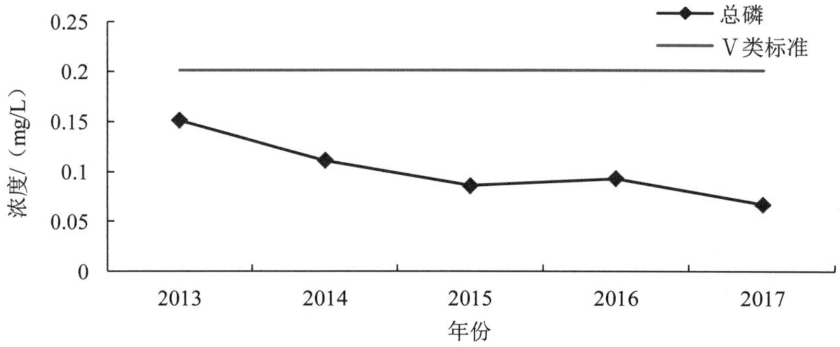

（c）总磷年均浓度与V类标准对比

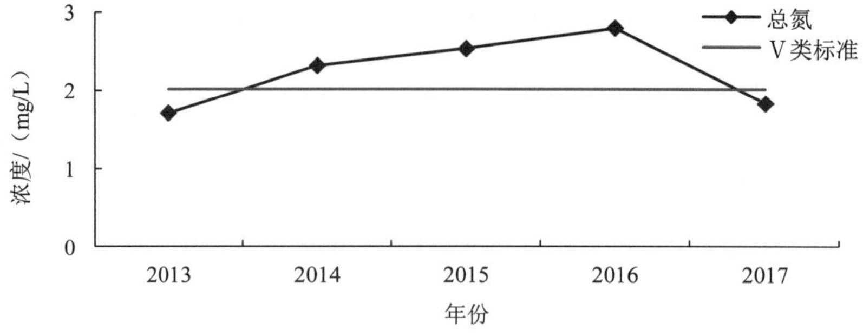

（d）总氮年均浓度与V类标准对比

图 4.2　乌梁素海湖区年均浓度值与V类标准对比

虽然目前乌梁素海污染物浓度年均值已经达到了Ⅴ类水质标准的要求，但仍然存在不能持续稳定达标，部分污染物在某些时段存在超出Ⅴ类标准的现象。根据 2013—2017 年 37 次乌梁素海入湖、湖心和出湖断面的水质监测结果，对比 GB 3838—2002 中所列的Ⅴ类水质浓度限值，入湖断面 COD 超标样本 5 个，超标率为 13.51%，湖心断面超标样本 18 个，超标率为 48.65%，出湖断面超标样本 23 个，超标率为 62.16%；入湖断面总氮超标样本 20 个，超标率为 54.05%，湖心断面和出湖断面超标样本均为 11 个，超标率为 29.73%；总磷和氨氮均在入湖断面出现超标样本 1 个，超标率为 2.7%，其他断面无超标现象。2016 年 8 月后，氨氮和总磷监测值完全满足Ⅴ类水质标准，COD 和总氮不能持续稳定达标，如图 4.3 所示。

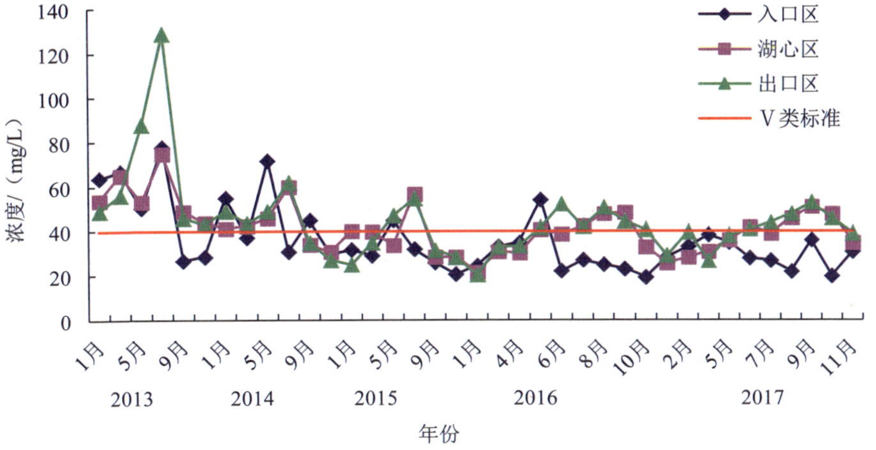

（a）乌梁素海 COD 浓度与Ⅴ类标准对比曲线

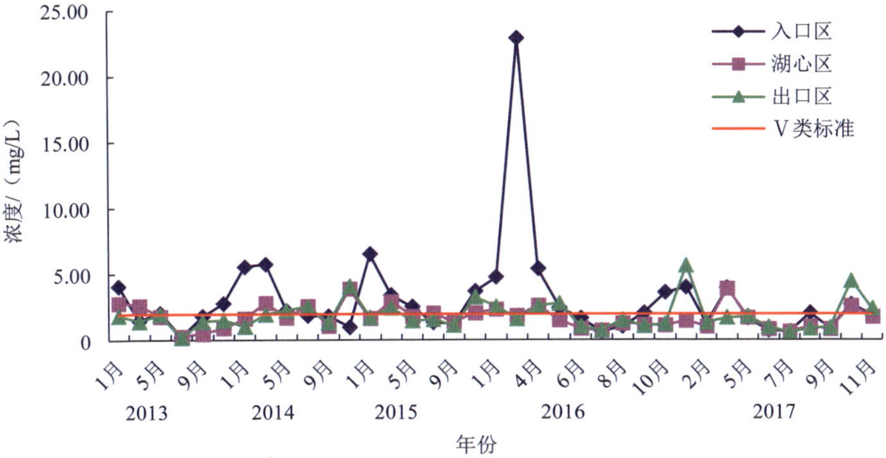

（b）乌梁素海总氮浓度与Ⅴ类标准对比曲线

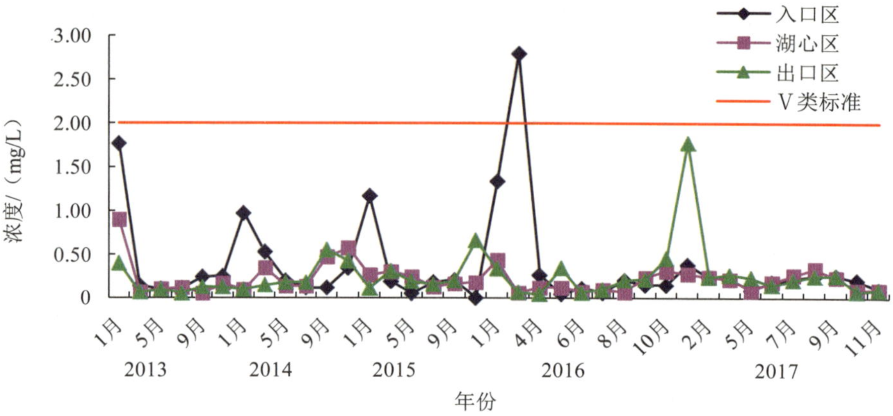

（c）乌梁素海氨氮浓度与V类标准对比曲线

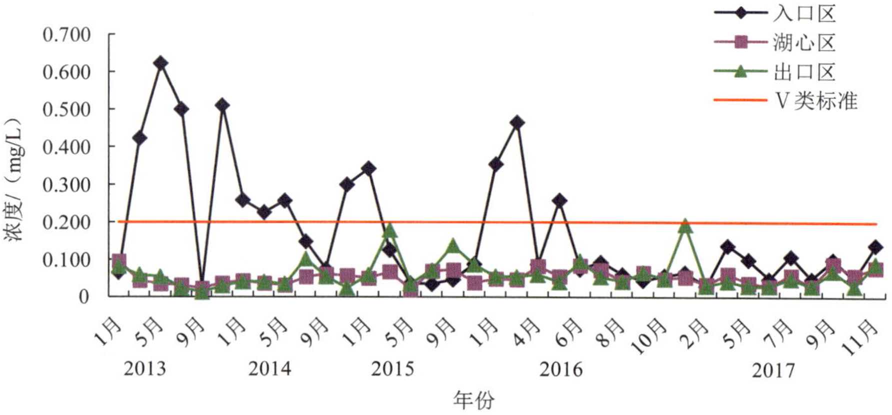

（d）乌梁素海总磷浓度与V类标准对比曲线

图 4.3　乌梁素海三个断面监测值与V类标准对比

乌梁素海流域入湖污染源类型包括点源污染、面源污染和内源污染。2017 年，污染物化学需氧量、氨氮、总氮和总磷的入湖量分别为 17 198.4 t/a、1 045.8 t/a、2 303.9 t/a 和 238.8 t/a。其中，化学需氧量入湖量主要来自城镇生活污水、农田面源污染和散养畜禽养殖污染，分别占化学需氧量入湖量的 37.3%、23.5%和 9.8%；氨氮污染主要来源于城镇生活污水、内源污染和农村生活污水，分别占氨氮总入湖量的 59.3%、11.7%和 8.7%；总氮污染主要来源于城镇生活污水、农田面源污染和内源污染，分别占总氮入湖总量的 33.9%、26.9%和 10.0%；总磷污染主要来源于城镇生活污水、内源污染、农村生活污水和散养畜禽污染，分别占总磷入湖总量的 30.1%、16.5%、11.9%和 11.0%。点源污染和面源污染尚未彻底消除。内源污染方面，乌梁素海湖泊污泥是陆源性入湖污染物的主要蓄积场所，乌梁素海沉积物成为湖泊内源性污染源，在上覆水体污染物浓度降低的情况下会逐渐释放氮、磷等营养元素，加剧湖泊富营养化程度。

2. 乌梁素海湖区水量缩减，水面萎缩，生态功能受损严重

乌梁素海是 1850 年黄河改道南河后，北河道遗留下来的一段河迹湖，乌梁素海早期作为河迹湖面积只有 3 000 多亩，1931 年后河套各大干渠相继通梢，渠口没有控制建筑，长年流水，均汇集到乌梁素海之中，加之退水入黄出口不畅，致使 1933 年以后乌梁素海水面明显扩大，1949 年达到 120 万亩，水量为 10 亿 m^3 左右；20 世纪 60 年代围湖造田、黄河入湖水量减少等原因，湖面大面积萎缩，截至 1978 年缩减至 44 万亩并稳定至今。目前库区最高水位控制在 1 019.50 m 以下，近 5 年平均水量 4.2 亿 m^3，最大库容量为 5.5 亿 m^3。

乌梁素海不同于其他湖泊，主要补水来源是河套灌区各级排干沟的农田排水、全市工业城镇废水和沿山山洪水。按照黄河水利委员会的要求，河套灌区年均净引黄水量从 20 世纪八九十年代的 52 亿 m^3 下降到 2013—2017 年的近 46 亿 m^3，年均降雨量从 260 mm 下降到 170 mm，灌区年均补给乌梁素海的水量由 7 亿 m^3 减少为 3.5 亿 m^3 左右，而且呈现出逐年减少的趋势。根据《河套灌区节水改造规划》，到 2019 年，随着灌区节水改造基本完成和全市点源污水零入海的实施，年均补给水量进一步减少到 3 亿 m^3。据《巴彦淖尔市水资源综合规划报告》分析，为了维持现有水面和水盐平衡，乌梁素海年平均湖面蒸发和植物蒸散损耗 4.02 亿 m^3，下渗水量 0.71 亿 m^3，降雨补充 0.72 亿 m^3，每年还需要乌毛计闸排入黄河 2.2 亿 m^3 左右，水量入不敷出问题严重。根据上述因素测算，每年需要乌梁素海入湖水量不少于 6.2 亿 m^3，现每年灌区农田退水、山洪水等补给乌梁素海约 3 亿 m^3，所以，每年至少需生态补水 3 亿 m^3 以上。

4.1.5　乌梁素海流域水环境保护与修复工程

乌梁素海流域水环境保护修复工程包括河湖连通与生物多样性保护工程和湖体水环境保护与修复工程。河套灌区水系生态保护网，范围包括连接乌梁素海和环湖生态保护带的主要排干沟。针对入排干沟水质污染问题，开展排干沟治理、人工湿地、生态补水等一系列措施和工程，进一步提升排干沟水质，减少入湖污染物。乌梁素海水生态修复与生物多样性保护区，范围包括乌梁素海湖区。为了保护湖体的水生态修复和生物多样性，提升湖泊的降解和净化功能，改善湖体的水质和富营养化状态，改善整个湖区的水流条件、增加湖体库容和水量、减少湖体内源污染物，需要开展湖体内源治理工程，并结合乌梁素海环湖生态保护带和河套灌区水系生态保护网，形成水质改善治理系统，进一步提升乌梁素海入黄河水质，保护黄河水生态安全。

4.2 建设项目概况

4.2.1 乌梁素海流域排干沟净化与农田退水水质提升工程

乌梁素海西岸自北至南有义和渠、总排干沟、通济渠、八排干沟、长济渠、九排干沟和塔布渠等主要灌排渠沟排水入湖。灌排水经农田灌溉排出，含有大量的盐分、矿物质、农药、化肥等污染物，流入乌梁素海，虽然一定程度上是对乌梁素海湖水水量的补充，但同时增加了乌梁素海水体的污染。因此亟须对排入乌梁素海的水质进行控制，乌梁素海流域排干沟净化与农田退水水质提升工程从总、干、支、斗、农、毛六个级别的排干沟清淤入手改善入湖水质（图 4.4）。

图 4.4　排干沟净化工程施工现场

乌梁素海流域山水林田湖草生态保护修复试点工程乌梁素海流域排干沟净化与农田退水水质提升工程，完成清淤疏浚整治工程涉及总排干清淤及塌坡整治 57.36 km；一排干沟、二排干沟、三排干沟、六排干沟、七排干沟、八排干沟、九排干沟、十排干沟、义通干沟、皂沙干沟，共计 10 条干沟，长度 325 km；47 条分干沟，长度 686.331 km；87 条支沟，长度 573.567 km；61 条斗沟，长度 125.9 km；实施旁侧湿地连通净化系统工程 3 处；配套改造建筑物 60 座。同时，完成汇入总排干和八排干沟、九排干沟、十排干沟的支、斗、农、毛沟清淤疏浚整治工程，总长度 594.71 km，并配套建设必要的建筑物。

乌梁素海入湖水主要由生态补水通道和排干沟提供，对应乌梁素海流域排干沟的净化与清淤工程，是改善乌梁素海水质的重要举措之一，对于乌梁素海生态承载力的恢复，减少湖区水体富营养化的加剧具有重要意义。

4.2.2　八排干沟、九排干沟、十排干沟人工湿地修复与构建工程

乌梁素海蒙古语意为“红柳湖”，是 19 世纪中叶受地质运动、黄河改道和河套水利开发影响而形成的河迹湖。近年来，随着巴彦淖尔经济和社会的发展，乌梁素海接纳了大量的农田退水以及工业、城镇污水，且生态补水不足，多方面的原因造成乌梁素海水环境污染、富营养化和沼泽化。八排干沟、九排干沟、十排干沟作为乌梁素海主要污染源，每年向乌梁素海内排入富营养化污水约 12 000 m^3。

乌梁素海流域山水林田湖草生态保护修复试点工程中八排干沟、九排干沟、十排干沟湿地修复与构建工程是改善乌梁素海水质的重要举措。项目主要是在八排干沟扬水站、九排干沟扬水站及十排干沟扬水站出水渠道周边新建生态隔离带构建人工湿地及配水渠道，采用“配水渠道（网格水道）+曝气氧化塘+表流湿地”的处理工艺，人工湿地技术体系贯穿技术。水流进入配水渠后利用太阳能曝气增氧机配合微生物菌剂在配水渠内形成曝气氧化塘，利用微生物菌剂的作用对污染物进行降解，同时微生物随水流进入各个人工湿地系统，与湿地水生植物、植物根系共同作用完成对入海水的深度净化，出水汇入主海区，如图 4.5 所示。

图 4.5　八排干沟、九排干沟治理区航拍图

八排干沟、九排干沟、十排干沟生态过渡带人工湿地建成后，入湖水质可达到《地表水环境质量标准》（GB 3838—2002）V类标准（平均），乌梁素海严重污染的趋势将会得到初步遏制，由乌梁素海退入黄河的湖水的水质也会得到极大的改善。

4.2.3 乌梁素海生态补水通道工程

乌梁素海湖水的排泄途径以蒸发为主，其次是退水和渗漏。湖区南端的泄水闸将湖水泄入总退水渠，排向黄河。据实测资料统计，2009—2017 年年平均退水量为 3.59 亿 m^3；西岸沿湖地带，由于湖水位高于灌区地下水位，每年平均向周围地下水渗漏约 0.71 亿 m^3。为解决乌梁素海水量日渐下降的难题，河灌总局每年向乌梁素海内生态补水 2 亿～3 亿 m^3，凌汛补水等措施也导致了生态补水通道的损坏，同时后期预计每年向乌梁素海生态补水 3 亿 m^3 以上，现有设施不足以满足相应需求，因此乌梁素海生态补水通道工程的建设势在必行。

乌梁素海流域山水林田湖草生态保护修复试点工程乌梁素海生态补水通道工程总投资 2.32 亿元，主要由以下部分组成：

（1）总干渠三闸泄水渠整治 3.877 km、新建泄水渠至总干渠段生态补水通道 159 m 及疏通整治排水明沟 1.515 km、新建排水暗管 0.28 km；总干渠三闸下渠道衬砌整治 2.311 km；总干三闸泄水渠挡黄闸下游渠道疏通整治 698 m；重（新、改）建各类建筑物 11 座，排水泵站及线路改造 2 座，如图 4.6 所示。

图 4.6 生态补水通道（总干渠段施工现场）

（2）总排干红圪卜扬水站出口下游新建北海区进水闸 1 座，北海区加固海坝工程 13.6 km；新建闸坝管理房及配套设施，如图 4.7 所示。

图 4.7 红圪卜扬水站

（3）对烂大渠 12.167 km 进行整治，设计流量 10 m^3/s；配套改造各类建筑物 80 座；烂大渠扬水站 1 座（设计流量 10 m^3/s）；疏通烂大渠北线 18 km 输水渠道，如图 4.8 所示。

图 4.8 烂大渠北线现状

（4）西乐分干渠渠道衬砌及建筑物配套。

（5）黄济干渠渠道衬砌及建筑物配套。

（6）对灌区已有凌汛分洪补水渠沟道进行整治，维修加固沿途病险水工建筑物。

乌梁素海生态补水通道工程的建设，为生态补水工作的开展提供了有力支持，同时对于乌梁素海流域水质的改善做出了重大贡献。

4.2.4 乌梁素海海堤综合整治工程

由于乌梁素海海坝已运行近 60 多年，建筑物各种病态日益显现，存在沉陷、坍塌、老化破损、错位变形等诸多问题，影响海区的安全运行，实施海堤防护，修筑海堤路等工程势在必行，以此彻底消除乌梁素海海坝安全隐患，如图 4.9、图 4.10 所示。

图 4.9 原海堤现状

图 4.10 海堤治理效果

乌梁素海流域山水林田湖草生态保护修复试点工程乌梁素海海堤综合整治工程主要包括海堤加固工程、桥涵工程、交叉工程、土方外运工程、临时围堰工程等，为保障乌梁素海海堤安全，改善管理运行条件，对乌梁素海原海堤进行综合整治，按 2 级堤防标准加高培厚，对海堤迎水面进行护坡处理，同时配套各类穿堤桥涵及交叉建筑物，对部分海堤适宜段落进行绿化。海堤主线全长约 120 km，连接线全长 4 km。

乌梁素海海堤的修复与重建，加强了环乌梁素海周边乡镇之间的联系，对于改善目前存在的海坝问题及建筑物险情具有重要意义。

4.2.5　乌拉特前旗大仙庙海子周边盐碱地治理及湿地恢复工程

乌拉特前旗大仙庙海子位于乌拉山镇北侧的盐海村三支社附近，地处东经 108°35′49″～108°37′26″，北纬 40°45′19″～40°46′08″，紧邻中心城区，距乌拉山镇 5 km。大仙庙海子分布在十排干沟现状（25+810～28+284）段南北两侧，现状水域总面积 3 037 亩，海子周边为湿地和农田。由于大仙庙海子现状水质矿化度（6 940.16～14 735.20 mg/L）较高，造成周边的土地达到了中、重度盐碱地，均属中、低产田土地，而且低产田土地面积逐年增加，使周边范围内农业综合生产能力下降，同时十排干沟有 2.474 km 流经水域，高矿化度的海子水渗入十排干沟现状（28+284～32+900）段落内，直接影响十排干沟排入乌梁素海的水质，因此需对大仙庙海子进行综合治理，从而改善海子周边的土地利用条件。本期工程在可行性研究报告的基础上进一步优化了设计方案，使得工程实施后产生的环境效益、社会效益、经济效益更加明显，项目区内盐碱地面积明显减少，高标准农田面积显著增加，对当地湿地保护起到一定作用，如图 4.11 所示。

图 4.11　大仙庙海子周边盐碱地现状

4.2.6 乌梁素海湖区湿地治理及湖区水道疏浚工程

乌梁素海湖区湿地治理及湖区水道疏浚工程总投资 4 亿元，于西侧湖区开挖 3 条水道，水道总长 14.96 km，生态清淤 20.46 hm^2；东侧湖区共开挖水道 18 条，水道总长 53.52 km，构造生态系统 20.46 hm^2；修建临时性码头 5 座，分别位于乌毛计闸、红圪卜站、一点、二点及坝湾，在乌毛计闸设置展览馆 1 座，如图 4.12 所示。

图 4.12 已建成的网格水道

通过工程实施，将优化海区的水动力条件，减少死水或滞水区，改善整个湖区的水流条件和湖水富营养化状态，通过底泥疏浚工程有效清除内源沉积物中总氮和总磷的含量，同时通过将挖出的淤泥堆岛等方式，减缓乌梁素海的沼泽化进程，促进湖泊向良性发展，使乌梁素海达到Ⅴ类水质标准，部分地区达到Ⅳ类水质标准。

4.2.7 水生植物资源化综合处理工程

1. 工程概况

本工程地点位于乌梁素海湖区，主要工作是进行水生植物的收割和资源化综合处理。主要工程项目包括：芦苇收割工程、芦苇无害化处理和资源化利用工程两大项。工程总体目标是收割湖区芦苇，并进行无害化处理和资源化利用，年处理量 6 万 t。利用收割的芦苇制造碳基有机肥与气化发电及余热利用。

2. 工程建设规模和内容

1）芦苇收割工程

被科学家誉为“第二森林”的芦苇在我国有着丰富的资源。芦苇多种在水边，在开花季节特别漂亮，可供观赏。由于芦苇的叶、叶鞘、茎、根状茎和不定根都具有通气组织，所以它对污水有净化作用。芦苇茎秆坚韧，纤维含量高，用途十分广泛，是重要的造纸原料，并且国内市场处于供不应求的局面。芦苇可用于建筑，加工芦席、筐、篓等，还可以加工精美的苇制品出口创汇。

芦苇根茎四布，有固堤之效；芦苇能吸收水中的磷，可以抑制蓝藻的生长。大面积的芦苇不仅可以调节气候，涵养水源，形成的良好湿地生态环境，也为鸟类提供栖息、觅食、繁殖的家园。芦苇的叶、茎、根状茎都具有通气组织，有净化污水的作用。芦苇生物量高，芦叶、芦花、芦茎、芦根、芦笋均可用作畜牧业，饲用价值较高。家畜喜食芦苇的嫩茎、叶，芦苇地可用作割草地或放牧与割草兼用，适宜马、牛大畜放牧，除放牧利用之外，还可晒制干草和青贮，青贮之后，牧草香味浓。芦苇的生产给人类提供了得天独厚的天然资源。

然而，乌梁素海水体中芦苇因收割、管护不到位，退化严重，部分芦苇残体倒伏在水中腐烂，直接污染水体，造成水质富营养化，芦苇不兴利反而生害。为了防止芦苇秆和芦苇花腐烂对湖水水体造成影响，同时保证来年芦苇的正常生长，必须对芦苇进行收割，如图 4.13 所示。

图 4.13　乌梁素海周边湿地芦苇现状

2）芦苇无害化处理和资源化利用工程

芦苇作为一种挺水植物，对湖泊水质具有净化作用，但如果管理不好，比如不能按时收割，长久会造成芦苇退化使其净化功能减弱。本书主要研究和探讨以割除后的芦苇为原料，结合农业废弃物如秸秆、禽畜粪污作为生物质能源制造沼气或生物天然气，既可以解决环境问题，又可以废物再利用，提高经济效益。

以通过专用收割设备割除后的芦苇为原料作为生物质能源，将收集的芦苇经切碎、炭化、粉碎得到生物炭粉和生物天然气及植物纤维模型等附属产品，将生物炭粉与木醋液及相关原料做成碳基有机肥和土壤调理剂，用于土壤改良和有机农业生产，其中炭化过程中产生的生物天然气用作发电或烘干底泥的能源，烘干后的底泥可以作为矿山和林草种植的肥料，既可以解决环境问题，又可以废物再利用，实现了芦苇高效、绿色、高附加值循环利用，提高经济效益。

项目形成一个年耗 6 万 t 芦苇，年产 1.5 万 t 碳基有机肥，年产 1 万 t 植物成型纤维产品，年产生物质天然气 6 000 万 m^3，年发电 4 000 万 kW·h 的封闭循环生产线。

3. 工程布置与设计

1）芦苇收割工程

（1）芦苇收割时间为乌梁素海的冰封期（1—2 月），期间冰层较厚，安全性较高，方便进行冰上作业。

（2）芦苇收割面积约 1.20 万 hm^2，预计年收芦苇 6 万 t，以水生植物中 N、P 平均含量计算，预计每年从污泥和水中移出 N、P 分别约为 130 t、20 t。

（3）芦苇收割方式。采用机械化装备在芦苇区内分割成块打开排水通道和通风道，每块面积约 100 hm^2，控制芦苇面积在 1.20 万 hm^2 以内，阻止芦苇蔓延成片，使芦苇产量在现有基础上增产 10%，达到 6 万 t，延缓沼泽化进程，重建绿色自然景观。

（4）芦苇存储方式。将收割好的芦苇用打包机打捆，并租用乌梁素海湖区周边闲置土地集中存储，减少芦苇的腐坏变质，为下一步资源化利用项目上马做好储备。

2）芦苇无害化处理和资源化利用工程

以通过专用收割设备割除后的芦苇为原料作为生物质能源，将收集的芦苇经切碎、炭化、粉碎得到生物炭粉和生物天然气及植物纤维模型等附属产品，将生物炭粉与木醋液及相关原料做成碳基有机肥和土壤调理剂。

4.2.8 乌梁素海湖区底泥处置试验示范工程

项目区位于乌拉特前旗乌梁素海湖区，本试验示范工程项目将采用底泥内源污染物综合治理、综合向好调控和资源化就地转化利用底泥污水技术为主，通过技术集成和优化，最终形成底泥原位“无害化、减量化、稳定化”的湖泊生态调理治理模式。通过应用微生物/酵素原位生物修复、底栖动物原位修复、鱼类原位修复等联合技术治理乌梁素海的内源污染并进行示范，评估原位修复效果，确定原位修复的技术路线、工艺及参数。以此为基础，制定乌梁素海内源污染原位修复方案，指导内源污染治理与控制，提高乌梁素海水质，提高水环境承载力，如图 4.14 所示。

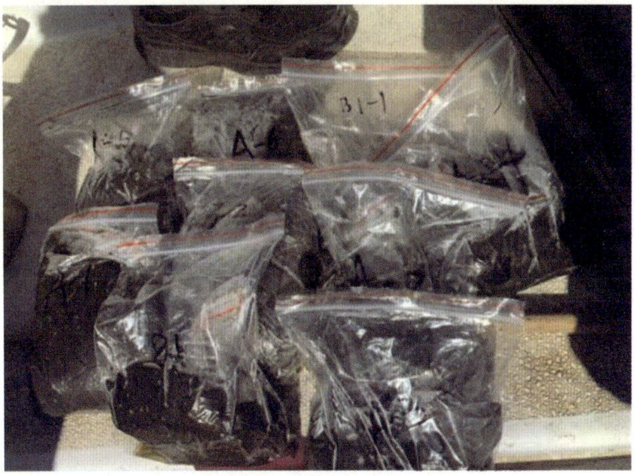

图 4.14　试验区取样的部分乌梁素海底泥

由于乌梁素海生态系统较为脆弱，直接清淤疏浚会对湖内动植物、微生物等带来毁灭性的破坏，也会对后续重构生态系统带来极大的不确定性及管理成本。综合考虑技术适用性、经济性、管理难易程度、技术可行性、生态环境友好性，底泥原位生态修复技术较适用于试点工程项目的底泥修复。示范区水域面积 10 200 亩，净化周期近 150 天。工艺路线如图 4.15 所示。

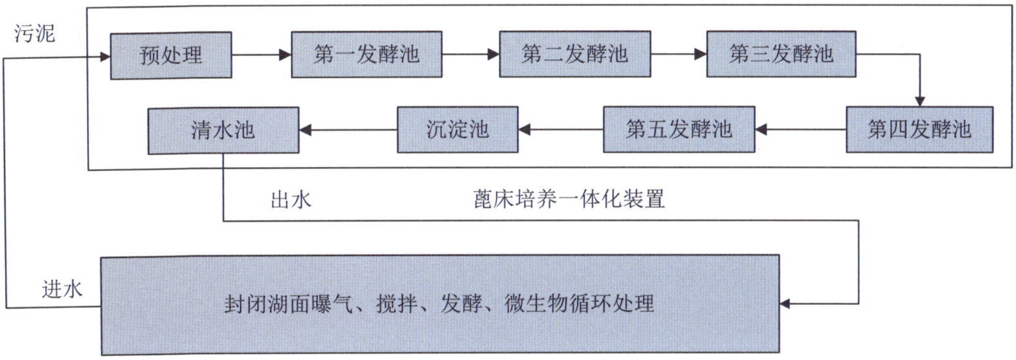

图 4.15　乌梁素海底泥原位修复净化工艺路线

为了充分利用现场水域、水面资源净化区域，便于净化船及曝气设备工作，底泥修复工作水道分为主航道、次航道，主航道宽度为 20 m 左右，次航道宽度为 10 m 左右，曝气工作面直径为 100 m 左右，主航道间距为 1 000 m 左右，次航道间距为 600 m 左右，工作面间距为 500 m 左右。

4.2.9 生物多样性保护工程

乌梁素海湿地水禽自然保护区位于内蒙古自治区巴彦淖尔市乌拉特前旗境内西部，是中国八大淡水湖之一，也是全球候鸟迁徙的重要停歇地与繁殖地。由于上游农业化肥用量增加、冬季芦苇滞留湖区、滩涂过度放牧、湖区过度捕鱼对乌梁素海水体造成污染，对野生动物的繁殖地造成破坏。

生物多样性保护工程是乌梁素海流域山水林田湖草生态保护修复试点工程子项目之一，是保障野生濒危动物生存条件、促进乌梁素海湿地生态作用发挥、加快乌梁素海周边群众脱贫致富的重要举措。该项目位于乌梁素海湿地水禽自然保护区境内，项目建设内容包括：对乌梁素海水禽湿地自然保护区核心区和缓冲区进行生物多样性保护补偿，以及对未授权管理拟纳入保护区面积的人工苇田及相关地类进行生物多样性保护补偿，签订补偿协议和委托管理协议，并进行保护区确界立标工作，通过对补偿区进行有效管理达到生物多样性保护的目的。

该项目坚持“科学合理、保护优先、持续利用、公众参与、惠益共享”的基本原则，采用规范渔牧养殖、退滩还湖、退耕还林还湿的方式，有效改善乌梁素海湿地生态环境、恢复湿地生物多样性、提升黄河退水水质、保护黄河中下游用水安全。同时，通过补偿方式有效增加乌梁素海周边群众收入，吸引各类投资主体，从而引导地方产业升级，增加人员就业岗位，对于推进乌梁素海周边经济建设、改善居民生活条件具有重要意义。

4.3 相关技术方案介绍与实操

4.3.1 湿地修复与构建技术

湿地恢复，一方面指受损湿地生态系统通过保护使之自然恢复的过程，另一方面指通过生态技术或生态工程对退化或消失的湿地进行修复或重建，再现干扰前的结构和功能，以及相关的物理、化学和生物学特性，使其发挥应有的作用。具体包括：提高地下水位来养护沼泽，改善水禽栖息地；增加湖泊的深度和广度以扩大湖容，增强调蓄功能；迁移湖泊、河流中的富营养沉积物以及有毒物质以净化水质；恢复泛滥平原的结构和功能以利于蓄纳洪水；提供野生生物栖息地以及户外娱乐区，也有助于恢复水质。

湿地的生态恢复取决于湿地生态特征的变化。湿地生态特征的变化是指湿地生态过程及功能的削弱或失衡，包括湿地面积变化、湿地水文条件改变、湿地水质改变、外来物种入侵、湿地生物多样性减少、生态调节功能减弱等。

湿地生态恢复的基本思路是根据地带性规律、生态演替和生态位原理选择适宜的先锋植物种，构造群落和生态系统，实行土壤、植被与生物同步分级恢复，逐步使生态系统恢复到一定的功能水平。湿地水文条件是湿地最重要的决定因素，它不仅直接影响湿地生态环境的理化性质及营养物质的输入/输出，而且是最终选择湿地生物群落的主要因素之一，可以说没有水就不存在湿地，在对湿地进行生态恢复时，应重点考虑水文条件的恢复。

1. 湿地生态系统的特点

湿地是分布于陆地生态系统和水域生态系统之间具有独特水文、土壤、植被与生物特征的生态系统。根据《拉姆萨尔公约》，湿地的定义为："天然或人工、长久或暂时性的沼泽地、泥炭地、水域地带，静止或流动的淡水、半咸水、咸水体，包括低潮时水深不超过 6 m 的水域。"

湿地为人类生产生活提供了水资源、生物资源、能源（泥炭、海盐等）、交通和旅游等资源，是地球上最具生产力的生态系统之一。湿地的物理、化学和生物组成部分交互作用，在调节气候、涵养水源、蓄洪防旱、净化水质、保护生物多样性等方面具有其他系统不可替代的环境功能和生态效益，被称为"地球之肾"。

湿地生态系统与其他生态系统相比，具有以下特点。

1）脆弱性

水是建立和维持湿地及其过程特有类型的最重要决定因子，水文流动是营养物质进入湿地的主要渠道，是湿地初级生产力的决定因素，因此湿地对水资源具有很强的依赖性。由于水文状况易受自然及人为活动干扰，所以湿地生态系统也极易受到破坏，且受破坏后难以恢复，表现出很强的脆弱性。

2）过渡性

湿地同时具有陆生和水生生态系统的地带性分布特点，表现出水陆相兼的过渡性分布规律。

3）结构和功能的独特性

湿地一般由湿生、沼生和水生植物、动物、微生物等生物因子以及与其紧密相关的阳光、水分、土壤等非生物因子构成。湿地水陆交界的边缘效应使湿地具有独特的资源优势和生态环境特征，为多样的动、植物群落提供了适宜的生境，具有较高的生产力和丰富多样的生物多样性。

4）较强的自净和自我恢复能力

湿地通过水生植物和微生物的作用以及化学、生物过程，吸收、固定、转化土壤和水中的营养物质的含量，降解有毒和污染的物质，净化水体。因此，湿地具有较强的自净和自我恢复能力。

2. 湿地生态恢复的原则

1）地域性原则

我国湿地分布广泛，涵盖了从寒温带到热带，从沿海到内陆，从平原到高原山区各种类型的湿地。因此应根据地理位置、气候特点、湿地类型、功能要求、经济基础等因素，制定适当的湿地生态恢复策略、指标体系和技术途径。

2）生态学原则

生态学原则主要包括生态演替规律、生物多样性原则、生态位原则等。生态学原则要求根据生态系统自身的演替规律分步骤、分阶段进行恢复，并根据生态位和生物多样性原理构建生态系统结构和生物群落，使物质循环和能量转化处于最大利用和最优循环状态，达到水文、土壤、植被、生物同步和谐演进。

3）最小风险和最大效益原则

国内外的实践证明，退化湿地系统的生态恢复是一项技术复杂、时间漫长、耗资巨大的工作。由于生态系统的复杂性和某些环境要素的突变性，加之人们对生态过程及其内部运行机制认识的局限性，人们往往不可能对生态恢复的后果以及最终生态演替方向进行准确的估计和把握，因此，在某种意义上退化生态系统的恢复具有一定的风险性。这就要求对被恢复对象进行系统综合的分析、论证，将风险降到最低程度，同时还应尽力做到在最小风险、最小投资的情况下获得最大效益。在考虑生态效益的同时，还应考虑经济和社会效益，以实现生态效益、经济效益、社会效益相统一。

3. 湿地生态恢复的目标

湿地生态恢复的总体目标是采用适当的生物、生态及工程技术，逐步恢复退化湿地生态系统的结构和功能，最终达到湿地生态系统的自我持续状态。但对于不同的退化湿地生态系统，其侧重点和要求也会有所不同。总体而言，湿地生态恢复的基本目标和要求如下。

（1）实现生态系统地表基底的稳定性。地表基底是生态系统发育和存在的载体，基底不稳定就不可能保证生态系统的演替与发展。这一点应引起足够重视，因为中国湿地所面临的主要威胁大都属于改变系统基底类型的，在很大程度上加剧了我国湿地的不可逆演替。

（2）恢复湿地良好的水状况，一是恢复湿地的水文条件；二是通过污染控制，改善湿地的水环境质量。

（3）恢复植被和土壤，保证一定的植被覆盖率和土壤肥力。

（4）增加物种组成和生物多样性。

（5）实现生物群落的恢复，提高生态系统的生产力和自我维持能力。

（6）恢复湿地景观，增加视觉和美学享受。

（7）实现区域社会、经济的可持续发展，湿地生态系统的恢复要求生态、经济和社会因素相平衡。因此，对生态恢复工程除考虑其生态学的合理性外，还应考虑公众的要求和政策的合理性。

4．湿地生态恢复的技术

根据湿地的构成和生态系统特征，湿地的生态恢复可概括为：湿地生态环境恢复、湿地生物恢复和湿地生态系统结构与功能恢复。相应地，湿地的生态恢复技术也可以划分为三大类：湿地生态环境恢复技术、湿地生物恢复技术、湿地生态系统结构和功能恢复技术。

1）湿地生态环境恢复技术

湿地生态环境恢复的目标是通过采取各类技术措施，提高生态环境的异质性和稳定性。湿地生态环境恢复包括湿地基底恢复、湿地水状况恢复和湿地土壤恢复等。

湿地基底恢复：通过采取工程措施，维护基底的稳定性，稳定湿地面积，并对湿地的地形、地貌进行改造。基底恢复技术包括湿地及上游水土流失控制技术、湿地基底改造技术等。

湿地水状况恢复：包括湿地水文条件的恢复和湿地水环境质量的改善。水文条件的恢复通常是通过筑坝（抬高水位）、修建引水渠等水利工程措施来实现；湿地水环境质量改善技术包括污水处理技术、水体富营养化控制技术等。需要强调的是，由于水文过程的连续性，必须加强河流上游的生态建设，严格控制湿地水源的水质。

湿地土壤恢复：包括土壤污染控制技术、土壤肥力恢复技术等。

2）湿地生物恢复技术

主要包括物种选育和培植技术、物种引入技术、物种保护技术、种群动态调控技术、种群行为控制技术、群落结构优化配置与组建技术、群落演替控制与恢复技术等。

3）湿地生态系统结构与功能恢复技术

主要包括生态系统总体设计技术、生态系统构建与集成技术等。

5．湿地生态恢复方案的确定

湿地生态恢复工程一般都是耗资巨大的复杂工程，因此在确定湿地生态恢复方案之前，应对功能设计、操作程序、风险评价、指标体系、恢复技术等进行系统全面的研究和具体规划。Henry 等对湿地生态恢复工程提出以下三点要求：

（1）加强对生态恢复合理性的论证；

（2）确定精确适当的恢复目标和恢复成功与否的判定指标；

（3）监测恢复前后生态系统的变化情况，并与参考生态系统进行比较。

6．湿地生态恢复方案的步骤

（1）确定被恢复对象及其系统边界。

（2）湿地生态系统退化成因分析，识别退化主导因子、退化过程、退化类型、退化阶段与强度等。

（3）确定生态恢复目标。

（4）生态恢复技术的分析与选择。

（5）建立优化模型，进行生态规划与风险评价，提出具体实施方案。

（6）自然—社会—经济—技术方案可行性分析。

（7）实地实验、示范与推广等。

7．湿地治理主要思路

1）总体要求

（1）指导思想。全面贯彻落实党的十八大和十八届三中、四中、五中、六中全会精神，深入学习贯彻习近平总书记系列重要讲话精神，紧紧围绕统筹推进“五位一体”总体布局和协调推进“四个全面”战略布局，牢固树立“创新、协调、绿色、开放、共享”的发展理念，认真落实党中央、国务院决策部署，深化生态文明体制改革，大力推进生态文明建设。建立湿地保护修复制度，全面保护湿地，强化湿地利用监管，推进退化湿地修复，提升全社会湿地保护意识，为建设生态文明和美丽中国提供重要保障。

（2）基本原则。坚持生态优先、保护优先的原则，维护湿地生态功能和作用的可持续性；坚持全面保护、分级管理的原则，将全国所有湿地纳入保护范围，重点加强自然湿地、国家和地方重要湿地的保护与修复；坚持政府主导、社会参与的原则，地方各级人民政府对本行政区域内湿地保护负总责，鼓励社会各界参与湿地保护与修复；坚持综合协调、分工负责的原则，充分发挥林业、国土资源、环境保护、水利、农业、海洋等湿地保护管理相关部门的职能作用，协同推进湿地保护与修复；坚持注重成效、严格考核的原则，将湿地保护修复成效纳入对地方各级人民政府领导干部的考评体系，严明奖惩制度。

（3）目标任务。实行湿地面积总量管控，到2020年，全国湿地面积不低于8亿亩，其中，自然湿地面积不低于7亿亩，新增湿地面积300万亩，湿地保护率提高到50%以上。严格湿地用途监管，确保湿地面积不减少，增强湿地生态功能，维护湿地生物多样性，全面提升湿地保护与修复水平。

2）完善湿地分级管理体系

（1）建立湿地分级体系。根据生态区位、生态系统功能和生物多样性，将全国湿地划分为国家重要湿地（含国际重要湿地）、地方重要湿地和一般湿地，列入不同级别湿地名录，定期更新。国务院林业主管部门会同有关部门制定国家重要湿地认定标准和管理办法，明确相关管理规则和程序，发布国家重要湿地名录。省级林业主管部门会同有关部门制定地方重要湿地和一般湿地认定标准和管理办法，发布地方重要湿地和一般湿地名录（国家林业和草原局牵头，自然资源部、生态环境部、水利部、农业农村部、原国家海洋局等参与，地方各级人民政府负责落实。以下均需地方各级人民政府落实，不再列出）。

（2）探索开展湿地管理事权划分改革。坚持权、责、利相统一的原则，探索开展湿地管理方面的中央与地方财政事权和支出责任划分改革，明晰国家重要湿地、地方重要湿地和一般湿地的事权划分（财政部、国家林业和草原局会同有关部门负责）。

（3）完善保护管理体系。国务院湿地保护管理相关部门指导全国湿地保护修复工作。地方各级人民政府湿地保护管理相关部门指导本辖区湿地保护修复工作。对国家和地方重要湿地，要通过设立国家公园、湿地自然保护区、湿地公园、水产种质资源保护区、海洋特别保护区等方式加强保护，在生态敏感和脆弱地区加快保护管理体系建设。加强各级湿地保护管理机构的能力建设，夯实保护基础。在国家和地方重要湿地探索设立湿地管护公益岗位，建立完善县、乡、村三级管护联动网络，创新湿地保护管理形式（国家林业和草原局、财政部、自然资源部、生态环境部、水利部、农业农村部、原国家海洋局等按职责分工负责）。

3）实行湿地保护目标责任制

（1）落实湿地面积总量管控。确定全国和各省（区、市）湿地面积管控目标，逐级分解落实。合理划定纳入生态保护红线的湿地范围，明确湿地名录，并落实到具体湿地地块。经批准征收、占用湿地并转为其他用途的，用地单位要按照“先补后占、占补平衡”的原则，负责恢复或重建与所占湿地面积和质量相当的湿地，确保湿地面积不减少（国家林业和草原局、自然资源部、国家发展改革委、生态环境部、水利部、农业农村部、原国家海洋局等按职责分工负责）。

（2）提升湿地生态功能。制定湿地生态状况评定标准，从影响湿地生态系统健康的水量、水质、土壤、野生动植物等方面完善评价指标体系。到 2020 年，重要江河湖泊水功能区水质达标率提高到 80%以上，自然岸线保有率不低于 35%，水鸟种类不低于 231 种，全国湿地野生动植物种群数量不减少（国家林业和草原局、生态环境部、水利部、农业农村部、自然资源部、原国家海洋局等按职责分工负责）。

（3）建立湿地保护成效奖惩机制。地方各级人民政府对本行政区域内湿地保护负总责，政府主要领导成员承担主要责任，其他有关领导成员在职责范围内承担相应责任，要将湿地面积、湿地保护率、湿地生态状况等保护成效指标纳入本地区生态文明建设目标评价考核等制度体系，建立健全奖励机制和终身追责机制（国家林业和草原局牵头，国家发展改革委、自然资源部、生态环境部、水利部、农业农村部、原国家海洋局等参与）。

4）健全湿地用途监管机制

（1）建立湿地用途管控机制。按照主体功能定位确定各类湿地功能，实施负面清单管理。禁止擅自征收、占用国家和地方重要湿地，在保护的前提下合理利用一般湿地，禁止侵占自然湿地等水源涵养空间，已侵占的要限期予以恢复，禁止开（围）垦、填埋、排干湿地，禁止永久性截断湿地水源，禁止向湿地超标排放污染物，禁止对湿地野生动物栖息地和鱼类洄游通道造成破坏，禁止破坏湿地及其生态功能的其他活动（国家林业和草原局、自然资源部、生态环境部、水利部、农业农村部、原国家海洋局等按职责分工负责）。

（2）规范湿地用途管理。完善涉及湿地相关资源的用途管理制度，合理设立湿地相关资源利用的强度和时限，避免对湿地生态要素、生态过程、生态服务功能等方面造成破坏。进一步加强对取水、污染物排放、野生动植物资源利用、挖沙、取土、开矿、引进外来物种和涉外科学考察等活动的管理（自然资源部、生态环境部、水利部、农业农村部、国家林业和草原局、原国家海洋局等按职责分工负责）。

（3）严肃惩处破坏湿地行为。湿地保护管理相关部门根据职责分工依法对湿地利用进行监督，对湿地破坏严重的地区或有关部门进行约谈，探索建立湿地利用预警机制，遏制各种破坏湿地生态的行为。严厉查处违法利用湿地的行为，造成湿地生态系统破坏的，由湿地保护管理相关部门责令限期恢复原状，情节严重或逾期未恢复原状的，依法给予相应处罚，涉嫌犯罪的，移送司法机关严肃处理。探索建立相对集中行政处罚权的执法机制。地方各级人民政府湿地保护管理相关部门或湿地保护管理机构要加强对湿地资源利用者的监督（国家林业和草原局、自然资源部、生态环境部、水利部、农业农村部、原国家海洋局等按职责分工负责）。

5）建立退化湿地修复制度

（1）明确湿地修复责任主体。对未经批准将湿地转为其他用途的，按照“谁破坏、谁修复”的原则实施恢复和重建。能够确认责任主体的，由其自行开展湿地修复或委托具备修复能力的第三方机构进行修复。对因历史原因或公共利益造成生态破坏的、因重大自然灾害受损的湿地，经科学论证确需恢复的，由地方各级人民政府承担修复责任，所需资金列入财政预算（国家林业和草原局、自然资源部、生态环境部、水利部、农业农村部、原国家海洋局等按职责分工负责）。

（2）多措并举增加湿地面积。地方各级人民政府要对近年来湿地被侵占情况进行认真排查，并通过退耕还湿、退养还滩、排水退化湿地恢复和盐碱化土地复湿等措施，恢复原有湿地。各地要在水源、用地、管护、移民安置等方面，为增加湿地面积提供条件（国家林业和草原局、自然资源部、生态环境部、水利部、农业农村部、原国家海洋局等按职责分工负责）。

（3）实施湿地保护修复工程。国务院林业主管部门和省级林业主管部门分别会同同级相关部门编制湿地保护修复工程规划。坚持自然恢复为主、与人工修复相结合的方式，对集中连片、破碎化严重、功能退化的自然湿地进行修复和综合整治，优先修复生态功能严重退化的国家和地方重要湿地。通过污染清理、土地整治、地形地貌修复、自然湿地岸线维护、河湖水系连通、植被恢复、野生动物栖息地恢复、拆除围网、生态移民和湿地有害生物防治等手段，逐步恢复湿地生态功能，增强湿地碳汇功能，维持湿地生态系统健康（国家林业和草原局牵头，国家发展改革委、财政部、自然资源部、生态环境部、水利部、农业农村部、原国家海洋局等参与）。

（4）完善生态用水机制。水资源利用要与湿地保护紧密结合，统筹协调区域或流域内的水资源平衡，维护湿地的生态用水需求。从生态安全、水文联系的角度，利用流域综合治理方法，建立湿地生态补水机制，明确技术路线、资金投入以及相关部门的责任和义务。水库蓄水和泄洪要充分考虑相关野生动植物保护需求（水利部牵头，国家发展改革委、财政部、国家林业和草原局、生态环境部、农业农村部、原国家海洋局等参与）。

（5）强化湿地修复成效监督。国务院湿地保护管理相关部门制定湿地修复绩效评价标准，组织开展湿地修复工程的绩效评价。由第三方机构开展湿地修复工程竣工评估和后评估。建立湿地修复公示制度，依法公开湿地修复方案、修复成效，接受公众监督（国家林业和草原局、自然资源部、生态环境部、水利部、农业农村部、原国家海洋局等按职责分工负责）。

6）健全湿地监测评价体系

（1）明确湿地监测评价主体。国务院林业主管部门会同有关部门组织实施国家重要湿地的监测评价，制定全国湿地资源调查和监测、重要湿地评价、退化湿地评估等规程或标准，组织实施全国湿地资源调查，调查周期为 10 年。省级及以下林业主管部门会同有关部门组织实施地方重要湿地和一般湿地的监测评价。加强部门间湿地监测评价协调工作，统筹解决重大问题（国家林业和草原局牵头，自然资源部、生态环境部、水利部、农业农村部、原国家海洋局等参与）。

（2）完善湿地监测网络。统筹规划国家重要湿地监测站点设置，建立国家重要湿地监测评价网络，提高监测数据质量和信息化水平。健全湿地监测数据共享制度，林业、国土资源、环境保护、水利、农业、海洋等部门获取的湿地资源相关数据要实现有效集成、互联共享。加强生态风险预警，防止湿地生态系统特征发生不良变化（国家林业和草原局牵头，自然资源部、生态环境部、水利部、农业农村部、原国家海洋局等参与）。

（3）监测信息发布和应用。建立统一的湿地监测评价信息发布制度，规范发布内容、流程、权限和渠道等。国务院林业主管部门会同有关部门发布全国范围、跨区域、跨流域以及国家重要湿地监测评价信息。运用监测评价信息，为考核地方各级人民政府落实湿地保护责任情况提供科学依据和数据支撑。建立监测评价与监管执法联动机制（国家林业和草原局牵头，自然资源部、生态环境部、水利部、农业农村部、原国家海洋局等参与）。

7）完善湿地保护修复保障机制

（1）加强组织领导。地方各级人民政府要把湿地保护纳入重要议事日程，实施湿地保护科学决策，及时解决重大问题。各地区各有关部门要认真履行各自职责，进一步完善综合协调、分部门实施的湿地保护管理体制，形成湿地保护合力，确保实现湿地保护修复的目标任务。强化军地协调配合，共同加强湿地保护管理（国家林业和草原局牵头，自然资源部、生态环境部、水利部、农业农村部、原国家海洋局等参与）。

（2）加快法制建设。抓紧研究制定系统的湿地保护管理法律法规，切实保护好水、土地、野生动植物等资源，督促指导有关省份结合实际制定完善湿地保护与修复的地方法规（国家林业和草原局、自然资源部、生态环境部、水利部、农业农村部、国务院法制办、原国家海洋局等按职责分工负责）。

（3）加大资金投入力度。发挥政府投资的主导作用，形成政府投资、社会融资、个人投入等多渠道投入机制。通过财政贴息等方式引导金融资本加大支持力度，有条件的地方可研究给予风险补偿。探索建立湿地生态效益补偿制度，率先在国家级湿地自然保护区和国家重要湿地开展补偿试点（国家林业和草原局、国家发展改革委、财政部牵头，自然资源部、生态环境部、水利部、农业农村部、人民银行、银保监会、原国家海洋局等参与）。

（4）完善科技支撑体系。加强湿地基础和应用科学研究，突出湿地与气候变化、生物多样性、水资源安全等关系研究。开展湿地保护与修复技术示范，在湿地修复关键技术上取得突破。建立湿地保护管理决策的科技支撑机制，提高科学决策水平（国家林业和草原局、生态环境部、水利部、农业农村部、原国家海洋局等按职责分工负责）。

（5）加强宣传教育。面向公众开展湿地科普宣传教育，利用互联网、移动媒体等手段，普及湿地科学知识，努力形成全社会保护湿地的良好氛围。抓好广大中小学生湿地保护知识教育，树立湿地保护意识。研究建立湿地保护志愿者制度，动员公众参与湿地保护和相关知识传播（国家林业和草原局、教育部、自然资源部、生态环境部、水利部、农业农村部、原国家海洋局等按职责分工负责）。

湿地与森林、海洋并称为全球三大生态系统，具有保持水源、净化水质、蓄洪防旱、调节气候和维护生物多样性等重要生态功能。健康的湿地生态系统，是国家生态安全体系的重要组成部分和经济社会可持续发展的重要基础。保护湿地以及湿地生态的恢复，对于维护生态平衡，改善生态状况，实现人与自然和谐，促进经济社会可持续发展，具有十分重要的意义。

湿地保护技术。由于湿地处于水陆交互作用的区域，生物种类十分丰富，仅占地球表面面积 6%的湿地，却为世界 20%的生物提供了生态环境，特别是为濒危珍稀鸟类提供了生息繁殖的基地，成为众多珍稀濒危水禽完成生命周期的必经之地。

一个系统的面积越大，该系统内物种的多样性和系统的稳定性越有保证。因此，增加湿地面积是有效恢复湿地生态系统平稳的基础。严禁围地造田，对湿地周围影响和破坏湿地生态环境的农田要退耕还湿，恢复湿地生态环境，增加湿地面积。湿地入水量减少是造成湿地萎缩不可忽视的原因，水文条件成为湿地健康发展的制约因素，需要通过相关水利工程加以改善，增加湖泊的深度和广度以扩大湖容；增加鱼的产量，增强调蓄功能；积极进行各湿地引水通道建设，以获得高质量的补充水源；加强水利工程设施的建设和维护，加固堤防，搞好上游的水土保持工作，减少泥沙淤积；恢复泛滥平原的结构和功能以利于蓄纳洪水，提供野生生物栖息地。

湿地生态恢复技术。湿地恢复是指通过生态技术或生态工程对退化或消失的湿地进行修复或重建，再现干扰前的结构和功能，以及相关的物理、化学和生物学特性，使其发挥应有的作用。根据湿地的构成和生态系统特征，湿地的生态恢复技术可概括为以下3个部分：一是湿地生态环境恢复技术。湿地生态环境恢复的目标是通过采取各类技术措施，提高生态环境的异质性和稳定性。湿地生态环境恢复包括湿地基底恢复、湿地水状况恢复和湿地土壤恢复等。湿地的基底恢复是通过采取工程措施，维护基底的稳定性，稳定湿地面积，并对湿地的地形、地貌进行改造。基底恢复技术包括湿地基底改造技术、湿地及上游水土流失控制技术、清淤技术等。湿地水状况恢复包括湿地水文条件的恢复和湿地水环境质量的改善。水文条件的恢复通常是通过筑坝、修建引水渠等水利工程措施来实现；湿地水环境质量改善技术包括污水处理技术、水体富营养化控制技术等。二是湿地生物恢复（修复）技术。主要包括物种选育和培植技术、物种引入技术、物种保护技术、种群动态调控技术、种群行为控制技术、群落结构优化配置与组建技术、群落演替控制与恢复技术等。三是生态系统结构与功能恢复技术。主要包括生态系统总体设计技术、生态系统构建与集成技术等。湿地生态恢复技术的研究是湿地生态恢复研究中的重点和难点。

退化湿地生态系统恢复，在很大程度上需要依靠各级政府和相关部门重视，切实加强对湿地保护管理工作的组织领导，强化湿地污染源的综合整治与管理，通过部门间的联合，加大执法力度。要严格控制湿地氮、磷肥及农药的施用量，控制畜禽养殖场废水对湿地的污染影响，大型畜禽养殖场废水要严格按有关污染物排放标准达标排放，有条件的地区应推广养殖废水土地处理。

植物是人工湿地生态工程中最主要的生物净化材料，它能直接吸收利用污水中的营养物质，对水质的净化有一定作用。目前，在人工湿地植物种类应用方面，国内外均以水生植物类型为主，尤其是挺水植物。由于不同植物种类在营养吸收能力、根系深度、氧气释放量、生物量和抗逆性等方面存在差异，所以它们在人工湿地中的净化作用并不相同。在选择净化植物时既要考虑地带性、地域性种类，还要选择经济价值高、用途广以及与湿地园林化建设相结合的种类，尽可能做到一项投入多处收益。研究认为，用于人工湿地系统的植物种类应具备以下特征：①具有生态接受性，例如，不能对周围的自然生态系统的生态和遗传整体性产生显著的杂草威胁和疾病灾害；②对当地的气候和病虫害具有耐受性；③对污染物和高度富营养化水具有耐受性；④在湿地环境，能够繁殖、建群、扩展和生长；⑤有较高的污染物去除能力，能直接吸收和贮存，或者通过促进微生物的转化作用发挥间接作用。

8. 湿地修复与构建技术应用案例介绍——以苏州城市生态湿地景观构建为例

1）苏州湿地现状及类型

苏州地处长江三角洲的太湖平原，滨江临湖，境内河流交错，还有京杭大运河贯穿，湿地资源丰富。《苏州市湿地资源调查报告》数据表明，苏州市共有湿地 49.2 万 hm^2，占全市国土面积的 57.8%。湿地包括人工湿地（以水稻田、鱼塘为主）和天然湿地（以湖泊型、河流型湿地为主）两大类。河道、湖泊、滩涂等天然湿地中，苏州全市共有大小河道 2 万余条，总长度为 1 457 km，总面积为 10 万 hm^2，占湿地总面积的 21.2%；共有大小湖泊 321 个，21.2 万 hm^2，占湿地总面积的 43.0%，其中滩涂面积为 7.1 万 hm^2。苏州市境内的太湖湿地自然保护区和阳澄湖湿地生态恢复保护示范工程已被列入江苏省政府和原国家林业局重点项目。苏州城市绿地系统中的四角山水东北部的阳澄湖、东南部的独墅湖、澄湖，西南部的上方山、石湖，西北部的三角咀、漕湖以及众多的河湖资源等，这些湿地资源如加以很好的保护和利用，无论是对城市的生态环境还是景观效益都将发挥很大的作用。

2）苏州湿地资源存在的问题

苏州素有江南水乡、中国“威尼斯”之称。水构筑了苏州特有的城市景观——“小桥、流水、人家”，也正是由于其得天独厚的环境，带动了城市的迅猛发展，经济的发达带来了居住人口的增长，城市不断扩大。昔日的“鱼米之乡”“江南水乡”已渐渐远离人们视线，城市湿地空间逐渐受到侵犯，苏州市的湿地资源存在以下问题。

（1）对湿地功能缺乏认识和盲目开垦改造。随着经济社会的快速发展，湿地开发往往只重视其经济效益。根据《苏州市生态环境现状调查报告》统计，2000—2002 年苏州耕地和水田面积分别减少了 2.1%和 8.1%，近些年则更加严重。如太湖、阳澄湖的围垦和围湖养殖不但大大减少了太湖、阳澄湖的湖区面积，也增加了湖体的污染物质，使湖水富营养化。同时，耕地面积逐渐减少，尤其是有着大量人工湿地的水稻田面积不断减少。研究表明，稻田除了提供丰富粮源，还是最经济的人工湿地，有利于环境保护和土地利用的生态安全。水稻田的蓄水能力相当大，可以有效降低洪涝威胁。如果一味地减少稻田面积，日后也许会产生地面沉降、海水倒灌、城市热岛效应的增强、饮用水变质等难以避免的问题。

（2）污染日趋严重。污染是中国湿地面临的最严重的威胁之一。在经济发展的同时，环境污染给湿地带来了严重的影响。周边地区的工业、农业、生活废水排入湖泊，水稻田等人工湿地由于大量施用化肥、农药、除草剂等化学产品，生态环境日益恶化。据《苏州市湿地资源调查报告》统计，1998 年阳澄湖周边地区内陆域废水排放总量为 1.9 亿 t，属富营养型淡水湖泊。另据估算，阳澄湖周边地区每年产生生活垃圾约 17 万 t，大部分生活垃圾无组织堆放，经地表径流流入河道，增加了太湖及阳澄湖的污染负荷。

（3）湿地生态环境恶化，生物多样性受损。湿地可以维持生物多样性，依赖湿地生存、繁衍的野生动植物极为丰富。天然的湿地环境为鸟类、鱼类提供了丰富的食物和良好的生存繁衍空间，对保护物种多样性发挥着极为重要的作用，同时又是重要的遗传基因库。湿地的大量开发，导致湿地动植物生存环境的改变和破坏，使得越来越多的生物物种失去了生存空间而濒危甚至灭绝，物种多样性的减少使生态系统趋向脆弱和简化，削弱了生态系统的自我调控能力，降低了生态系统的稳定性和有序性。太湖等湖泊周围的芦苇湿地是野生动物最适宜的栖息地，20 世纪 50 年代以来，由于人口的剧增和人类活动范围的扩大，减少了 30 000 hm^2 的湿地，加之自然条件、地质地貌发生了较大变化，环境质量下降，野生动物栖息地面积减少是野生动物种类减少、个体减少的主要因素。

3）苏州湿地景观的利用与建设对策

（1）通过规划，恢复苏州湿地资源的最大功能。苏州湿地资源丰富，通过深入细致的调查，将湿地的保护与景观规划结合起来。天然湿地的修复与培育，人工湿地的保护与营造等都应纳入城市绿地系统规划中，发挥湿地资源的最大功能。

（2）在太湖、阳澄湖湖堤形成湿地保护区。对太湖、阳澄湖湖滨进行生态修复与恢复。太湖是镶嵌在长三角地区的一块明珠，面积多达 2 300 km^2，是西湖的近 10 倍。然而沿太湖的大小城市，大多没利用好太湖的生态资源，污染日益加重的太湖水质给沿湖城市的发展带来越来越多的困扰。主要原因之一是太湖湖畔有一条近 40 km 长的湖岸线，长期以来这里是防洪大堤，一再加固加高导致自然湖岸的湿地功能逐渐消退。如设计中的太湖湿地景观包括苏州高新区沿太湖大堤内侧 1 km 的生态敏感区和游湖水面，总面积近 30 km^2，一期工程为游湖中心水面及周边区域总面积近 4 km^2，二期工程为连通游湖与太湖的由河道与山体组成的生态廊道，三期工程为沿太湖岸线 1 km 的条状地带。

（3）建立苏州湿地公园。在当今水资源污染严重的情况下，可以多开辟并通过开展各种形式的科普活动，达到保护湿地资源和生态环境的宣传作用。

苏州湿地公园的建设可以有几种类型：①以天然湖泊为依托，通过恢复和保留原有湿地的功能，进行生态型修复；②以原有湖、塘为主体，这类景观大多紧邻城郊，水体面积受到较大的侵占，由于与人类生活息息相关，通过合理的规划，创造一个集环保、科教、旅游观光为一体的全新的湿地景观，通过湿地公园的建设，利用湿地的净水功能，有效地降低湖水的污染，实现可持续发展；③当城市不断发展，原有农田、鱼塘等人工湿地逐渐发展成为城市用地或居住环境时，可以充分利用原有湿地资源，尽量保留原有湿地的特性，结合周边环境设置湿地景观，如城市中央湿地景观区等。

（4）建设苏州城市河道两侧湿地景观。从 20 世纪 70 年代起，一些城市化程度较高的发达国家，如日本、欧美等开始重视对城市河流湿地的保护，并着手对部分已经被破坏的城市河流湿地进行恢复。它们将部分已经被破坏的城市河流湿地逐渐进行回归自然的修复，在充分利用自然地形、地貌的基础上，建立起阳光、植物、生物、土壤、堤体之间和谐共存的城市河流生态系统，并大力地建设城市生态河堤，还河流以空间，构筑近、亲水的城市滨水室间景观等。苏州城市河道众多，尤其是京杭大运河穿城而过。这些纵横交错的河道两侧景观，正是水域交错的滨水湿地景观。在进行规划时，可形成具有城市特色的都市河道湿地景观，避免一味地运用防洪堤等破坏生态廊道的工程。可以采用“多自然型河流”的建设方法，这种方法是把水边作为多种生物地上空间的核心，并把河流建设成尽量接近于自然的形态，即把自然河流的状况作为样本，在确保防洪安全的基础上，努力创造出具有丰富自然的水边环境，恢复城市河流湿地的自然生态和环境功能，其核心是尽力恢复城市河流湿地的生物多样性特性，黄岩永宁公园就是一个关于河流生态恢复与重建的很好的案例。

9．苏州湿地公园的建设——以苏州盛泽湖湿地公园为例

1）规划依据

湿地公园的建设分为天然湿地公园和人工湿地公园。盛泽湖东临阳澄湖，总面积 9.06 km^2，其中水面 3.8 km^2，四边为典型的江南浅水作物功能型湿地。本次规划范围是其西线、北线、东线区域约 60 hm^2 的用地，用地范围建设条件良好，除部分农村住宅外，

其余均为农田或鱼塘。由于用地内的原有湿地已严重退化，因此本公园的湿地生态景观以自然湿地的恢复与人工荡田型湿地的重建为主，规划定位为天然与人工湿地交融的湿地公园，如图 4.16 所示。

图 4.16　苏州阳澄湖湿地现状

2）规划内容

（1）自然湿地的保留和培育，即湿地生态区和候鸟栖息区。

（2）人工湿地的恢复和建设，即湿地观光区。湿地生态区位于用地的东侧，紧邻阳澄湖，为阳澄湖的入水口，规划宗旨以恢复湿地景观为主，恢复珍稀的湿地资源，以改善水质，降解污染物。布局利用原生的植物群落，采取自然式布置。区内无任何建筑，开放对象以学生、湿地研究工作者及生物爱好者为主，避免过多的开发和人为干预，避免造成更大的污染。候鸟栖息区位于湖中小岛，地理位置优越，受干扰小。湿地是鸟类、鱼类的重要栖息地，许多鱼类和野生动物群体都依靠湿地生存。可通过人工放养，投放食物来吸引当地的候鸟群，为南北迁徙鸟提供食物和栖息地。同时，可在该岛建立湿地鸟类及其湿地生态环境监测系统，进行重要湿地水鸟及其栖息地科学管理模式的探索和试点。

湿地观光区位于基地的西侧，在原有农田的基础上，运用基质—斑块—廊道的景观生态系统格局进行总体布局。以荡、田、泽、林为规划理念，通过对农作物的展示、恢复和利用共同形成“中生—湿生—沼泽、浅水—深水”的植物群落演替过程。“田”以油菜水稻、茶及各种蔬菜形成观光农业景观，展现美丽的田园风光。“水”在滨水区域，营造具有盛泽湖特色的湿地景观，引入盛泽湖湖水。把小溪 50 m 左右的尺度划分成深度不同的“荡田”种植茭白、菱、慈姑、芡实等农作物，将原有用地的个性，通过人工的雕琢展示出来，形成一个以农业观光为主人工湿地景观恢复的大地景观艺术。

（3）道路与河岸线的生态设计。

为使环境污染降到最低，园内道路设计以观光道和六步道为主，观光道通行以无污染的电瓶车和租赁自行车为主，并在各主要景区和景点间设置换乘点和租赁点。位于湿地景观区的道路为控制游人数量，以游步道和木栈道为主，游步道多采用不规则的石板或碎石铺路，中间嵌草皮，尽量做到生态廊道的贯通。木栈道的设计多位于浅水处，高度尽量接近水面，使人与水面既有亲切感又与周围环境相协调。岸边环境是湿地系统与其他环境的过渡，对湿地生态区的岸边环境设计主要运用自然的岸线及原生植物群落。驳岸多以自然升起的湿地基质的土壤沙砾代替人工砌筑，并在水陆交接的自然过渡地带对原有河岸湿地植物群落进行保留种植，恢复湿地河岸线，加强湿地的调节功能，为鸟类和两栖动物类提供生活的环境。

10. 湿地修复与构建技术应用案例介绍——以徐州潘安湖湿地公园采煤塌陷区整治与生态修复为例

1）潘安湖湿地的建设现状

徐州是全国重要的煤炭产地。随着煤矿资源的枯竭，地表发生严重的塌陷。这些塌陷地一直都是政府的“心病”，长期以来政府陆续尝试了各种整治方案，但面对如此复杂的塌陷地环境，效果都不显著。土地的稀缺性和不可再生性，让人们不得不对如此大面积的塌陷地感到惋惜。

潘安湖位于徐州贾汪区西南部青山泉镇和大吴镇境内，为权台矿和旗山矿采煤塌陷区域，因塌陷天然形成大面积坑塘，规划总用地约为 52.87 km^2，分为核心区、控制区两个层次。其中核心区面积约为 15.98 km^2，其外围控制区面积约为 36.89 km^2。它是贾汪区内塌陷时间最长、面积最大、塌陷程度最深的采煤塌陷地。往日的“鱼跃谷香”情景一去不复返，如今的潘安湖早已颗粒无收，环境日益恶化。2008 年开始，在振兴老工业基地过程中，徐州政府为治愈潘安湖塌陷地开辟了一条全新的思路——利用废弃采煤塌陷地兴建生态湿地公园，计划总投资 2.23 亿元建设潘安湖湿地公园，将该地区建成集湖泊、湿地、乡村农家乐为一体的休闲公园，如图 4.17 所示。

图 4.17 潘安湖湿地公园

2）兴建城市湿地公园的思考

（1）资源城市产业转型的战略方向。

贾汪区是一个“百年煤城”，是因煤建矿、因矿建城的资源型地区，煤矿工业是其经济发展的核心支柱产业。随着煤矿的大量开采，矿产资源日益枯竭，煤矿城市面临转型。潘安湖湿地公园的建设正是资源型城市转型的战略方向，将旅游业作为一种新兴产业经济形式，摆脱煤炭城市的“黑色印象”，走向“绿色印象”。

（2）废弃地再利用降低建设成本。

兴建城市公园必然需要征用农田、林地，既不利于农业的发展，又破坏了地域原始的生态环境。土地的紧缺和公园的高额建设成本，都不利于生态、社会、经济效益的提高。

潘安湖今后仍有塌陷的可能性，通过技术分析得出，大部分用地均不适宜建设，仅有少量用地基本适宜建设。通过对塌陷废弃地进行整治和再利用，兴建湿地公园，不但减少了对农田的征用面积和征地费用，而且可以充分利用塌陷地的地形地貌特征，减少了土地的翻、挖和再整理，极大地降低了湿地公园的建设成本。

（3）偿还历史旧债促进生态修复。

贾汪区长期以来不合理的工业布局，生态环境质量严重下降，主要表现为大气质量降低、水污染程度较重，从城市长远和可持续发展的高度来考虑，湿地公园的开发建设不仅是人们对历史旧债的偿还，也是人们提高生态环境质量有效途径。湿地是水体系统和陆地系统的过度，在水分、养分、有机物、沉淀物、污染物的运移中处于重要地位。同时湿地具有生物多样性，调节大气、蓄洪防旱、净化环境等特征与作用，通过科学的资源保护，可以充分发挥湿地重要的环境生态功能，在促进采煤塌陷地整治和生态修复的同时，为城市排污解毒。

3）潘安湖湿地公园建设模式与方向

规划者采用将马庄与潘安湖两者资源共享、优势互补，形成共谋“双赢”的发展方式。一方面，马庄依托湿地公园旅游资源，是未来旅游区旅游者的主要消费基地，是旅游区开发最直接的受益村，餐饮、娱乐类的重点旅游项目将安排在马庄，提高马庄村民的经济生活水平，促使马庄品牌升值，马庄民俗文化得以发扬光大。另一方面，湿地公园需要具有地方特色，塑造自身文化内涵，具有湿地独特自然性的同时拥有丰富文化性，而马庄的“乡村民俗”正是潘安湖湿地公园的文化卖点，将更加突出潘安湖的“乡村湿地”特质。

潘安湖湿地公园本着合理开发湿地资源，实现可持续发展的思想，对整个湿地公园局部开放并进行有效的管制，避免影响和破坏公园内的生态保护区域。充分考虑环境的承载力，通过对建筑高度限高、容量分布、密度控制等方式来控制湿地公园的开发强度。

（1）建筑限高：核心区域新建建筑不宜露出绿化林冠线，建筑高度控制为低层建筑高度，建筑限高 12 m。

（2）容量分布：总体上从控制区到核心区，建筑容量依次降低。核心区大部分区域容量控制在 3～5，局部容量控制在 0.5～1.5。外围控制区最高容量不超过 2。

（3）密度控制：总体上从控制区到核心区，建筑密度依次降低。

4）采煤塌陷区湿地公园生态修复与景观的构建

（1）采煤塌陷区对生态环境的影响。煤炭开采像一把“双刃剑”，一方面给市场经济带来效益；另一方面也给自然环境带来灾难性的影响。采煤形成的塌陷打破了原有的水平衡，地表水带着地面污染物由裂缝进入地下，导致地表干涸，地下水源污染。同时，地表塌陷又破坏了原有自然地形，形成大大小小的水塘、坑地，使原有植被生境遭到破坏，导致生物多样性减少，群落结构趋向单一化，生态系统岌岌可危。

（2）采煤塌陷区兴建湿地公园的意义。有助于塌陷区的生态治理与生态修复，湿地公园不同于一般的滨水公园，它更注重保护环境、营造生态环境内部的循环体系，为人们提供休闲游乐场地的同时，也促进了整个塌陷区的生态修复。从可持续发展角度考虑，塌陷区兴建湿地公园，不仅偿还了历史旧债，还可提高生态环境的质量。

有利于资源型城市产业的转型，煤矿开采业是许多城市的经济核心产业，煤炭资源的大量开采导致资源枯竭，煤矿城市面临资源转型。兴建湿地公园，开展生态旅游业，正是发展新兴产业的一种有效途径，同时还可使原本的生态创伤变为城市的绿肺，告别以往煤城的“黑色印象”。

有利于节约城市建设的成本。城市兴建公园必然需征地，而在如今土地资源紧缺、建设公园成本高昂的现状下，征地既不利于农业经济的发展，也是对原有生态环境的破坏。采煤塌陷地兴建湿地公园，不仅可废弃地再利用，减少征地费用，而且在建设中还可利用塌陷地的地貌特征，减少土地的翻、挖等工序，为湿地公园的建设大大降低成本。

（3）生态修复与景观构建。

①水体修复与海绵城市的构建。

利用多种净化技术，对水质进行处理，涵养水源，使得园区内水源地和主要污染区域形成自我循环的良好生态系统。①植物净化技术沉水植物能够有效沉淀湖水中的大颗粒物；挺水植物与浮水植物的合理搭配能够吸收含氮、磷元素的营养物，防止水体富营养化，抑制藻类生长；同时对重金属离子、有机物污染也有良好的净化效果。合理利用水生植物，可达到净化水质的效果。②太阳能曝氧技术以太阳能为动力，根据水力机械的搅拌提升原理，产生纵向的高速流来充分搅拌湖水，使氧气能均匀分布到整个湖水体，提高水中的溶解氧。通过曝气，加速了生物净化过程，提高水体的自净能力。③ BZT® 净化技术。BZT®净水是现代科技研发的净化技术，完全从自然界中筛选的细菌，采用微胶囊封装工艺及独特酶处理技术配制而成。以 BZT®为核心的“BF 生物修复强化技术”，是景观水治理、河道湖泊生态修复的良好选择。

近年来，国内诸多城市陷入雨季逢雨必涝、内陆“看海”的境地。建设海绵城市，即构建低影响开发雨水系统，主要是指通过渗、滞、蓄、净、用、排等多种技术，实现城市良性水文循环，提高对径流雨水的渗透、调蓄、净化、利用和排放能力，维持或恢复城市的海绵功能。在公园规划时构建“水质净化—蓄滞水—地下水回补”多级多功能湿地系统，形成城市海绵架构体系，保水蓄水可通过透水路面、植草沟、植被缓冲带、雨水花园等实现，不能下渗的超标雨水经过净化再排入湖泊之中。此外，湿地规划时可将场地水系与周围规划水系连通，以此将湿地纳入城市绿地水系生态网，从而扩大海绵体，完善海绵体系，使水源得到一定保障。

②自然植被的修复与设计。

丰富多样的植被可有效改善采煤塌陷地的环境，改善野生动物的栖息环境，改善水质，从而改善整个湿地公园的生态环境。植被规划设计时，应秉持“自然、生态、野趣”的原则，因地制宜地分区设计。如外围植物群落，以速生植物为主，建立植被缓冲区，以减少和隔离外围干扰，同时又可围合空间，增加地方特色；水陆交错群落可种植耐水湿的植物，如枫杨、垂柳、千屈菜、黄菖蒲等；水生植物群落主要由挺水、浮水、沉水、漂浮等植物组成，在净化水质、丰富岸线、恢复生物多样性等方面起到重要作用。简言之，进行植物设计时，应以乡土植物为主，分区域分环境对待，注意林冠线的变化统一，注重植物季相变化，营造丰富多样的植物群落，从而加速塌陷地湿地公园的植被修复。

③湿地景观的营造。

湿地公园不仅有自然保护及修复的功能，还具有湿地的景观及文化展示和科普教育、休闲游乐于一体的综合性功能。设计滨水景观时，充分发掘场地的水域特征，借助原有地形，丰富水面形态，形成可观赏的湖、湾、堤、岛、湿地等多种水面形式，打造丰富多样的水体景观。此外，可在“世界湿地日”“世界水日”“爱鸟周”等生态节日开展科普教育活动，也可通过以湿地或采煤塌陷区生态修复等为主题的文艺活动来吸引人们对湿地及工业废弃地的保护和关注，如举办湿地摄影、湿地诗歌创作比赛等。

4.3.2　堤防工程技术

1. 堤防工程技术介绍

沿河、渠、湖、海岸或行洪区、分洪区、围垦区的边缘修筑的挡水建筑物称为堤防。堤防是世界上最早广为采用的一种重要防洪工程。筑堤是防御洪水泛滥，保护居民和工农业生产的主要措施。河堤约束洪水后，将洪水限制在行洪道内，使同等流量的水深增加，行洪流速增大，有利于泄洪排沙。堤防还可以抵挡风浪及抗御海潮。堤防按其修筑的位置不同，可分为河堤、江堤、湖堤、海堤以及水库、蓄滞洪区低洼地区的围堤等；按其功能可分为干堤、支堤、子堤、遥堤、隔堤、行洪堤、防洪堤、围堤（圩垸）、防浪堤等；按建筑材料可分为土堤、石堤、土石混合堤和混凝土防洪墙等。按其位置，堤防可分为河（江）堤、海堤、湖堤、水库堤及渠（沟）堤五种，见表 4.1。

表 4.1　堤防分类表（按所在位置分）

类别	所在位置	主要作用
河（江）堤	江河沿岸	抵御洪水
海堤	海岸	抵御潮汐、海浪，围海造田
湖堤	湖泊四周	防湖水侵蚀，围垦
水库堤	水库周围	减少水库淹没面积
渠（沟）堤	灌溉渠道及排水沟道两侧	约束水流

按建筑材料，堤防可分为土堤、沙堤、石堤及混凝土堤四种。

（1）土堤：由黏土、壤土筑成，主要建在平原地区江河沿岸、海岸、湖泊四周、排灌沟渠沿岸及水库周边。

（2）沙堤：由沙土或沙砾石筑成，主要建在山区、丘陵区江河沿岸，水库周边、海岸。

（3）石堤：由块石或条石筑成，主要建在海岸、取土困难的江河沿岸及城区河段沿岸。

（4）混凝土堤：由混凝土或钢筋混凝土筑成，主要用于城区河段沿岸。

堤防工程的级别依据堤防工程的防洪标准确定，依据《堤防工程设计规范》（GB 50286—98），堤防工程分为五级，见表 4.2。

表 4.2　堤防工程级别

防洪标准重现期（年）	≥100	100～50	50～30	30～20	20～10
堤防工程的级别	1	2	3	4	5

水利工程堤防部分的隐患多会在水利工程水位高位运行的时候显现出来，由于堤防部分可能存在的裂缝、孔洞、软弱带未及时发现或发现未及时进行维修，造成堤防在高水压作用下出现渗漏甚至河岸决堤的情况，所以对于堤防部分可能存在的裂缝、孔洞、软弱带若不及时处理，其后果非常严重，造成这种隐患的主要原因是堤防建设过程中分段逐年填筑，施工技术差、标准低，加之就地取材，而材料不一定能满足堤防建设要求，最终出现堤防软弱不实，内部空隙、裂缝、软弱带存在较多。

在水利工程堤防施工期间，土料作为堤防施工的基础，会直接影响堤防结构质量，在对其进行选择时要严格依照相关标准规范进行，避免因为土料质量造成堤防施工存在质量隐患，在选择土料时要遵循以优质土换软弱土的原则，充分提升填土稳定性，避免后期沉降问题的出现，在具体施工过程中要尽量采用机械化就地作业，以便提升工程建设效率，同时降低土料不必要的损耗和成本。

2．堤防工程施工主要包含以下几种技术手段

1）防渗漏帷幕灌浆施工技术

这一技术要受到很大的限制，而且在土壤岩石颗粒比较大的区域及沙砾石土质中更为适用，还应根据水利工程的地质条件，决定具体的施工工艺。使用这一技术开展工作时，需要将规定面积的帷幕埋在土层表层的标准深度内，这样才能很好地固定上层建筑及大坝主体。由于帷幕本来就具有较好的防渗水功能，因此需要结合表面孔眼数量的多少，来确定是使用双排孔还是多排孔，依照一定的次序将泥浆灌注到各个孔眼内，然后再进行幕布的固定。

2）混凝土防渗漏墙施工技术

与其他防渗漏施工工艺相比，混凝土防渗漏墙施工技术的难度尤其高，且这部分施工一般都属于地下隐蔽工程，因此实际施工期间可能需要面对各种各样的安全隐患。虽然这项工作的危险系数较高，但是这一工艺也有着自身的显著优势，如施工的环保性强、不易产生污染和噪声、对施工现场周围的环境不会产生恶劣影响等，而且这项技术在各种地质条件下都能够使用，且墙体的均匀性及载重性能也较好。

3）卵砾石层的防渗漏帷幕灌浆技术

此技术采用黏土和部分水泥浆液两者相互融合来进行灌注施工。其与岩石中的灌浆施工相比，具有很大的差异性，卵砾石层的防渗漏帷幕灌浆很难形成钻孔，一般采用套阀式或循环式钻灌阀等方式。此外，水利工程施工通常都在地质条件较差的地域进行，受水流影响很大。在这样的双重影响下，工作人员无法科学控制浆液的填充范围，经常会产生超范围及范围不足等问题。因此，为了更好满足施工标准，一定要采用超过三排的灌浆孔。

4）劈裂灌浆防渗漏施工技术

这一技术的主要工作原理是借助外界的强压力，让大坝坝体能够顺着轴线的方向完成有规划性的劈裂，然后再对这一部分进行浆体灌注操作，完成这项工作能够很好地控制切断软弱层、裂缝范围、裂缝深度。水坝坝体发生严重渗漏时，还能使用全孔灌注的方法，产生平衡应力，有效解决了坝体渗漏及坝体变形问题。

3．填筑施工

1）清理堤基

在堤防施工过程中要充分保证堤防结构的稳定性，而堤基作为堤防建设基础，在建设之初要注意对其进行清理，从而保证堤防施工的顺利进行，在清理过程中要严格依照工程建设标准进行清理，要有确定的堤基清理范围、目标、进度、质量控制措施，防止影响后续工程建设内容。

2）填筑土堤

堤基清理完工后，要及时采用后推法进行土堤填筑，采用自卸汽车运输土料，到位后使用推土机进行摊铺，摊铺过程中要对煤层土料摊铺厚度进行控制，特别是堤边部分，要摊铺超过设计边线，以便后续进行整形处理。

3）铺料施工

堤防施工进行需要铺料，要将其中的透水料、沙砾料、黏性土料进行清理剔除，避免混入其中，在材料准备完成后再将压实层光面刨毛，检查含水量，保证满足工程建设要求，在具体施工过程中各种要对沙砾料厚度进行控制，可采用重型振动碾。

4．堤防工程技术应用——以汉江堤防工程为例

1）汉江堤防工程现状

（1）堤防安全隐患较多。

湖北省汉江河道管理局管辖的汉江下游河道长 237 km，堤防共 441 km。除全长 55 km 的汉江遥堤于 2009 年经过加高培厚为一级堤防外，其余汉江堤防工程都处于二级或三级水平。这些堤防在建设时多采用分段逐年填筑，就地取材，历史上由于施工技术差，导致土堤碾压不密实，存在内部孔隙、裂缝多，抗渗能力差等现象，且由于年久失修，多段堤防处于不达标状况，在高水位时，易导致漫堤或决堤。

（2）堤防管理手段方式落后。

当前，我国的水利工程建设管理机制还不够完善，管理手段比较落后。汉江堤防护岸管理主要以建设、审批以及处理违法行为为主，以维修为目的的汉江下游堤防除险加固工程从 2003 年计划至今一直未得以实施。加之堤防管理“多龙治水”，国土、交通、城建、环保、水利及渔业等部门都对河道管理负有责任，导致管理混乱。另外，汉江堤防管理信息化技术发展迟缓，技术落后，堤防管理缺乏有效的监控手段。

2）堤防工程施工

（1）堤防工程材料选择。

汉江堤防多为土堤，因此选取的主要工程材料为土料。土料是影响汉江堤防建设的重要因素，土料的质量奠定了堤防结构的质量，应避免选用不合格的土料。土料的选择应遵循就近选择优质壤土，提高填土的稳定性，避免工程发生沉降。工程施工中堤基开挖应尽量采用机械作业，一方面可以大大提高施工效率；另一方面能够大大节省施工成本。施工辅料选择也要严把质量关，严禁其他透水料、沙砾料、黏性土料和杂质混入。

（2）堤防工程施工要求。

填筑施工是堤防建设的重要环节，它决定了整个堤防工程的结构质量。同时，填筑施工也是水利工程技术应用最广泛的阶段，对施工人员的专业素质要求也比较高。一是清理堤基。要严格按照施工标准，在设计基面基础上宽出 30～50 cm 进行清理。二是尽量采用后推法进行施工，控制每一层铺土厚度达 30 cm 为宜，当铺料填至堤边时，需要超出设计边线 30 cm。填筑铺料时，还要先将压实层的压光面层刨毛，控制其含水量。沙砾料的铺填厚度要求在 30～35 cm。

（3）堤防工程防渗处理。

在堤身孔隙、裂缝多，土质条件不好，历史上发生过管涌漏洞险情或对堤防标准要求高的堤段，还要以锥探灌浆或建防渗墙进一步加固。锥探灌浆时要选用成浆较高、收缩率较小、稳定性较好的粉质黏土或重粉质壤土深入堤基 1.0 m 左右灌入，并按锥孔间、排距 1.0 m，呈梅花状布置。防渗墙施工就是利用水泥作为固化剂，通过特别的深层搅拌机械，在堤基深处就地将软土和泥浆（浆液和粉体）强制搅拌后，水泥和软土将产生一系列物理—化学反应，使软土硬结改性。施工中水泥土材料配比以 12%～15%的比例控制。

3）堤防工程质量控制

（1）建立完善的施工责任体系。

在堤防工程施工中，要建立完善的施工组织机构，落实施工责任，确保堤防工程建立高效有序进行。施工项目部，是堤防工程建设的第一责任单位。要选择优秀的管理团队和经验丰富的施工技术人员组建成立施工项目部，及时做好施工准备、图纸会审和技术交底工作。施工项目部中各个部门要明确职能与职责，总工程师要有丰富的管理经验和技术能力，确保每一环节的施工质量。还要积极协调好各相关方的关系，施工过程中要严格按照施工要求，完善工程质量保证体系。

（2）严格进行图纸会审。

施工前，要求各技术人员全面审核施工图纸，及时发现并纠正图纸中存在的技术与质量问题，各工作人员熟悉图纸后，对设计交底中的施工工序认真研究、科学处理，确保施工的有序进行。图纸会审要求多方参与，征求各相关方的建议意见，优化设计目标和施工技术。

4.3.3 盐碱地治理技术

盐碱地是指土壤里面所含的盐分影响到作物的正常生长。盐土主要指含氯化物或硫酸盐较高的盐渍化土壤，土壤呈碱性，但 pH 不一定很高。碱土是指含碳酸盐或重磷酸盐的土壤，pH 较高，土壤呈碱性，盐碱土的有机质含量少，土壤肥力低，理化性状差，对作物有害的阴离子、阳离子多，作物不易促苗。根据联合国教科文组织和粮农组织不完全统计，全世界盐碱地的面积为 9.543 8 亿 hm^2，其中我国为 9 913 万 hm^2。我国土地碱化度普遍较高，严重的盐碱土壤地区植物几乎不能生存[11]。

1. 盐碱地的形成原因

盐碱地可以分为轻盐碱地、中度盐碱地和重盐碱地。轻盐碱地是指出苗率在 70%～80%，含盐量在 3‰以下；重盐碱地是指含盐量超过 6‰，出苗率低于 50%；中间这块就是中度盐碱地（用 pH 表示为：轻度盐碱地 pH 为 7.1～8.5，中度盐碱地 pH 为 8.5～9.5，重度盐碱地 pH 为 9.5 以上）。

我国盐碱土分布区是根据其土壤类型和气候条件变化决定的，分为滨海盐渍区、黄淮海平原盐渍区、荒漠及荒漠草原盐渍区、草原盐渍区四个大类型。各种盐碱土都是在一定的自然条件下形成的，其形成的实质主要是各种易溶性盐类在地面作水平方向与垂直方向的重新分配，从而使盐分在集盐地区的土壤表层逐渐积聚起来。主要形成原因有以下几个方面。

（1）气候条件。在我国东北、西北、华北的干旱、半干旱地区，降水量小，蒸发量大，溶解在水中的盐分容易在土壤表层积聚。夏季雨水多而集中，大量可溶性盐随水渗到下层或流走，这就是“脱盐”季节；春季地表水分蒸发强烈，地下水中的盐分随毛管水上升而聚集在土壤表层，这是主要的“返盐”季节。东北、华北的半干旱地区的盐碱土有明显的“脱盐”“返盐”季节，而西北地区，由于降水量很少，土壤盐分的季节性变化不明显。

（2）地理条件。地形部位高低对盐碱土的形成影响很大，地形高低直接影响地表水和地下水的运动，也就与盐分的移动和积聚有密切关系。从大地形来看，水溶性盐随水从高处向低处移动，在低洼地带积聚。盐碱土主要分布在内陆盆地、山间洼地和平坦排水不畅的平原区，如松辽平原。从小地形（局部范围内）来看，土壤积盐情况与大地形正相反，盐分往往积聚在局部的小凸处。

（3）土壤质地和地下水。质地粗细可影响土壤毛管水运动的速度与高度，一般来说，壤质土毛管水上升速度较快，高度也高，沙土和黏土积盐均慢些。地下水影响土壤盐碱的关键问题是地下水位的高低及地下水矿化度的大小，地下水位高，矿化度大，容易积盐。

（4）河流和海水的影响。河流及渠道两旁的土地，因河水侧渗而使地下水位抬高，促使积盐。沿海地区因海水浸渍，可形成滨海盐碱土。

（5）耕作管理不当。有些地方浇水时大水漫灌，或低洼地区只灌不排，导致地下水位很快上升而积盐，使原来的好地变成了盐碱地，这个过程叫作次生盐渍化。为防止次生盐渍化，水利设施要排灌配套，严禁大水漫灌，灌水后要及时耕锄。

2. 盐碱地治理技术

盐碱地治理要成功，必须综合考虑土壤的含盐量和酸碱度、土壤盐分的构成、土壤的透水情况、地下水位的高低、灌溉水的矿化度和酸碱度、种植适宜作物以及合理控制改良成本等诸多因素。比如同样含盐 5‰的盐碱土壤种植棉花，在以硫酸钠为主的内陆盐碱地，代表地新疆，棉花产量可以达到中产或高产的水平，而在以氯化钠为主的滨海盐碱地，代表地山东东营，棉花产量几近绝收；再如用同样的水量冲洗盐碱地，对土壤透水性好的地块改良效果远远好于土壤透水性差的地块。上述情况决定了改良盐碱地必须因地制宜，采用综合措施才能实现盐碱地的有效改良[14]。盐碱土形成的根本原因在于水分状况不良，所以在改良初期，重点应放在改善土壤的水分状况上面。一般分几步进行，首先排盐、洗盐、降低土壤盐分含量；再种植耐盐碱的植物，培肥土壤；最后种植作物。具体的治理方法包括：

1）水利改良措施

地下渗管排盐是耕地盐碱化改良的常用方法之一，它基于“盐随水来、盐随水去”的水盐运行规律，通过铺设暗管将土壤中的盐分随水排走，并将地下水位控制在临界深度以下，达到土壤脱盐和防止次生盐渍化目的。渗管铺设一般为水平封闭式。一级管和二级管相结合。一级管的渗入水汇入二级管中，然后流入污水管排走。若污水管道埋的深度较浅不能自行排泄渗水，可在二级管末端设集水井，定期强排。渗灌埋设深度、间距、纵坡等参数主要取决于耕地作物种类、土壤结构、地下水位埋深及气候等。

（1）明渠工程。明渠排水一次性投入较低，收效快，但占地多，土方工程量大，由于排水沟一般很深，沟道边坡含水量高，边坡容易滑塌，沟道淤积严重，因此一般边坡陡于 1∶2 的沟道，必须采取生物和工程防护措施固坡。同时管理养护要求高，维修需要劳动力多，劳动强度大，所以明渠排水以在边坡土质较好不易滑塌，地下水位相对低一些的地段和人少地多的地方采用。用明渠排水时，沟道级数视排水渠的实际情况而定，不一定毛、农、斗、支、干沟都齐全。在地下水流不畅，水质较差、盐碱较重，同时还有洪涝危害的平川的坡地及二级台地上，为了兼顾排洪、排涝排盐和控制地下水位，需要健全干、支、斗、农、毛配套的深沟排水系统。同时，根据灌区土质情况一些地方在田间布置浅沟，骨干排水沟则采用明沟。

（2）暗管排水。暗管排水是利用管道集流排水，既可解决深沟占用耕地多，排水沟道边坡容易坍塌堵塞的问题，也可利用机械开挖铺设管道，降低地下水位，达到高标准治理盐碱地的目的。管道先用硬塑料抗酸水泥管、混凝土管等。暗管排水系统质量好，维修养护费用少，使用寿命长，治理一片成一片，治理增产效果好，但是一次性投入大，技术要求高。

（3）暗管明沟结合排水。这种形式适用于地下水位较高，耕地土壤黏土含量大，劳动力少的地方，如赤金镇。一般为干、支明沟排，斗渠暗管排水，克服了明沟暗管两者的缺点。

（4）竖井排水。一般适用于井灌区和河滩地。打井抽取地下水进行灌溉和洗盐，既淋洗了土壤表层的盐分，同时也能降低地下水位，一举两得。如果抽排的井水不利于灌溉，则可将抽排的井水集中到明沟流入选定的排泄区。另外，井排灌还可与明沟相结合，组成一个灌排系统齐全的稳产高产灌区。实行地表水、土壤水和地下水统一调节控制，成为一项综合治理旱涝、盐碱的有效措施。

井排措施一般在土壤透水性较好的地方采用。其井的布置形式通常有两种，一种是在一定面积上要排水时，就均匀地布置或采用梅花形群井，以降低整个面积上的地下水位；二是如遇到地下水有补给来源的地方，又需要截断来流时，可呈线形布置。

2）农业措施

（1）平田整地。平整土地可以消除局部洼坡积盐的不利因素，使水分分布均匀下渗，提高降水淋盐和灌溉洗盐效果，可有效防治土壤斑状盐渍化。

（2）深耕深翻。深耕深翻有疏松耕作层、破除犁底层、降低毛管作用，并能提高土壤透水性和保水性。因此，对盐碱地深耕深翻后，可以加速土壤淋盐，抑制土壤水和地下水的蒸发，防止底层盐分的向上运行而导致表层积盐。

（3）增施有机肥料。合理施用农家肥，以肥改盐是增加土壤有机质达到改良和培肥的措施。这不仅可改善土壤结构，提高土壤的通透性和保蓄性，减少土壤蒸发，还可促进淋丰田，抑制返盐，加速脱盐。

（4）客土压碱。客土就是换土，客土能改善盐碱地的物理性质，有抑盐、淋盐、压碱和增加土壤肥力的作用，可使土壤含盐量降低到不致危害作物生长的程度。

（5）压沙改良。盐碱化程度较轻的土壤，每公顷拉 50～70 m^3 沙土，掺入耕层，防止返盐。

3）生物措施

（1）调整农业结构。目前，盐碱地区农业结构中，林、牧业所占比重较小，不利于生产的可持续发展。地多人少的地方，可集中力量种好基本农田，利用旱薄田植树造林，种植绿肥牧草，通过发展林业、畜牧业增加肥源，为培肥地力创造条件。

（2）因地制宜布局作物。盐碱地的作物品种和种植方式，要符合盐碱地特点，根据当地气候条件，选用耐盐、耐瘠薄、耐干旱的作物种类和品种，以利于恢复和提高地力。选种耐盐作物有大麦、棉花、甜菜、向日葵以及草木樨、田菁等绿肥作物，均比较耐盐，可在盐碱地上适当种植，并在种植过程中继续改良土地。

4）化学改良措施

碱土因含有碱性盐类如碳酸氢钠、碳酸钠，直接危害作物生长，或因土壤复合体代换性钠含量高于 15%～20%，造成土壤结构破坏，通透性降低等，需要进行化学改良。最常用的是施用石膏（硫酸钙），使钙离子代换钠离子，变碱土为含硫酸钠的盐土，再经过灌溉冲洗得到改良。有些地方施用糠醛渣，也取得一定的效果。每公顷施石膏 15 t 左右，做基肥一次施入，也可结合当地实际重点施在耕地碱斑的改良土上。

5）防治措施

对盐碱地来说，防是前提，治是基础，对现有的盐碱地主要是治理，同时也要防止继续发展扩大，未出现次生盐碱地的灌区则主要是防止。其具体措施有以下几种。

（1）今后新建灌区在规划设计中，应该先把排水工程列入计划，同等对待，排水工程稍后施工，防止有灌无排的现象，防止次生盐碱地的产生。

（2）大力推行增产灌溉技术，提高现有灌区渠道的防渗能力，有效降低地面水位，增加产量，严防在现有的灌区再产生次生盐碱地。

（3）重视和加强现有排水工程管理。新建排水系统工程时要为管理创造条件，如明确管理组织机构，修建管理设施，划给一定生产生活用地，划定干、支沟两侧保护区等。

（4）新建盐改排水工程时，要同时考虑灌溉系统的改建，防止出现排水畅通而灌溉不便的问题。

（5）地表水、地下水联合运用：这是预防灌溉土地次生盐碱化的一条成功经验，通过渠灌区水盐动态的监测预报，可及时掌握土壤次生盐碱化发展的信息，以便采取相应的预防对策。

3．盐碱地治理相关技术应用实例——山东省无棣县盐碱地综合治理、改良措施与成效

1）土壤盐碱化的成因及影响因素

无棣县的盐渍化土壤面积为 26 525.6 hm^2，占全县耕地面积的 35.83%，这些盐渍化土壤产量低而不稳，不仅使农作物产量大大降低，还会严重制约无棣县农村经济的持续发展。

盐碱地的形成是生态条件恶化的产物，既有大的区域性地质、气象因素，又有局部微地貌、土壤、水文因素。据县志办公室查阅有关史料记载，无棣县的海啸多与暴风雨有关（大风伴随大雨，形成海溢）。中华人民共和国成立后有 4 次海啸，其中 1979 年 2 月 21 日，东北风 10 级，海啸随风而来，毁掉盐田 10 万亩，食盐 6 万 t，海盐使海水回潮，淹没土地。原来已逐年自然淋洗脱盐的滨海区，又重新强烈盐化，同时地下潜水高矿化。由海水直接带到土体盐分，暂称为原生盐渍土，其特点是剖面上下盐分均匀，都很高。当然，海啸过后，又由天然降雨及淡质地下潜水的冲淡等作用，徐缓进行脱盐过程。这种周期性变化是滨海盐土的特点之一。

在地下水位、气候因素相同的条件下，土壤积盐量与进入土体中的矿化度之间呈正相关，即无论是土体内或表层土壤中的含盐量均随地下水矿化度的增加而相应增加，所以降低地下水矿化度是减轻盐碱化的重要措施。

耕层土壤有机质有抑盐作用，且随其含量的增加抑盐作用也加强，说明耕层土壤熟化程度越高，抑盐作用越强，这种作用主要是因改变土壤物理性状所致。一般耕作土壤，当有机质含量在 15 g/kg 以上时方能起到抑盐作用。

黏土夹层显著影响毛管水的运行，是其质地细腻、孔隙小、吸附性强而导水率低，所以水分运行速度降低，蒸发速度降低，积盐减轻。黏土层的抑制作用随黏土层的增加而加强。当厚度相同时，黏土层的抑制作用随其层次的升高而加强。

2）治理前盐碱化土壤养分状况

盐碱化土地的土壤有机质和全氮含量在全国土壤养分含量分级标准中处于较低水平，有机质含量平均为 6.3 g/kg，全氮含量为 0.62 g/kg，速效磷含量仅为 5.12 mg/kg。相对来说，钾素含量比较丰富，平均为 83 mg/kg，这与成土母质钾素丰富有关，作物秸秆焚烧，有机质和氮在燃烧过程中遗失，而钾素则保留于草木灰中而返回土壤。盐碱化土壤物理性状不良，表现为“板、硬、生、冷”，即土壤板结，容重大，透性差，土壤微生物少，低温偏低，不利于淋洗盐分和抑制盐分。

遭受盐碱化危害的土壤，表层土层营养物质缺失，造成土壤板结、贫瘠，拿苗困难，产量低，不利于作物生长，但是大部分盐碱地如果加强改良，便可以变为良田。如果不加强开发利用不仅造成耕地资源的浪费，也会使土壤土质持续恶化，盐碱化面积不断扩大，造成农业生态环境破坏。开发利用盐碱地不仅可以扩大耕地面积，增加单位面积产量，从而提高粮食产量，缓解粮食危机，而且可以扩大绿化面积，改良生态环境，改善人们生活。随着盐碱地改良利用技术的提高，人们还可以从盐碱地中获得各种化工原料、食品和燃料。

3）盐碱化土壤改良措施

（1）完善排灌水利设施工程技术。

黄河三角洲为典型的入海口三角洲，坡降小，地表平缓，自然泄水能力低，且地下水位高，矿化度大，土壤盐渍化与地下水位直接相关，因此，农田工程建设是综合治理的基础和前提，主要目的是实现区域脱盐和土体脱盐。通过工程措施，有效降低和控制地下水位，从而抑制土壤返盐，提高自然降水和人工灌溉的脱盐效果，增强土地抗涝性能。

（2）采用合理的耕作技术。

通过采用合理的耕作技术，达到局部改良盐碱地的目的。一是平整土地。这是农田水利工程得以充分发挥作用的基础，同时也是灌水冲洗压盐的需要。二是平底挖沟压盐碱。适用于地下水位高、面积大的轻中度盐碱地。三是高筑台田。一般高出地面 1.8～2.0 m，宽度在 30 m 左右，长度根据实际情况而定，台田两侧要有比较大的引、排水沟，并与外围主引、排水沟渠相通，做到旱能引、涝能排、碱能改。

（3）选择种植耐盐作物。

在有足够水源的盐碱地，可选择生物耐盐力高于 0.3%的植物种植。甜菜、向日葵是强耐盐植物，在内陆盐碱地可耐 0.4%甚至 0.5%以上的耕作层土壤盐分，高粱、棉花、苜蓿为较强耐盐作物，在内陆盐碱地可耐 0.3%～0.4%的盐分。

（4）推广以肥改盐碱技术。

在进行水利改良工作中，必须要适当添加有机物质，进而对原有土地的结构进行改良，并可以有效抑制返盐现象发生。在施用大量有机质的基础上，还可以增施化学酸性废料过磷酸钙，使盐碱土 pH 降低，同时磷素能提高植物的抗性。

4）综合治理取得的成效

通过多年的治理，无棣县盐碱化土地基本得到了控制，盐碱化面积大幅减少，盐碱程度也大大减轻。通过一系列改良措施，全县水、肥、土、农、林等条件有了很大的改变，取得了显著的生态效益和经济效益。

（1）土壤盐分显著减少。

经过多年的综合治理，土壤脱盐效果显著，尤其是耕层脱盐更为明显。

（2）土壤养分显著提高。

治理前无棣县盐碱化土壤土质瘠薄，除速效钾外，有机质、氮素、有效磷均较低，经过多年的改良，盐碱化土壤的养分状况有了明显提高。

土壤有机质、氮、磷、钾是影响作物产量的主要因素，土壤中养分含量高，潜在肥力丰富，作物越容易达到高产。治理前粮食单产为 326 kg，棉花（皮棉）单产为 65 kg，治理后粮食单产提高到 450 kg，棉花（皮棉）单产提高到 86 kg，改良后土壤的生产能力大大提高。

（3）盐碱化土地资源的可持续利用。

多年来，无棣县投入大量资金、技术，对盐碱化土地进行了综合治理，大面积盐碱地得到改良，耕层土壤盐分大幅下降，作物产量不断提高，农业面貌发生了巨大变化。但新形势下，随着社会经济和农业生态环境的发展，继续研究盐碱地开发利用仍然具有深远意义。

5）现有盐碱地的开发、利用缺乏统一规划

据多年连续监测资料显示，本区域 2 m 下土体盐分总量并未减少，只是盐分下移的再分配。由于无棣县的气候与地理环境比较特殊，土壤发生盐碱化是无法避免的，尤其是遇上洪涝年，或者管理调控不合理，都会增加返盐的概率。

盐渍土的改良，主要采取的措施是水利和农业相结合，且这一措施已经被运用于实践中，效果很好，被农民群众接受，带来了更好的生态、社会及经济效益。但是，由当地现有水利措施的限制，导致这一措施仍存在许多问题。一到旱季，多数农民利用引黄灌溉，在渠道没有良好衬砌的情况下，大水漫灌，导致地下水位上升，进而出现土壤次生盐渍化现象的发生。

无序的开发、粗放的经营都会加剧环境的恶化。重治理轻保护，导致已经治理改良的盐渍土重新发生盐渍化。盐碱化土地资源的可持续利用主要包括以下几个方面。

（1）合理开发利用盐碱地资源。

土地盐碱化的原因有很多，其中包括自然因素、人为因素两个方面。根据黄淮海地区盐碱化土地的成因，继续加强盐碱化地区水盐运动的监控，及时调整措施，因地制宜，因时制宜综合利用。

（2）推广以肥改盐碱技术。

在实行水利改良的同时，增加有机质和养分投入，增加有机质可以改善土壤结构，抑制返盐，利用淋盐。在使用大量有机质的基础上，还可以增施化学酸性废料过磷酸钙，可使盐碱 pH 降低，同时磷素能提高植物的抗性。施入适当的矿物性化肥，补充土壤中氮、磷、钾、铁等元素的含量，有明显的改土效果。

（3）优化作物配方施肥。

测土配方施肥是根据不同类型的土壤肥力状况、土壤供肥特点、作物需肥规律和肥效试验结果，提出合理的施肥配方，按照合理的原料配比和采用相关工艺生产养分齐全的配方肥料。通过开展测土配方施肥，可以合理地确定施肥量和肥料中各营养元素比例，有效提高化肥利用率，有效地控制化肥投入量及各种肥料的比例，减轻环境与资源的负担，达到降低成本、增产增收的目的。另外，测土配方施肥还可以培肥地力、保护生态、协调养分、防治病害、对有限肥源合理分配等。

4．盐碱地治理相关技术应用实例——吉林省西部盐碱地治理技术

1）吉林省西部盐碱地概况

吉林省西部地区横跨四平、松原、长春和白城四个行政区，包括通榆县、镇赉县、洮南市、大安市、洮北区、农安县、双辽市、公主岭市、梨树县、前郭县、长岭县、宁江区、扶余市、乾安县等 14 个县（市、区）。吉林省西部地区与辽宁省昌图连接，西与内蒙古自治区兴安盟相接，北以嫩江为界，与黑龙江省毗邻。吉林省西部地区是生态环境脆弱区，总土地面积为 4.34 万 km^2，占全省总面积的 23.15%，湿地面积较大，有辽阔宽广的草原，此区域内地势低洼，光、热条件较好，是农牧业发展潜力较大的地区，也是吉林省重要的商品粮基地。

吉林省西部地区属于温带大陆性季风气候，春季干燥多风，夏季温热多雨，秋季昼夜温差大，冬季寒冷少雪。该地区干旱指数在 1.0～2.6，属于干旱半干旱地区，年均降水量为 407 mm，降雨多集中在 6—8 月，占全年降水量的 74%，分布极不均匀。年径流深不足 10 mm，年径流系数在 0.05 以下，是全省年径流深最小的地区。年均日照时数 1 919.4 h，年均气温 4.9℃，多年平均蒸发量大于 1 000 mm。该地区大风日数较多，年均 8 级以上天数为 24 d。

吉林省西部地区地处平原，土地辽阔，地下水资源丰富，但土壤盐碱化较重，属于碱性土壤，是世界三大苏打盐碱土分布区之一，其盐碱地土壤类型主要分为草甸碱土、草甸盐土、盐碱化土壤等，pH 多在 7.32～9.80。土壤结构性质恶劣，一般在上地表为轻壤土或中壤土，向下为重壤土或黏土，土壤坚实，孔隙度较低，土壤透水性极弱，耕作阻力和淋洗盐分难度较大。由于土壤盐化过程伴随有碱化过程发生，所以土壤肥力普遍不高。为了增加吉林省粮食产量，提高人民生活水平，治理、开发、改良吉林省西部盐碱地势在必行。

2）盐碱地治理技术

由于途径不同，吉林省西部盐碱地治理措施有物理改良措施（深耕土壤、作物轮作、合理灌溉等）、化学改良方法、生物改良措施（种植耐盐农作物）、水利工程措施（包括洗盐排盐、暗管排水洗盐等）等，一般都是多种土壤改良措施相结合。

（1）物理改良技术。

物理改良技术也就是采用一些物理方法，诸如采用深耕深松土壤、客土压碱等进行盐碱地改造，以此达到改良盐碱地并加以利用的目的。平整土地是改良盐碱地的一种简单易行的基础工作方法，能够减少地表径流流失，提高雨水洗盐和灌水洗盐的效果，同时能够有效地防止洼地受淹、高处返盐现象的发生。深耕深松可以破坏碱化土壤的结构，使紧密的土层结构变得疏松多孔，有利于盐分的淋洗。研究表明，深耕深松能够有效降低轻度和中度盐碱地的土壤体积质量、pH 和含盐量，明显改善盐碱地土壤的理化性质。在深耕深松及平整土地的同时，向盐碱地添加有机肥，能够增加土壤腐殖质的含量，提高土壤肥力，改善土壤质地结构，减少水分的蒸发，促进盐分的下渗，增强土壤中微生物和酶的活性，产生多种有机酸，降低土壤 pH。

客土即换土，也就是使用质地好的土壤或人工土壤置换原生土，在置换土壤中添加纤维材料和土壤改良剂，增加土壤中的有机质，增强土壤的团粒结构和土壤的稳定性。该方法主要应用于盐碱斑迹的改良以及改善盐碱地的理化性状，能够起到抑盐、返碱和增强土壤肥力的作用。

随着现代农业机械化的发展，农作物秸秆粉碎还田后对盐碱地的改良效果也引起了研究人员的关注，秸秆粉碎覆盖成为改良盐碱地的一项措施。粉碎的农作物秸秆将原土覆盖之后，能够减少土壤中水分的蒸发，有效地抑制了土壤盐分表聚现象的发生，同时增加热量，降低地表温度，进一步降低水分蒸发，从而起到改良盐碱地的效果。该项措施既能节水又能培肥改土，是一项综合治理措施。随着这种生态而又无污染的改良措施的出现，其在盐碱地治理方面必将发挥更大的作用，除了利用粉碎后的农作物秸秆进行覆盖，还可以利用地膜覆盖和水泥硬壳覆盖来进行盐碱地的改良。

（2）化学方法改良技术。

化学方法改良技术就是通过一些酸性盐类（硫酸钠等）物质来中和碱性土壤，改良盐碱地的物化性质，降低土壤的 pH，增强土壤中阳离子的替换能力，降低土壤的含盐量，激发土壤中微生物和酶的活性，促进植物根系的生长。国外学者研究表明，碱化土壤需要加入含钙物质来进行改良，国内外已经出现了采用石膏改良碱化土壤的先例，并取得了较大的成功。事实表明，石膏对碱性土壤具有很好的改良效果，碱性土壤中的碳酸钠被置换，形成石灰和中性盐类，缓解了土壤碱性，同时钙离子可以代换土壤中的钠离子，从而能够改善土壤的物理性状。

在石膏改良盐碱地的基础上，中国科学院东北地理与农业研究所创新了改良模式，形成了“磷石膏+抗盐碱水稻新品种+超密植栽培”的集成技术模式。每年春季，针对中度和重度盐碱化土壤，在翻耕之前，施用磷石膏，使其与稻田表层土壤均匀混合，再放水泡田种稻。此项措施在降低 pH 的同时，还能补充土壤中的磷元素和硫元素，降低改良成本。除磷石膏外，柠檬酸渣以及硫工业中排出的脱硫石膏等同样可以用来改良盐碱地，而且效果显著。

（3）生物改良技术。

种植水稻改良盐碱土在我国具有悠久的历史，实践表明，盐碱地开发种植水稻是一项成功的土壤改良措施。种植水稻能够排除土壤盐分，减少地表水分的蒸发、防止土壤表面积累盐分，还可以降低地下水位，降低土壤的 pH。吉林省在种稻改良盐碱地土壤方面进行过深入的研究，中国科学院东北地理与农业生态研究所培育的抗倒伏、耐盐碱、耐寒抗冻等综合性状优良的超高产水稻——“东稻 4 号”，尤其适用于吉林省白城和松原地区盐碱地种植，大面积盐碱地种稻不仅能够增加农民收入，而且可以达到改良盐碱化土壤的效果。建立人工草地，恢复植被覆盖，在轻度和中度盐碱化土壤上种植优良牧草，如菌蓿、羊草、野大麦等，可以减少水分蒸发、吸收地表盐分、改良土壤性状。菌蓿为优良豆科牧草，根系发达，具有根瘤，能固定土壤空气中的氮素，根系分解腐烂后，可提高土壤肥力，改良土壤。羊草又名碱草，具有非常发达的地下横走根茎，其耐寒、耐旱、耐碱性较强，可群生于盐碱地。野大麦耐寒冷，适于微碱性土壤种植。在吉林西部充分利用盐碱地湖泡水资源的优势，利用嫩江洮儿河、霍林河等河流的汛期洪水，灌泡蓄水，通过肥水灌田肥沃土壤，形成湖泡养鱼、岸边种稻、育苇治碱相结合的开发模式。其中，在盐碱化湿地种植芦苇是治理、利用盐碱化土地的重要措施和有效途径，其强大、发达的根系在生长过程中可吸收大量的盐分；灌泡养鱼可以充分利用水资源，既可以通过河流排洪，淋洗地表盐分，又能带来经济效益。

（4）水利工程措施。

盐碱地的治理有一种运动规律——“盐随水来、盐随水去”，即把水灌到地里，在地面形成一定深度的水层，使土壤中的盐分充分溶解，再通过排水设施将溶解的盐分排走，从而降低土壤的含盐量，达到土壤改良的目的。

采用淡水资源灌溉治理盐碱地是一项重要措施，由于淡水资源十分短缺，所以，通过寻求其他水资源来进行灌溉治理是一个新的方向。近年来，用以灌溉治理盐碱地的水资源多为劣质水，包括微咸水等，这不仅缓解了水资源短缺的局面，也有利于盐碱地的治理，提高农田的粮食产量。采用微咸水灌溉治理盐碱地，其中盐分是有一定限制的，通常采用的灌溉方式有喷灌和滴灌。喷灌多选择在夜间进行，以水能渗下、不产生径流为宜，均匀地灌溉农作物，提高产量。滴灌是将具有一定压力的水缓慢而均匀地滴入植物根部附近土壤，在盐碱地多采用膜下滴灌技术，不仅能够提高氮磷肥料的利用率，而且能够减少水分损失，缓解土壤盐碱化。

灌排工程如暗管排水、井灌井排等措施能够减轻盐碱化的程度，加速排出土壤和地下水中的盐分，同时可以控制地下水位处于不致使土壤积盐的深度，并能及时排出积存的涝水，满足作物的生长需求。

井灌井排是改善低洼易涝盐碱地的一种措施，它是利用水泵从机井内抽取浅层地下水，降低和控制地下水位，防止土壤返盐，同时达到除涝洗盐的目的。而暗管排水则是利用地下管道排除土壤中多余水分和盐分的排水技术，土壤中多余的水分通过管壁滤水微孔渗入管内排走，加速土壤脱盐和潜水淡化，起到控制地下水位、改善土壤理化性状的作用，是适合吉林省西部盐碱地区的重要水利措施之一。

（5）其他工程措施。

在吉林省西部地区盐碱地治理过程中应因地制宜，适当选用治理措施，除上述治理技术措施之外还应建设工程围栏、浅翻土地、挖沟排水、分区隔离等措施。与此同时，逐步实行全年或季节性围封禁牧等治理措施，形成有利于恢复植被、减缓土地盐碱化的综合治理环境。

（6）管理措施。

盐碱地的治理措施固然重要，但治理后的管理一样重要。吉林省西部治碱工程面积广、难度大、任务重、时间久，若要有效地开展治理工作，有关部门应将所有治碱相关项目纳入统一规划中，实行统一管理。在经济上，完善相关扶持政策，利用财政支出增加对吉林省西部盐碱地改良治理的扶持力度；在法律上，制定和执行有关盐碱地治理的地方规章制度；在行政上，合理调整盐碱地的利用结构，加大盐碱地改良措施的宣传力度；在工作中，要克服重视治理、轻视管理的错误做法，坚持治、管并举。

4.3.4　疏浚工程技术

疏浚工程，是指采用挖泥船或其他机具以及人工进行水下挖掘，为拓宽和加深水域而进行的土石方工程。疏浚工程的挖槽设计应力图通过改变河道水流几何边界，引起水流内部结构的变化，使得新形成的水流结构，不但可以保证泥沙不再淤积在航道内（至少在下一个汛期到来之前不再淤积），而且能将进入挖槽内的泥沙输送到下深槽中去，维持航道稳定，亚洲最大绞吸式挖泥船“天鲸号”如图 4.18 所示。

图 4.18　亚洲最大绞吸式挖泥船“天鲸号”

按规定范围和深度挖掘航道或港口水域的水底泥、沙、石等并加以处理的工程——疏浚工程是开发、改善和维护航道、港口水域的主要手段之一。

1. 对于疏浚工程的质量检验主要参照以下质量标准

疏浚工程的施工测量应包括下列内容：施工控制系统的建立；疏浚河道中心线定线；细部轮廓定点放样，施工过程中的水上、水下地形、断面测量，工程量计算；工程竣工验收测量等。

疏浚工程施工控制系统的建立方法及精度要求：疏浚工程的施工控制系统，应按从附近国家三角点采用导线形式、各种交会法或建立三角锁的方法向施工区传递坐标。高程控制点，应从附近国家等级水准点或流域高程基准点，用水准测量或光电测距三角高程测量方法引测，其平面、高程点的精度应不低于四等水准测量精度。

水深测量应与水位观测配合进行，在施工区域及附近设置水尺（或自动水位计）。水尺的设置应注意以下几点。

水尺应设置在河岸稳定、明显易见，而且无回流的地段。施工水域水面比降小于1/10 000 的河段，每个分部工程内至少应设置一组水尺，每 500 m 河段内应设置一组水尺。

每组水尺必须由两支以上（含两支）的水尺组成，相邻水尺应有 30 cm 以上的重合，而且间距不能大于 50 cm。

根据《水利水电施工测量规范》（SL 52—93），河口疏浚工程施工水深测量可使用测深杆、铅锤及回声测深仪。测量中误差应满足上述规范要求。为避免测量系统误差，要求施工前、施工中及竣工验收使用同一种测量方法。

挖泥船作业必须严格按照设计及施工放样进行定位施工，并经常校核和调整船位。河口疏浚工程的水位控制点作为疏浚工程的基准，在施工进行中至少每 30 min 观察记录一次，适时调整挖泥船的开挖深度。

施工人员必须熟悉施工图纸，熟悉开挖的精度，掌握船舶的横移和摆动特性，选择合理的坐标位置和挖宽。

操作人员对开挖标志有疑问或发现有错误时，应及时向施工技术负责人或项目经理报告，承包商应会同监理工程师进行核定后方可继续施工。

挖槽断面边坡宜按阶梯形开挖，阶梯分层不得大于开挖机具的直径且不得大于 2 m。并按下超上欠，超欠平衡的原则进行开挖，超欠比例控制在 1～1.25 m 范围内。

挖槽深度控制：施工前必须正确记录施工设置的水尺读数，并严格按照水尺读数进行开挖深度的控制。

每个单元工程开工前应校正挖泥船挖深指示尺（仪表）与施工水尺一致。

对已开挖部分河槽应及时进行水深测量，发现欠挖超过允许值时，应及时进行返工处理，满足要求后方可继续前进。

河道中心线控制质量：在施工后河道顺直段中心线偏离误差不得大于河段宽度的1%，在转弯河段河道中心线的误差不得大于河道宽度的 1.5%。

横断面质量：开挖断面宽度按河道中心线计算，每边计算超宽及最大允许超宽值应符合表 4.3。

表 4.3　挖泥船作业最大超宽值

挖泥船类型	机具规格		计算超宽及最大允许值/m		
			开挖底宽＜100	开挖底宽100～200	开挖底宽＞200
绞吸式	绞刀直径	2 m 以上	＜1.5	＜2.0	＜2.5
		1.5～2 m	＜1.0	＜1.5	＜2.0
		1.5 m 以下	＜0.5	＜1.0	＜1.5
链斗式	斗容量	0.5 m^3 以上	＜1.5	＜2.0	＜2.5
		0.5 m^3 以下	＜1.0	＜1.5	＜2.0
抓斗式	斗容量	4 m^3 以上	＜1.5	＜2.0	＜2.5
		2～4 m^3	＜1.0	＜1.5	＜2.0
		2 m^3 以下	＜0.5	＜1.0	＜1.5

纵断面质量：计算超深及最大允许超深值应符合表 4.4。

表 4.4　挖泥船作业最大超深值

挖泥船类型	机具规格		计算超深值/m	最大超深值/m
绞吸式	绞刀直径	2 m 以上	＜0.4	＜0.5
		1.5～2 m	＜0.3	＜0.4
		1.5 m 以下	＜0.3	＜0.4
链斗式	斗容量	0.5 m^3 以上	＜0.3	＜0.4
		0.5 m^3 以下	＜0.2	＜0.3
抓斗式	斗容量	4 m^3 以上	＜0.5	＜0.8
		2～4 m^3	＜0.4	＜0.6
		2 m^3 以下	＜0.3	＜0.4

开挖边坡质量：河口疏浚工程处于潮汐河段，边坡开挖原则上实行矩形开挖，自然塌落形成设计边坡，形成边坡的平均值不得超过设计边坡的 5%。

河口地区疏浚排泥场、围堰施工执行《堤防工程施工规范》（SL 260—98）。

河口地区建设疏浚排泥场，其围堰工程的建筑设计、施工标准执行《堤防工程设计规范》（GB 50286—98）中四、五级堤防标准，围堰的施工及工程质量验收执行《堤防工程施工规范》（SL 260—98）、《水利水电工程施工质量评定规程》（SL 176—1996）。

2. 竣工资料整编

竣工图纸的编绘应与设计平面布置图相对应，图表应按竣工管理部门的统一图幅规格选用，分类装订成册，并附必要的文字说明。

竣工地形图应注明图幅的坐标系、高程系统、测量方法、比例尺、制图日期等基本数据。工程竣工纵断、横断面图，必须注明断面桩号、断面中心线坐标、断面方向、比例尺、并附断面位置图。

提交的各项成图资料应项目齐全、数据正确、图表清晰，符合质量要求。

归档的竣工资料一般应包括下列项目：

（1）工程立项批文。

（2）初步设计报告及设计变更文件。

（3）成立项目法人的批文。

（4）工程招标文件。

（5）工程合同。

（6）施工单位的施工日志。

（7）建立单位的监理日志。

（8）施工控制网原始观测手簿、测量计算资料。

（9）工程单元划分表。

（10）单元工程评定表。

（11）分部工程验收签证。

（12）单位工程验收质量评定表。

（13）工程竣工图纸。

（14）施工报告。

（15）施工大事记。

3．工程质量评定

工程项目划分的疏浚工程单元划分应遵循以下原则：

沿河道纵断面线每 100 m 至少划分一个单元工程。

河道顺直段不少于 5 个单元工程划分为一个分部工程。

在同一河口的疏浚工程项目，同一河槽的疏浚工程为一个单位工程。

排泥场工程可作为疏浚工程项目的单位工程，也可以单独作为工程项目。单个排泥场应划分为单位工程。参照堤防单元分部工程划分标准，每 100 m 围堰划分为一个单元工程，填筑土方量 500 m^3 应划分为一个单元工程。进水口、排水口应单独划分为单元工程。

挖泥船施工作业划分为挖泥船及管线两个分部工程。有接力站的疏浚工程，每级接力站为一个分部工程；陆上管线、水上管线各划分为一个单元工程。

河口疏浚工程的质量评定执行《水利水电工程施工质量评定规程》(SL 176—1996)。

单元工程由承包商组织评定，监理工程师核定质量等级；分部工程由业主组织、设计、监理、承包商等参加验收报质量监督部门核备；单位工程交付使用（阶段验收）由业主组织设计、监理、承包商、质量监督机构进行验收；工程项目竣工验收由上级机关组织业主、设计、监理、承包商、质量监督机构等单位进行验收。

4.3.5　水生植物资源化技术

河流湖泊和湿地生态系统中的水生植物是水资源的重要组成部分，可用于水体生态修复，在污染水体治理中得到了广泛应用。水生植物是指生长在水中或至少是由于水分充足两周期性缺氧的基质上的任何大型植物（包括水生植物或水生大型藻类），尤其是在湿地和其他水生生境中生长的植物。由于间流湖泊、人工湿地等生态修复工程缺乏长效运行的管理机制，水生植物管理滞后，特别是沉水植物、浮叶植物、挺水植物等水生植物腐败严重影响人工湿地可持续性及生态环境健康。水生植物生长具有一定的季节性，冬天低温导致大部分水生植物枯死，若不及时收割，其腐烂之后释放的氮磷、有机物等物质进入水体造成二次污染，而对大型水生植物进行修剪、收割，也会产生大量水生植物残体，如图 4.19 所示。

图 4.19　水生植物现状

水生植物作为水体生物链的重要一环，其对水体修复功能非常明显，控制与利用是目前迫切需要解决的问题。目前，水体中生长的水生植物以自然生长为主，利用价值不高；

机械化采收装备存在着盲区大、适应性差、自动化程度低等问题，需要进一步研究和完善。另外，水生植物能源化利用的研究大都处于初级阶段，没有形成规模和产业化。

水生植物资源丰富，在制备肥料、生产饲料、食用或药用、做能源燃料等方面具有一些用途，若水生植物能通过资源化利用而产生经济价值，将对利用湿地水生植物净化污水产生更大的促进作用。但目前，对收获后的水生植物除了某些可以作为水生蔬菜外，如芹菜等，大多未被充分利用，大量的水生资源长期堆放不仅会引起新的二次污染，也是一种资源的浪费，因此选择其处置方法，实现水生植物的减量化和资源化显得非常重要。当前，处置水生植物的方法主要包括水生植物的机械收割和打捞、收集所得的植物组织的资源化利用。

1. 水生植物资源化技术介绍

水生植物的资源化主要包括沼气、燃料、堆肥等。

利用水生植物生产沼气和氢气。沼气的主要成分是甲烷，是一种清洁能源。利用水生植物生成沼气是一种能源化利用的有效途径。

利用水生植物制成炭化燃料。水生植物中含有大量植物纤维，从理论上说，是可以炭化制成燃料的。例如，华东理工大学曾经为炭化后的水葫芦做燃烧实验，发现炭化后的水葫芦燃烧值可以达到 30 MJ，而标准煤仅约 21 MJ。水葫芦制成木炭能否产业化的主要问题在于技术和生产成本。其中，水葫芦打捞到最终制成木炭所形成的综合成本与市场上其他炭制品相比有无竞争力是一个主要的因素。

利用水生植物制备生物柴油。水藻也是水生植物中常见的一种，具有生长周期短、产量高的特点，是制备生物柴油的很好原料。通过异养生长提高藻类生长速度，提高脂类的聚集，然后利用异养藻油脂通过酸催化的脂交换反应获得高质量的生物柴油。具体做法是收集微藻，干燥制成藻粉，然后利用植物油法从藻粉中提取微藻油脂，最后通过脂交换反应生成脂肪酸甲酯即生物柴油，同时获得副产品甘油。这项技术诞生于清华大学，于 2005 年获得国家发明专利授权。

利用水生植物制备复合燃料。将植物干燥粉碎后，与原煤粉末、固硫剂、黏结剂、硬化剂、增氧剂按比例加水搅拌，并通过成型设备制成颗粒，然后烘干或自然干燥成为复合燃料。与煤或直接燃烧相比，具有燃烧充分，烟尘少，热值稳定的优点。尤其是煤中的硫被固硫剂固定，减少了硫化物向大气中的排放，减轻了对环境的污染。这项技术于 2006 年获得国家实用新型专利授权。

利用水生植物发电。浙江海宁将水葫芦与畜禽粪便混合发酵，产生沼气后再用沼气与柴油进行混合发电，剩下的沼液和沼渣则可作为有机肥料。采用油气混合发电的方法，每千瓦时电只需柴油 60 g、沼气 0.5 m^3，发电成本不到 0.4 元/kW·h。在沼气发电技术与设备日益普及的情况下，这是一种行之高效的方法。也有人提出了利用植物秸秆进行发电的方法，利用气化炉产生一氧化碳等可燃气体，经过过滤、加压后，送往火力发电机产生电能。

根据不同水域条件筛选与引进一些利用价值大的水生植物用作水体修复，如能源化利用率高、水体修复能力强、可用作饲料、具观赏性等的水生植物。

将水体修复工程植物按规定的要求进行种植，以便机械化采收与利用，分析借鉴现有装备的优缺点，开发出针对主要水生修复工程植物的机械化采收装备。

加强水生修复工程植物能源化利用研究，做到资源的循环利用，减少环境污染治理的成本，趋利避害，从根本上解决水体修复的难题。

2. 水生植物资源化技术应用——以水葫芦为例

水葫芦繁殖能力非常强，覆盖在整个湖面，使得水中的其他植物不能进行光合作用，而水中的动物没有得到充分的空气与食物，不能维持水中的生态平衡，甚至有时会堵塞水道。水葫芦被列为世界十大害草之一，被国务院列入首批外来入侵物种名单，在我国南方 19 个省（市、区）的广大水域危害十分严重。水葫芦泛滥成灾的现象屡见不鲜。如何将水葫芦能源资源化利用及综合治理是一个迫切的重大研究课题，对经济社会可持续发展具有重要意义。

水葫芦属于纤维素类生物质，但是与稻草秸秆等农业废弃物相比，具有 3 个突出的特点：一是含水率高达 95%左右；二是含有丰富的蛋白质；三是根部富集了许多重金属等污染物。如何寻找高效廉价的方法使水葫芦高效降解成可利用的还原糖，是利用其发酵产酒精的首要技术难点和关键点。

微波光加热具有内部电磁能转换生热、高选择性和极短时间等突出优点，对于打断水葫芦中的木质素结合键、促进半纤维素水解生成更多木糖、降低纤维素的结晶度等具有较强效果，故能高效地提高酶水解的还原糖产量。2009 年年底，浙江大学能源清洁利用国家重点实验室的课题组研究了微波联合碱对水葫芦降解和糖化的影响规律，包括微波加热时间、功率以及碱用量等，发现水葫芦可在微波联合碱作用下实现能源化利用，制取燃料酒精、氢气、甲烷等清洁燃料。

3. 湿地水生植物的水质净化的作用

水生植物的水质净化效果、湿地的污染物去除效果与水生植物的生物量直接相关，水生植物兴旺的根系为微生物提供了附着、休息的场所，一起犬牙交错形成密集的过滤层使不溶性胶体、重金属和悬浮颗粒等被底泥吸附沉降。

1）对悬浮泥沙的去除

覆盖于湿地中的水生植物，使风速在近土壤或水体外表下降，有利于水体中悬浮物的堆积，减少下降堆积物质再悬浮的风险，增加水体与植物间的接触时间，还可增强底质的安稳和下降水体的浊度。根系表皮细胞由于进行新陈代谢，脱落后在微生物的效果下分解为腐殖质等物质。这些物质和植物成长过程中排放的物质含有一系列特别的功能团，它们对含各种基团的化合物都有很强的吸附能力，当水流经时不溶性胶体会被根系黏附或吸附，起到过滤的效果，然后将水中的悬浮物质和有机碎屑沉降下来。水力停留时刻对植物去除悬浮泥沙的效果有较大的影响，水力停留时刻长，即使输入悬浮泥沙浓度很高，去除率和单位时刻的净去除量也会较高；浅水区的挺水植物对进水高浓度悬浮泥沙的有效过滤效果，减小了悬浮泥沙对深水区沉水植物的胁迫压力；沉水植物能进一步去除悬浮泥沙，改善再悬浮效果，对水生生态系统的安稳有十分重要的效果。

2）对养分物的去除

高级水生植物在成长过程中需要吸收很多的氮、磷、二氧化碳和有机物等养分物质，它们不仅能够经过根部吸收堆积物中的养分盐，还可经过茎叶吸收水中的养分盐。这对调节水体的 pH、溶解氧甚至水温，安稳水质都有重要意义。对于高级植物来说，养分物质是它们重要的成长基础，经过吸收将其转化为本身的组分。许多水生植物的成长速度很快，能吸收很多的氮、磷、钾等养分元素。

3）对重金属的去除

水生植物对重金属的去除取决于光照、温度、pH、重金属浓度及其化学性状、其他离子和螯合剂的有无及水硬度等物理、化学要素。水生植物根系排放的特别有机物能从周围环境中交流吸附重金属。被吸附的重金属离子小部分经过质外体或共质体途径进入根细胞，大部分金属离子经过专门或通用的离子载体或通道蛋白进入根细胞。吸收在根系内的重金属主要分布在质外体或形成磷酸盐、碳酸盐沉淀，或与细胞壁结合。高级植物对重金属去除主要是吸收，如铅、镉、砷、汞、铬等可被植物吸收，之后多以金属螯合物的方式蓄积于植物体内的某些部位。

4）对有机物的去除

污水中有机物可为水生植物成长供给重要的碳源。水生植物对有机物的去除主要是经过富集和降解。对于不同的水生植物，不同的污染物其富集机制也不相同。水生植物对有机污染物的净化包含附着、吸收、积累和降解等。水生植物能够以其巨大的体表吸附很多有机物，相对减少水中有机物的浓度，虽然这不能根本上消除有机物的存在，还随时可能将其释放到水中，但在一个相对时刻内，还是能够起到净化效果的。

4.3.6　底泥处理技术

湖泊污泥是陆源性入湖污染物的主要蓄积场所，为从根源上解决乌梁素海的环境污染问题，而国内尚未有大面积治理湖泊底泥的先例，故采取试点工程的形式，在乌梁素海坝头地区附近的湖区试行底泥处置工程项目。该项目利用微生物将底泥中的有机质进行分解，并利用水生植物转移底泥中的无机氮、磷等元素，最终利用鱼类吞食水草，并利用适当捕捞部分鱼类的方式转移污染物，重塑完整、健康的食物链生态体系。

在外源截污工程完善、入海污染物得到控制的前提下，需进一步处理湖区内底泥，以达到降低内源污染释放的风险，削减底泥毒性、厚度，改善水质与水生态环境的目的。底泥处理技术主要包括清淤技术与原位修复技术，技术比选见表 4.5。

表 4.5　两种底泥处理技术比选

指标	清淤技术	底泥原位修复技术
适用性	适用于大型河道疏浚	适用于湖泊、湿地公园等对生态系统要求较高的区域
经济性	建设成本高，运营成本低，管理成本高	建设成本低，运营成本高，管理成本中等
管理性	需要对清淤底泥进行处理，同时对水质没有净化作用，效果容易反弹，需通过较长时间重新构建复杂的底泥生态系统	定期收割芦苇等挺水植物，捕捞成年鱼类，微生物持续分解底泥，修复后不反弹
环境友好性	造成水土流失，同时破坏生态多样性，难以修复	不会造成水土流失，同时修复生态环境，保护湖泊的生物多样性
技术可行性	疏浚技术成熟，重构生态系统不确定性高	技术较成熟

清淤工程可实现湖泊底泥的直接转移，具有工期短、成效快的特点，但清淤费用高，产生的底泥需进一步处理与处置。同时，清淤过程易造成水土流失，破坏湖泊、底泥生态系统，降低水体自净的能力，若管理不善，清淤效果易于反弹。对于生态系统脆弱的湖泊，不适宜进行大面积的清淤工程。

部分地区生态系统较为脆弱，直接的清淤疏浚会对湖区内部的动植物、微生物等带来毁灭性的破坏，后续重构生态系统带来极大的不确定性及管理成本。综合考虑技术适用性、经济性、管理难易程度、技术可行性、生态环境友好性，在生态治理项目中底泥原位生态修复技术较为适用。

1. 底泥修复原理

底泥原位修复技术是指在基本不破坏水体底泥自然环境的条件下，对受污染的环境对象不做搬运或运输，在原场所进行生物修复，其修复过程主要依赖于被污染地自身微生物的自然降解能力和人为创造的合适降解条件。

项目通常采用微生物驯化的方式在实验室进行本土微生物的驯化及培养工作。利用现代生物技术选育优势菌种，让优势微生物逐渐适应并依赖基质，以达到改善或改变底泥中有害成分，从而驯化本土高效降解底泥的微生物群体和种类。通过原位投加微生物，种植沉水植被，放养底栖动物、鱼类等手段，达到优化或完善湖泊的微生物—草—鱼—底栖动物—浮游动物—浮游植物生态系统的目的，利用生物生长及生物之间的协同作用，达到逐步分解污染物的目标，使得底泥的好氧层加厚，加快底泥微量营养的释放，阻隔下层黑臭底泥有毒物质的释放，加强在泥水界面间动植物对污染物分解能力，提高水体的自净能力，保持水体的自然平衡。

2. 底泥修复技术路线

根据现状水域水草疯长、底泥污染严重、水质较差、水生植物物种单一、水生动物生态系统不完善等问题，以及保护优先、自然修复为主的原则，提出“水草收割+微生物强化+生态重建+长效管理”的设计思路。具体技术路线如图 4.20 所示。

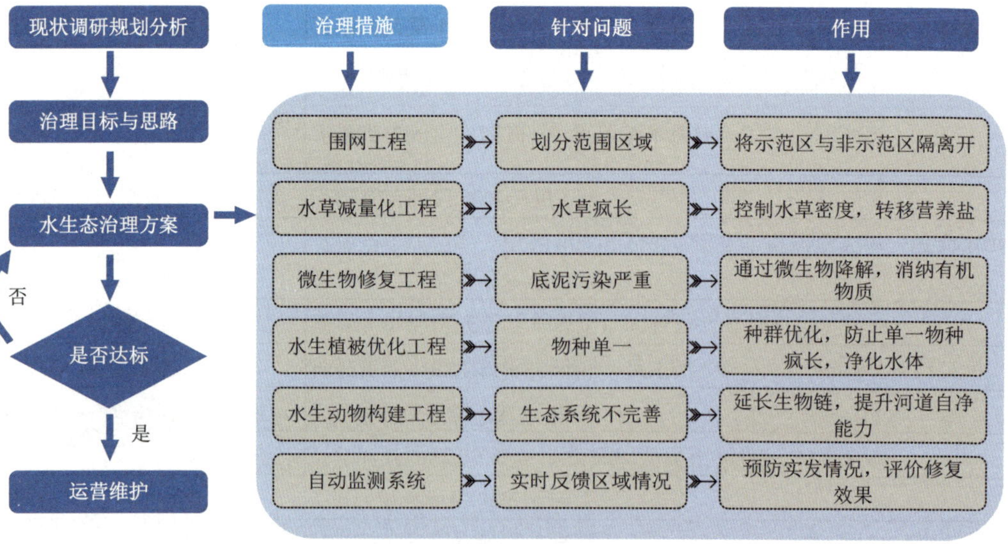

图 4.20 主要技术路线

3. 具体治理措施

1）围隔工程

围隔工程是指利用围隔隔离水体，建立一个相对封闭的生态系统，通过人工设计生态结构或干预生态因子变化，从而模拟自然水域生态变化趋势，获得试验结果。

通过围隔的建立，拦截了鱼类进入示范区，并保护示范区内水生动植物的优化效果，也可保护示范区底泥修复效果免受外来藻类及水体污染的影响，凸显“食草型鱼类控草+微生物酵素强化降解+生态系统重建+长效管理”工艺对底泥进行原位修复的示范效果。

结合工程实际情况，不建议围隔工程使用浮体、围隔布材料制作，由于我国大部分地区冬季气温较低，浮体及围隔布易被冻坏，同时化冰期会产生大量浮冰，浮冰移动会将浮体及围隔布扯碎，修复极为困难，且材料购买成本高，维修费用极大，建议使用围网、钢桩、木桩等材料建设半透水性围网工程，如图 4.21 所示。

图 4.21　松木桩围隔网

一般采用网目为 5 cm 的双层围隔网，每隔 8 m 分别设置双层双排松木桩、钢桩 6 m 长，桩体砸入底泥 4 m，水面上露 0.5 m，防止风浪冲刷；固定桩间距采用防腐钢丝绳，各段下挂 15 cm 石笼网。双层围网起到拦鱼（防止外来鱼种入侵、防止内部鱼群流失）及减少水体交换的作用，如图 4.22、图 4.23 所示。

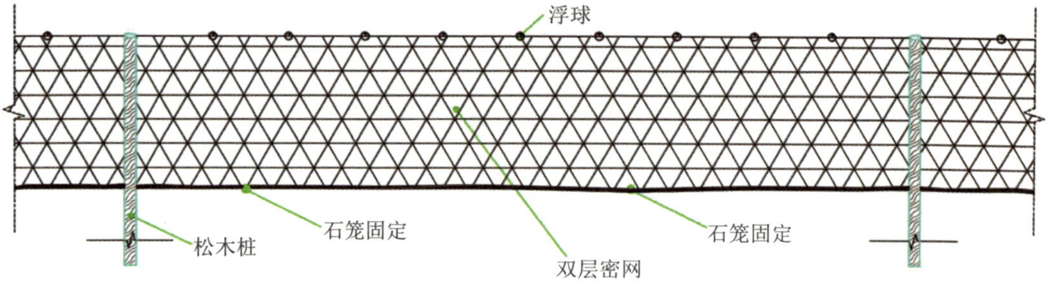

图 4.22 松木桩围隔构造图

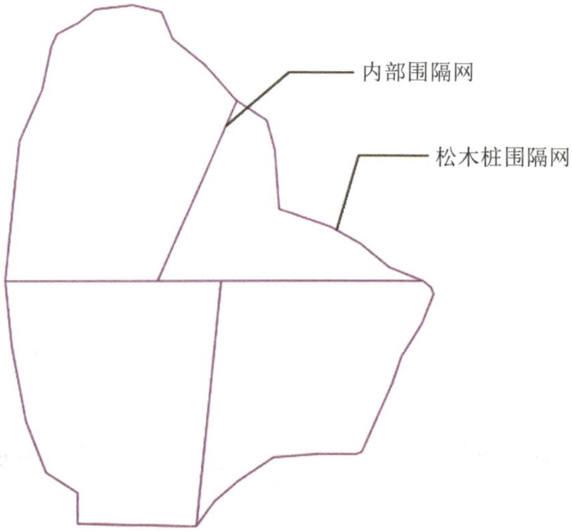

图 4.23 松木桩围隔网布置示意图

2）水草减量化工程

大型水生植物在生长过程中吸收同化湖水和底泥中的氮、磷等矿质营养物质，对降低湖水营养水平具有重要作用，同时生产出大量有机物质，为水生动物提供了直接或间接的饲料，也创造了可供人类收获利用的水草资源。但是，不能被利用的水草自然腐烂分解，形成二次污染，其植物残体积累在湖底，加速湖泊淤积和沼泽化。

水草在其生长期间具有从水体和底质中吸收与富集营养盐的能力，起着“营养泵”与“营养库”的作用，而且所固定的矿质营养在整个生长期中不会被明显释放，这对控制营养物的循环速度有明显作用。此外，沉水植物的叶片对水体中的营养物也有很强的吸收功能，对藻类生长可起到抑制作用。但每年沉积湖底的大型水生植物残骸，不仅使污泥中积累了大量氮、磷营养盐，而且使湖底迅速抬高。

目前国内外用以控制沉水植被生物量的主要手段为水草收割及生物控制的手段。然而，水草收割法需要投入大量的设备与劳动力，并且需要考虑上岸后水草的运输及处置，投入较大。生物法是指通过投放草食性鱼类，由草鱼“啃青食尖”的食性对水草进行啃食，控制水草的生物量。按照水体每出 1 t 鱼就可带出氮元素 25～35 kg、磷元素 3～9 kg，相当于水草收割的 1.5 倍。除了能够清除水草，转移氮、磷外，上岸后的草鱼还能带来经济效益，为工程投资节约开支（图 4.24）。

图 4.24　沉水植物疯长

3）草食性鱼类控草工程案例

（1）草鱼及其食性。

草鱼属鲤形目鲤科雅罗鱼亚科草鱼属。草鱼对周围环境的适应能力很强，可以在 0～40.6℃的水温下成活，而且能在溶解氧较低的水中生存。草鱼最喜欢摄食多肉植物（指植物营养器官的某一部分在外形上显得肥厚多汁），其次是纤维植物。如果有足够的多肉植物可以摄食，草鱼一般不会摄食纤维植物，这是因为草鱼体内缺乏与纤维素消化相关的酶。

草鱼的肠道非常短，食物在肠道停留时间短，因而消化率低，所以草鱼必须摄食大量的植物组织以维持其正常的生理功能。草鱼生长得很快，平均每年体质量增加 2.27～4.54 kg。为了满足其生长的需要，草鱼需要摄食大量的植物。有研究表明，在适宜的环境下，成年草鱼每天摄食的植物量比其自身的体质量还要多。也有研究发现，草鱼每天需要摄食自身体质量 2～3 倍的食物来维持生长。草鱼喜欢摄食的沉水植物有金鱼藻、黑藻、穗花狐尾藻、球状轮藻、伊乐藻、篦齿眼子菜。不满一年龄的草鱼偏爱摄食具有柔软组织的浮水植物，二年龄的草鱼则对沉水植物的种类要求不严格，但它们主要摄食沉水植物的根部、叶柄以及其他外层部分。此外，这个年龄的草鱼更加偏爱本地的沉水植物。

（2）工程案例。

自 20 世纪 70 年代开始，欧洲国家如奥地利、比利时、丹麦、英国、法国等就开始尝试引入草鱼来控制沉水植物。南北美洲、新加坡、菲律宾以及中国香港地区等也有成功利用草鱼控制沉水植物的案例。

蔡树伯通过调整草鱼的放养方式及放养密度，有效控制了北大港水库穗花狐尾藻、菹草、川蔓藻、金鱼藻和大茨藻的生长量。

乌拉特前旗水产站于 2015 年开展了 9 万亩无公害草鱼网围栏养殖试验，放养鱼类包括 80%的草鱼，20%的花白鲢。养殖过程中，充分利用沉水植被及浮游生物，不投喂任何人工饲料，在缓解和改善湖泊富营养化、沼泽化的同时，生态效益、经济效益、社会效益三丰收，见表 4.6、表 4.7。

表 4.6　草鱼、鲢鱼的放养与收获

面积	9 万亩						
	放养		收获				
	重量/kg	数量/尾	重量/kg	数量/尾	回捕率/%	净增重/kg	增重倍数/倍
草鱼	920 000	1 050 000	2 944 000	845 250	80.50	2 024 000	3.2
鲢鱼	230 000	180 000	529 000	162 900	90.50	299 000	2.3

表 4.7　草鱼、鲢鱼放养的产值、成本与利润

种类	产值			成本				利润	
	产量/kg	单价/（元/kg）	金额/元	网围费/元	苗种费/元	捕捞费/元	合计/元	总利润/元	利润/（元、亩）
草鱼	2 944 000	12	35 328 000	1 000 000	11 040 000	300 000	12 340 000	25 962 000	288.5
鲢鱼	529 000	14	7 406 000		4 232 000	200 000	4 432 000		

4）草食性鱼类投放方法

通过投放草食性鱼类对示范区内水草进行啃食，达到水草减量化目的。目前项目区水草湿重预计 2.4 万～9.6 万 t，根据计算进行草食性鱼类（幼年期）投放 5 万 kg，可在 3～6 个月内对示范区内水草减量化 60%～80%的控制目标。水草减量化工程完成后，通过鱼类捕捞控制系统内过量草食性鱼类，以恢复正常生态水平。预计捕捞草食性鱼类 7 万～10 万 kg，草食性鱼类捕捞完毕后，可进行其他水生动物的恢复，包括肉食性鱼类、滤食性鱼类、底栖动物等。

水草减量化工程分区域进行，先期一次性投放约 3 万 kg 草食性鱼类，进行整体减量化控制。之后，对示范区通过围网工程划分为 3 个区域，分区域减量控制调控，可最大化利用草食性鱼类生长周期进行水草减量化控制。

单个区域内过量沉水植被（龙须眼子菜、菹草）清除完毕后，通过驱赶手段将草食性鱼群驱赶至下一区域，循环作业，以便清除后续生长出的龙须眼子菜及菹草。水草减量化分区作业如图 4.25 所示。

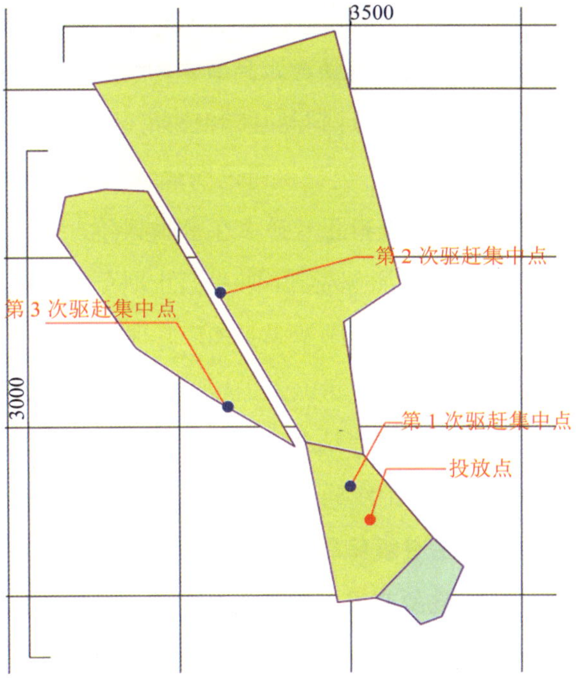

图 4.25　水草减量化分区作业

5）草食性鱼类控草技术的弊端

引入草鱼控制沉水植被的生长技术可行，操作简单，且具有一定的经济效益，但同时也存在影响水质和造成生物入侵的风险，如图 4.26 所示。

图 4.26 草食性鱼类

（1）影响水质。草鱼的排泄物会产生大量的氮、磷。这些氮、磷会促进藻类的繁殖，进而使水质恶化。

（2）生物入侵风险。草鱼在环境中的适应能力非常强，可以忍受溶解氧低、盐度高、含有化学污染等不利环境，当其过量繁殖时，会造成物种入侵。本工艺通过控制草鱼的投放密度，年龄段，控制其生长量，可达到同时存在喜好藻类及沉水植被年龄段的草鱼，因此不会造成藻类暴发、水质恶化的状况。通过围隔的隔离作用，草鱼不能离开项目区，保证了草鱼的密度可控，既不会过量繁殖产生生物入侵，又不会由于逃脱导致数量的减少。因此，本工艺技术可行，能够控制项目区的水草生物量同时具有一定的经济效益。

6）微生物驯化工艺

微生物驯化的过程是利用生态学“选择与适应”的原理，将微生物生态位在生态系统中重新分配和调整的过程，是微生物通过表型适应和进化性适应主动地去适应驯化条件，以达到适者生存增长，不适者被抑制或淘汰的目的。

微生物种群的多样性是驯化的基础，在驯化过程中，随着驯化条件不断强化，微生物的多样性表现出递减趋势，驯化条件越极端，微生物的多样性就越小。底泥驯化是驯化条件对微生物种群进行的选择，适应驯化条件的微生物生存并增长，不适者被抑制或淘汰，底泥为驯化条件提供了备选“原料”。表型适应是不改变种群的基因类型，仅依靠细胞形态或生理变化去适应驯化条件。进化性适应是在驯化压力下，微生物的基因类型发生改变，出现新的基因类型。

对示范区域底泥进行采集，采集后分析底泥中本土微生物样本，并建立乌梁素海底泥微生物样本库。在实验室进行本土微生物的驯化及培养工作。利用现代生物技术选育优势菌种，让优势微生物逐渐适应并依赖基质，以达到改善或改变底泥中有害成分，从而驯化本土高效降解底泥的微生物群体和种类。

通过对样本库的分析，分析本土微生物中对底泥净化有益的微生物，并通过对特定微生物的培养方法，对采样后的底泥中微生物进行驯化、扩培，生产本土微生物菌液。

7）本土微生物底泥修复

将扩培后的本土微生物菌种，投撒至底泥中，进行底质底泥修复。

采用本土微生物驯化、培养再植入的微生物底泥修复方式，防止了外来微生物菌种的入侵，有效避免引入外来菌种可能会对环境造成不良影响，消除了物种入侵的风险，如图 4.27 所示。

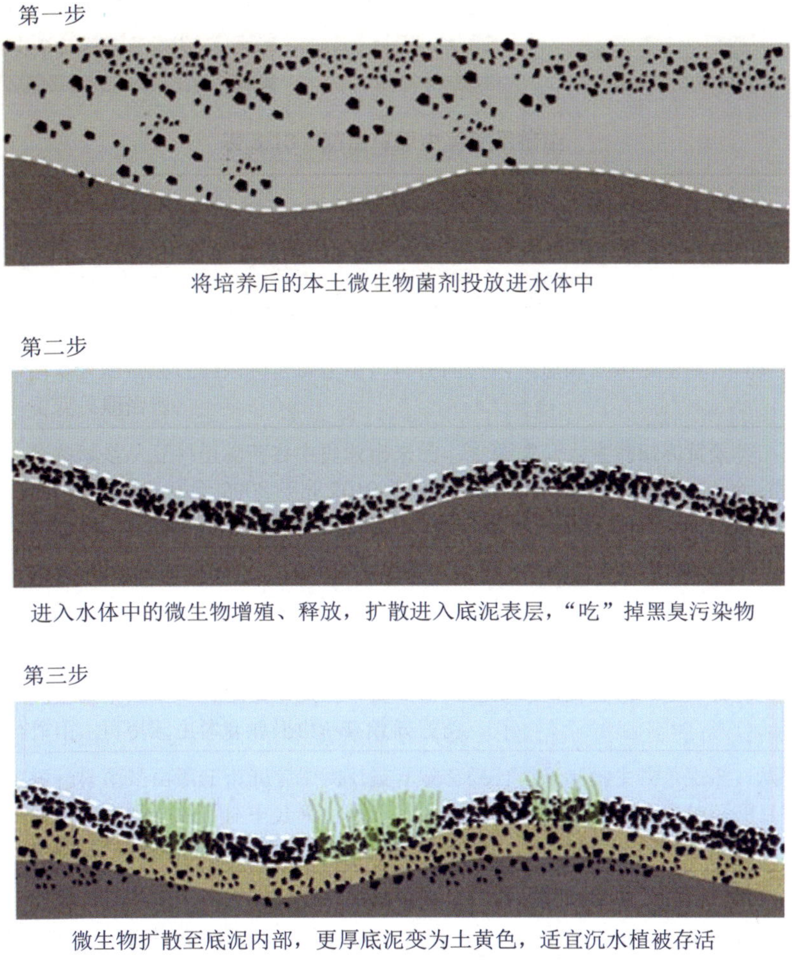

图 4.27　底泥修复

采用底泥改良型本土微生物菌剂在原位直接吸收、降解污染物，再加入经过特殊驯化的微生物及其生长所需的营养来提高生物活性，降解底泥中的黑臭污染物，改善底泥的土壤团粒结构、氧化还原电位和溶氧状况，促进底质有益微生物系统对黑臭底质的分解作用，加快底泥环境修复，如图 4.28 所示。

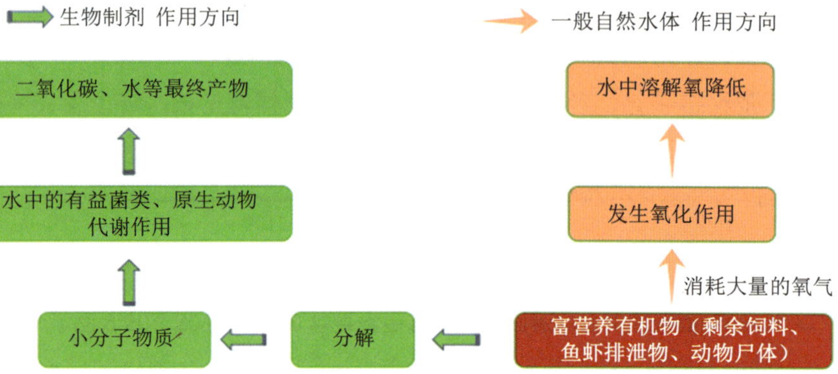

图 4.28 微生物降解底泥原理图

本土微生物泼洒之后沉入水底，负载在底泥表面，持续向水体释放微生物，改善底泥。

8）水生植被工程构建

水生植物的恢复过程与环境因子的变化过程是紧密关联的，环境因子对水生植物恢复的影响成为水生植被能否恢复的难点，光照、水温、pH、水体营养盐、基质等非生物环境因子及着生藻类、鱼类放养、人工收获等生物环境因子均能对水生植物，特别是沉水植物的发育成活产生重大影响。沉水植物在其主要的生活周期中植株沉水生活，生理上极度依赖于水环境，对水质的变化十分敏感，其生长和分布受多项环境因子的调控。在所有的环境因子中，水下光强和水温是影响沉水植物生长、分布的重要因子，其中水下有效光强被认为是影响沉水植物生长、分布最重要的因子之一，而且其他生物或非生物环境因子的作用也会间接导致水下光强的变化，如悬浮颗粒（泥沙、藻类）。

沉水植被系统是“水下森林”的生产者，不但能构建优美的水下森林景观，也是实现从浊水态到清水态转变的关键物种；是水体生态系统中重要的组成部分，在浮叶、漂浮、沉水、挺水植物 4 种生态型水生植物中，沉水植物因根系和整个叶面直接吸收水体和淤泥中营养物质，所需碳源直接从水体中吸收，对从下而上整个水体产生巨大的净化作用。构建沉水植被系统时，既要考虑沉水植被覆盖面积，达到生态平衡自净要求，也要考虑本系统对外来污水量的净化效力及景点的分布。各品种间混合搭配，没有严格分隔，以景观效果为主，逐步调整优化组合。

4．沉水植被选择原则

（1）四季常绿，耐低温、耐盐、耐高温、耐弱光。

（2）净化效果好，去污能力强。选择对氮、磷等污染物有较高的净化率的品种。

（3）景观效果好，充分考虑水下空间、层次，实现水下沉水植物景观化。

（4）季节与空间搭配原则。根据巴彦淖尔当地气候水文特征，选择不同类型的品种进行搭配，在季节转换过程中要选择适应当地气候的品种，并根据空间情况（如底质等）进行搭配，实现水下沉水植物一年四季的自然更替和生物多样性。

（5）生态安全。防止外来物种入侵，以广布种和本土种品种为主。

（6）便于管理。选择的品种容易管理，减少维护工作量。

构建乌梁素海现有沉水植被比较单一，优势种群主要是菹草、少量的龙须眼子菜，夏季菹草会大量死亡，龙须眼子菜将成为优势种群，针对现有湖水草泛滥的情况，通过优化沉水植被种植种类，利用不同植被种类间的拮抗作用，丰富示范区沉水植被的多样性，在净化水体的同时，为水生动物提供食物来源。

沉水植被是富营养化水体生态修复的核心内容之一，是实现从浑浊态到清水态转变的关键物种。沉水植被能够高效地吸收氮、磷等物质；光合作用强，能够产生大量的原生氧，可长久保持水体高溶氧状态；彻底改变水体氮、磷营养盐式，抑制底泥再悬浮及氮、磷营养盐释放，促进氮的硝化/反硝化作用及磷的沉降；为浮游动物提供避难所，从而增强生态系统对浮游植物的控制和系统的自净能力；增加了水生生态系统食物链长度和复杂性，利于形成稳定、平衡的生态系统。沉水植被恢复后，对后续水生动物、底栖动物的放养创造了良好的环境条件。

本次设计充分考虑乌梁素海的气候特征，应当优先选择巴彦淖尔地区的本土物种，优化乌梁素海的沉水植被系统，进行合理的生态优化。设计种类有轮藻、狐尾藻、轮叶黑藻、苦草、金鱼藻。

在植物布置时，需沿水深梯度，逐级进行全系列水生植被带构建，设计兼顾净化和景观功能合理的空间配置和物种配置，实现植被的优化和演替。采用生物对策，因地制宜的生态系统修复模式。

5．水生植被修复案例

恢复和重建水生植被，特别是恢复和重建沉水植被是治理富营养化浅水湖泊的主要措施。沉水植被恢复技术日益受到人们的重视，常用作植被修复的沉水植被主要有苦草、金鱼藻、轮叶黑藻、狐尾藻、伊乐藻和菹草。

邱东茹等在武汉东湖进行了水生植被恢复重建的研究工作，在人工受控的条件下（建立大型围隔）成功恢复了若干种沉水植物。包先明为研究恢复水生植被，研究在淮北东湖的污染水体进行生态培养实验，结果表明，随着黑藻生物量的增加，沉积物间隙水中总氮、总磷含量明显降低。胡俊通过分析野外条件下沉水植物狐尾藻对磷赋存形态的影响，表明沉水植物能够有效地降低沉积物中磷的含量。王卫红通过连续监测河道水质与沉水植物生物量的变化，对天津滨海新区一个景观再生水河道开展了为期2年（2004—2005年）的中试规模的研究，结果表明，重建沉水植被后河道水质有显著改善，沉水植物能够通过吸收作用减少底泥对再生水中营养盐的富集。刘淼利用苦草、轮叶黑藻、穗状狐尾藻组合构建了7种沉水植物塘，结果表明，不同的沉水植被类型组合构建沉水植被稳定塘能取得比单种植被塘更好的去污效果。

菹草是眼子菜科多年生沉水草本植物，该植物具有易成活、生长快和繁殖能力强等特点，常与金鱼藻等水生植物伴生，在冬春季节成为沉水植被的优势种。菹草通常作为富营养化湖泊生态修复的常用植物，一旦成活，具有暴发性，其较高的盖度和密度、巨大的生物量会阻碍其他物种的引入、定居与扩展，若管理不善，甚至会危及已有物种。菹草，作为乌梁素海的优势种，其春季暴发性生长及夏季大量腐败已经成为内源污染的主要因素之一。控制菹草的生物量，引入适当的种群，并加以管理，有利于抑制菹草的生长，防止单一疯长与大面积死亡，有利于健康水生态系统的构建。徐伟伟在中国科学院南京地理与湖泊所野外观测站东山站温室内6个独立实验池中进行研究，发现菹草和金鱼藻协同种植有利于延长菹草的生命周期，推迟菹草的上浮时间，而菹草的遮光效应也促进了金鱼藻的生长，在不同季节适当控制菹草的生长量可有效实现菹草和金鱼藻在群落中的有效交替，可缓解存留菹草衰亡给水质带来的不利影响，强化沉水植物群落的水质净化功能。

6. 水生动物修复原理

水生动物生态修复是指往水体中投加滤食性鱼类及螺贝等，完善水体生态系统中“消费者”链条。因为水体中光有“水下森林（‘生产者’）、微生物群（‘分解者’）还不能达到生态平衡，还需要有一定的鱼、蟹、贝（螺蚌）类等‘消费者’和‘捕食者’”。因此根据水体景观要求与鱼类生态学的特点，采用经典生物操纵与非经典生物操纵相结合，选用具有可操纵性的凶猛性鱼类数量以控制浮游生物食性鱼的数量，投加大型软体动物（如螺、蚌、贝类等），摄食底质中大量的有机质及腐败的水生植物残体等，大幅度降低底质中有机质含量及营养物质的释放，同时既帮助清扫水草表面的悬浮物，又可以通过食物链把水体中的氮、磷营养物质从水体中转移出去；大型螺类等释放的某些物质又是水体中天然的絮凝剂，可以降低水中的悬浮物颗粒并吸附大量的氮、磷营养盐。

以大型底栖动物和肉食性鱼类为主导的水生动物群落与水生植物形成共生关系，辅助维持“草型清水态”生态系统固有的物质循环、能量流动和信息传递的稳定进行。修复水体后，鱼类等水生动物会逐步建立起种群，尤其是小型鱼类和底栖杂食性鱼类，其排泄、搅动等活动会促进水体氮、磷营养盐的释放，从而不利于浮游植物的控制和修复后系统的稳定；底栖鱼类还会增加沉积物的再悬浮和营养盐的释放。控制鱼类的数量，构建健康的食物网结构，是建立水态生态系统的重要组成部分。

利用优化后的沉水植被降解深层底泥，通过水生动物摄食沉水植被，通过构建合理的水生动物群落和健康的食物网实现相应的经济效益。

水生动物的放养，首先是为了实现水体生态系统的平衡，其次也可表现水体中观赏动物与观赏植物在视觉和美学角度上的协调统一，达到景观效果。

水生动物的投加需先期水质达到预期指标后，在生态优化和稳定期时放养，选取的水生动物严格为我国本土品种。

7. 水生动物修复工程案例

沉水植物通过增加水体空间生态位，改善水下光照和溶解氧条件，为形成复杂的食物链提供了食物、场所和其他必需的条件，成为水体生物多样性赖以维持的基础。然而，如果沉水植被过度生长，不仅会影响景观效果，还会对水质、水生生态系统以及水体的功能造成严重的危害。生物方法即利用生物技术控制沉水植被，一般指用鱼类、底栖动物等摄食沉水植被，该方法的优点是成本低、安全性高、可持续性较好，同时还能产生一定的经济效益。蔡树伯通过调整草鱼的放养方式及放养密度，有效控制了北大港水库穗花狐尾藻、菹草、川蔓藻、金鱼藻和大茨藻的生长量。广东省东莞市推动华阳湖环境综合整治高质量发展过程中，在实施截污、疏浚等一系列工程措施后，通过在湿地内种植千屈菜、美人蕉、翠芦莉、荷花等水生植物 48 种 30 多万 m^2，投放泥鳅、鲤鱼、中华鲟、罗氏虾、中华绒螯蟹等水生动物 5 000 多万尾，成功构建了良好的水生态系统来改善水质，带动片区发展。

第5章

林草治理技术指南

生命共同体之肌肤——林草

大自然有着自己的运行法则和发展规律，是一个具有集结性、循环性的生命共同体，林草在这个生命体中扮演着皮肤一般的角色。林草地覆盖地表，直接同外界环境接触，具有保护、排泄、调节温度和感受外界刺激等多种功能。作为最大的器官，可以直观展现生命体的健康状况，但裸露的状态，也造成林草地的脆弱性质，一旦林草生态系统受到破坏，水土流失将会直接造成荒漠化等一系列问题。

本章以乌梁素海流域水土保持与植被修复系统为例，通过对乌梁素海东岸荒漠草原生态修复示范工程、湖滨带生态拦污工程和乌拉特前旗乌拉山南北麓林业生态修复建设项目、乌梁素海周边造林绿化工程四大工程的现状描述以及项目整体介绍，探讨林草治理在乌梁素海生态治理中的作用，并通过介绍国内外林草治理技术和案例，包括围栏封育技术、节水灌溉技术、坡面保护与坡地水土保持技术、生态监测技术等，同时论述林草生态治理与山水林田湖草生态系统的关系，如图 5.1 所示。

图 5.1　林草生态

5.1　林草生态系统概述与乌梁素海项目林草简介

5.1.1　林草生态系统概述

林草生态系统主要包括森林生态系统与草原生态系统。

森林生态系统主要包括热带雨林、亚热带常绿阔叶林、温带落叶阔叶林和北方针叶林，是森林生物与环境之间、森林生物之间相互作用，并产生能量转换和物质循环的统一体系。在我国，森林覆盖率远低于全球 31%的平均水平，人均森林面积仅为世界人均水平的 1/4，森林资源总量相对不足、质量不高、分布不均的状况仍未得到根本改变，林业发展还面临着巨大的压力和挑战。

草原生态系统包括草甸草原、典型草原与荒漠草原。我国是世界上草原资源最丰富的国家之一，草原总面积将近 60 亿亩，占全国土地总面积的 41.7%。草原生态系统作为重要的地理屏障，也是阻止沙漠蔓延的天然防线，起着生态屏障作用。另外，草原生态系统也是人类发展畜牧业的天然基地。但由于人类活动对草原生产功能的利用和依赖过大，我国 90%的草原出现不同程度的退化，水土流失和荒漠化十分严重。由于地区气候干燥、地形破碎、造林成活率低、种植牧草保存率低等因素使得水土流失更加严重。这不仅影响当地人的生命安全，还对我国社会经济的持续发展以及自然生态环境构成了严重威胁。因此，做好水土流失治理工作至关重要，而林草措施对整个生态治理中水土保持、涵养水源、防风固沙等扮演着十分重要的角色，如图 5.2 所示。

图 5.2　荒漠化草原

5.1.2 林草生态常见问题概念及分类

草原生态系统的退化，是指草原生物群落（植物、动物和微生物群落）和其赖以生存环境的恶化及系统自身生态功能的失衡和脆弱化。草场退化主要发生在干旱和半干旱地带。该地带的生物有机体与生态条件处于脆弱的相对平衡状态，这种平衡一旦被破坏，将导致草地迅速退化。

林地退化是指林地质量的降低及其生产力的下降。林地退化可分为林相残次化、木材蓄积量下降、木材质量降低以及由于土壤侵蚀造成的林木立地条件的退化。导致林地退化的主要原因包括不合理的采伐、缺少哺育、无水土保持措施等。

5.1.3 乌梁素海流域林草项目解读

乌梁素海流域水土保持与植被修复工程的实施，建立在了解乌梁素海地区地力基础条件及其退化原因的基础上，内蒙古草原 80%以上处于干旱、半干旱地区，多风少雨的气候加之疏松的表土，易造成土壤风蚀沙化和水土流失。多年来，由于受气候干旱、自然灾害频繁、利用不合理等因素影响，天然草原退化、沙化严重，植被衰退，生物多样性降低，草原资源质量变差，草原生态环境恶化，地力衰退。乌梁素海东海岸每年要流失表土近 0.5 cm，草场沙化加速，沟头不断延伸，使土地支离破碎，干旱更加严重，土地的生产力下降，植被存活困难。东岸地区水土流失非常严重，每年洪水将数十万立方米的泥沙带入乌梁素海，使乌梁素海东岸严重沙淤，泥沙向湖内深入 1.5 km。湖底正以 6～9 mm/a 的速度抬高。由于土壤干旱和荒漠化的扩展，加之植被盖度低，在风季造成流沙的移动和沙尘暴的发生，直接影响到河套平原、110 国道、包兰铁路以及各行各业的生产生活，给当地人民造成巨大的经济损失。

内蒙古草原能否发挥其特有的防风固沙、防止水土流失的作用，直接关系到中部、东部地区能否免受沙漠和恶劣气候的侵袭，关系到大江大河的生态质量。作为我国北方生态环境重要的生态屏障，其意义越来越重要，其地位越来越突出。保护好这一重要生态屏障，已经刻不容缓。

5.1.4 乌梁素海流域水土流失控制措施

1. 控制林草地退化与水土流失的前提

结合当地情况有效地防风固沙、保持水土，是修复工程的技术核心。当林草对地面覆盖达到一定程度时，才能起到防治土壤侵蚀的作用，也才能算作水土保持措施。在土壤和植被类型相对一致的条件下，林、草地的土壤侵蚀是由降雨、地形和植被盖度共同作用的结果。因此三者之间必存在一定的相互制约关系，如图 5.3 所示。这将是修复工程实施的一个前提，乌梁素海流域治理中对林草地的修复旨在通过对南北两块源头带、过程带、湖滨带进行控制。源头带位于乌拉山南北两侧，地势相对较高，地形因子较为稳定。为了增强水土保持能力，需要考虑降雨因子与植被盖度间的平衡，即当坡度一定时，植被盖度要随着降雨指标的增大而增大。过程带主要为乌梁素海东岸荒漠草原项目实施区，通过提高植被盖度，提高降雨因子（人工灌溉设施），达到平衡，减少入湖泥沙量，削减入湖污染物量，实现“清水产流”的目标。湖滨带生态拦污工程通过对乌梁素海东岸带状生态拦污带的构建实现入湖水质改善。林草四大项目的实施，对构建乌梁素海水土资源及生态系统的和谐发展具有深远的战略意义。充分发挥生态自我修复能力的作用与效益，改善草地生态环境，促进我国草地畜牧业的可持续发展，建立健康的水—林草—畜的平衡发展体系。

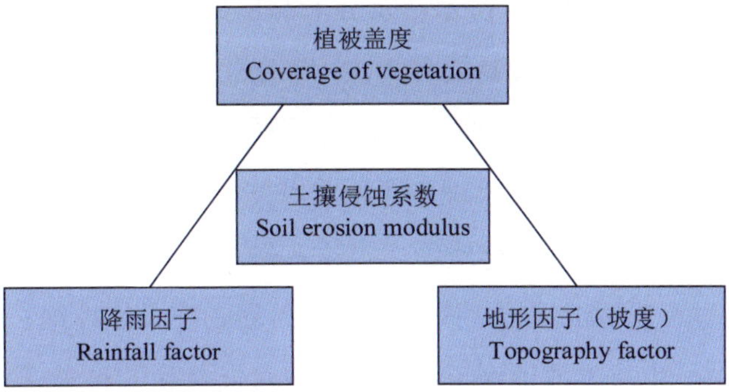

图 5.3 水土保持制约因子关系

2. 治理林草地退化与水土流失的技术路线

技术路线主要是通过资料整理分析和现状的调查，剖析清水产流机制的破坏原因，采取适宜的工程措施，对其进行规划设计，以达到预期目的。退化林草地生态修复主要技术措施是通过人工种草和免耕补播恢复草原植被，核心是有足量的乡土草品种和高质量种子作为保障。

本书中对水土保持与植被恢复采取的措施包括：过程带、沙地防治工程主要是草方格沙障固沙技术，PLA 沙障固沙技术，生物—生态沙障综合治理技术等。湖滨带生态拦污工程主要是乔灌木混交种植措施、土地整治措施、滴灌措施等。在新常态下，推进草原生态修复，需要兼顾生态、生产和生活三方利益，化解生产力提高和生态环境保护两者之间的矛盾，探索提高生产力和改善生态环境的最佳结合点，根据不同退化草原类型及不同退化程度，开展草原退化机理研究、集成创新草原生态修复技术。防止林地退化是一个长期的系统工程，我国主要采取以下措施：保护林地，防止林地退化。第一，强调采伐要有计划。从技术措施上说，采伐要有计划，边伐边育，或者是人工强化更新；在采伐方式上要采取间伐、带伐等有效的保持水土和森林生态环境的采伐方式；在人工营造方面，要营造适生速生树种，避免单一树种，增强森林抗病防灾能力。在经济上鼓励植树造林，增加绿色植被覆盖，发挥森林和土壤的碳储藏库作用，防止全球变暖。第二，加速生态修复与造林绿化进程。继续深入推进林业重点工程建设。加快实施防沙治沙和森林保护与恢复等重点生态工程。启动后续重大生态工程，加快宜林地造林绿化步伐，可持续利用林地资源。加强重点区域退化林地生态治理。以植被恢复和生态修复为重点，尽快实现生态治理重点区域的生态状况明显好转。第三，实施森林质量工程。大幅度提高林地生产力、增加森林蓄积量，主要通过扩大有林地规模、合理确定培育周期等措施，增加森林资源的数量、丰富木材及林产品供给、提高森林碳汇功能。对生态脆弱地区的林地，以培育混交、异龄复层林为主，丰富生物多样性，增强生态系统稳定性；对生态区位重要地区的林地，以培育大径级、长周期的森林资源为主；对水热资源丰富地区的林地，以集约经营、基地化管理为主，重点发展优良、珍贵、高价树种培育基地，形成速生、丰产、优质、高效的森林资源，缓解木材及林产品供应的结构性矛盾。第四，科学调整天然林地与人工林地结构。严格控制征、占、用天然林地，积极保护天然林资源，禁止采伐原始林、生态重要地区天然林，加强对天然林的科学保育，努力培育复层、混交、异龄林，构建健康稳定的生态系统；生态脆弱区林地及重点公益林地采用封育等接近自然培育和经营措施，推进形成天然林生态系统。

5.2 试点工程中的林草治理——乌梁素海流域水土保持与植被修复工程

乌梁素海周边存在严重的水土流失和土壤侵蚀问题，通过实施乌梁素海流域水土保持与植被修复工程实现改善入湖水质，整个工程实施以治理水土流失与改善周边生态环境为主要目标，以达到“清水产流”的效果，同时该工程的实施对构建乌梁素海水土资源及生态系统的和谐发展具有深远的战略意义。

项目区地处乌拉特前旗的乌梁素海周边及乌拉山南北麓，面积共 26.02 万 hm^2。包括乌梁素海东岸荒漠草原生态修复示范工程、湖滨带生态拦污工程、乌拉特前旗乌拉山南北麓林业生态修复工程和乌梁素海周边造林绿化工程四大工程。水土保持防护区如图 5.4 所示。本节将全面论述四个主要工程内容、采用技术以及与林草治理的关系。

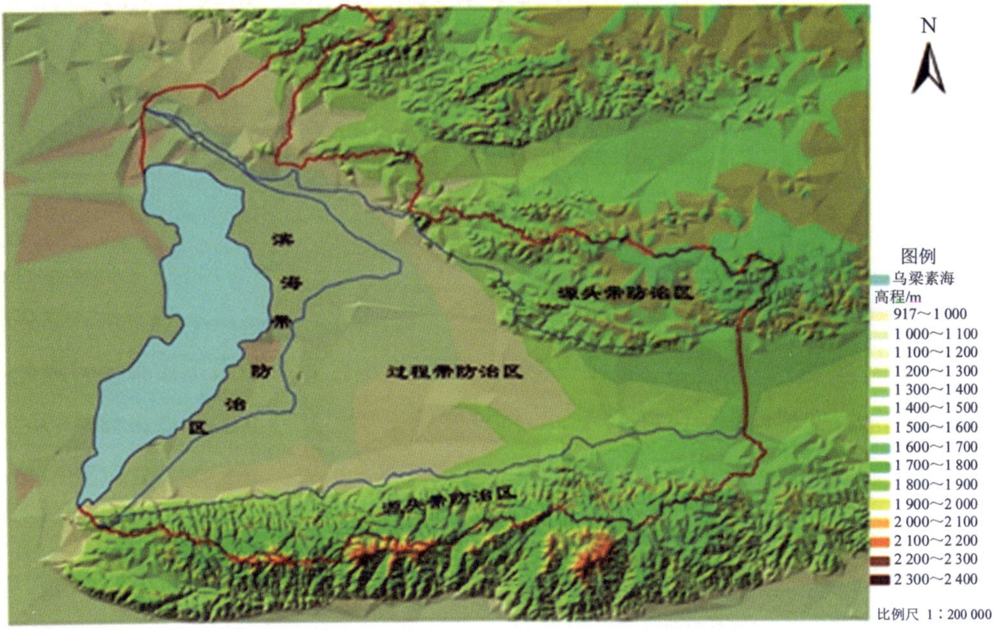

图 5.4　水土流失防治分区

5.2.1　乌梁素海东岸荒漠草原生态修复示范工程

1．项目实施背景

该工程建设区属于干旱、半干旱的少雨地区，降水稀少，蒸发量大，造成了生物群落减少，草原生态脆弱，植被覆盖度低，风对土壤的侵蚀力度增强，土壤沙化趋势严重的情况。由于过度放牧与露天矿沙石的过度开采，导致植被生长状况受到抑制，草原完整性被破坏，同时草原退化导致的鼠虫害加剧，造成了草原荒漠化的恶性循环。实施草原生态修复工程已经十分迫切。项目区现状如图 5.5 所示。

图 5.5　项目区灌木区与沙化草原

2. 工程实施内容

该工程实施草原生态修复总面积 60 000 亩，采取围栏封育与人工撒播草籽措施恢复自然植被，采用围栏封育、飞播草籽、半固定式管道喷灌和卷盘式喷灌机灌溉方式人工恢复草原生态系统。治理示范区采用人工种植摘蒙花、杨柴、花棒等。建设区域和主要工程如图 5.6 和图 5.7 所示。

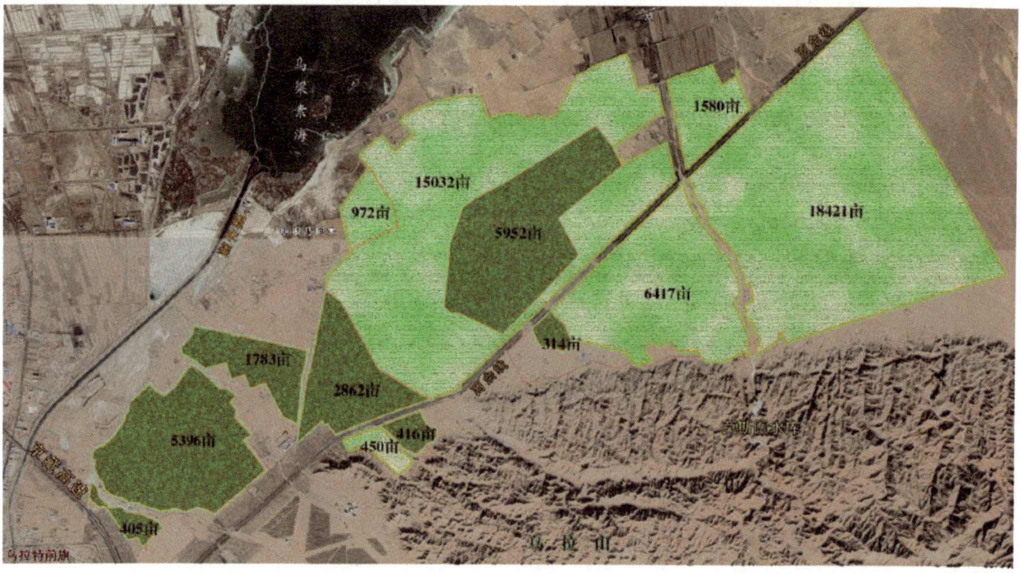

图 5.6　项目建设地点

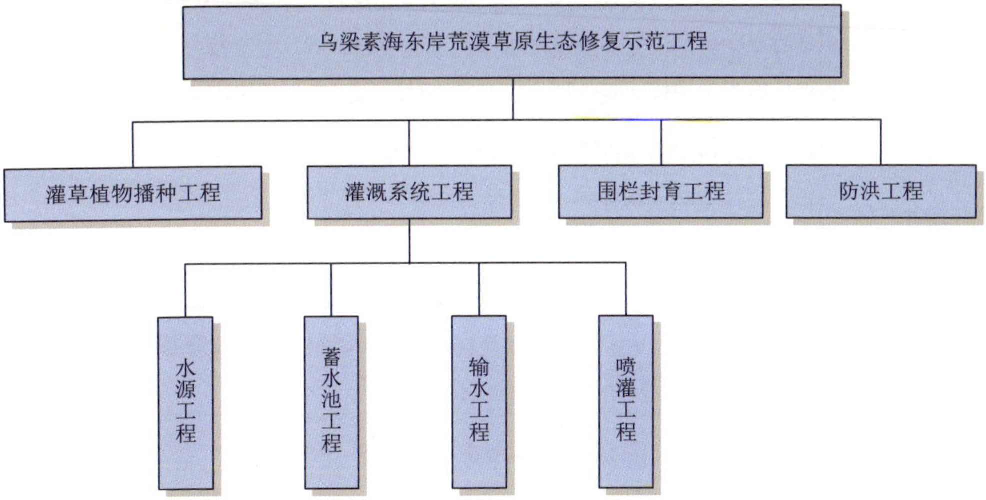

图 5.7　乌梁素海东岸荒漠草原生态修复示范工程主要内容

3．工程实施目标

通过该工程实施，最大限度地抑制草原荒漠化进程，控制水土侵蚀，增加荒漠草原植被覆盖度，实现项目区草畜平衡和草原系统平衡；保证草原等级达到《天然草原等级评定技术规范》（NY/T 15799—2007）规定的 5 级，风干可食牧草产量 1 000～1 500 kg/hm^2，自然修复区植被盖度提高 10%～20%，灌溉区植被盖度提高 20%～30%，由现在的 20%提高到 40%左右。

4．项目技术路线

草原荒漠化的治理设计思路可参考该工程，为提高工程实施的准确性和科学性，在项目设计期间，采用通过现状分析与基础资料收集的方式，明确存在的问题，并在分析问题后得出对应治理措施。例如在本项目中，项目区存在草原植被退化、草原畜牧业发展受限、生态系统脆弱等问题，因此采用飞播草籽+围栏封育+自然恢复+人工灌溉的技术路线，最终达到草原生态系统良好、草原经济持续发展的目的。各工程采用技术主要特点见表 5.1。

5．荒漠草原生态修复示范工程对林草治理的启示

林草治理中，保持可持续发展的良好的草原生态系统十分重要，荒漠草原的生态治理通过结合当地环境实际情况，发现存在的问题，并针对问题制定了解决措施，乌梁素海流域周边荒漠草原的治理是乌梁素海流域生态综合治理中必不可少的。

表 5.1 项目实施工程基本技术介绍

围栏封育工程	结合实际情况，充分考虑项目实施过程中的矛盾、施工难度及投资。 保证所采用围栏的耐久性、适应性、经济型。围栏采用混凝土桩网格围栏
灌草种播种工程	结合实际情况选择合适的灌草种，保证具有抗风蚀、抗旱、自然繁殖能力强等，飞播灌草籽达到 GB 7908 规定的二级以上（含二级）质量标准。飞插土优先选择本地区优良种源；种植方式为人工点播、条播和撒播组合方式；飞播草种进行丸衣或包衣处理，加入生长素、保水剂、灭虫鼠药品等
灌溉系统工程	以移动性强、投资少为参考要素，选择对半固定式管道喷管系统、卷盘式喷灌机。灌溉工程选择合适水源
防洪工程	充分利用现有防洪工程体系，导洪堤与公路过水面相结合。保证项目区生态修复工作与灌溉设施顺利实施

5.2.2 湖滨带生态拦污工程

1. 项目实施背景

项目所在区域为：东至乌梁素海东岸 200 m，北至烂大渠尾稍，南至乌毛计闸，位于乌拉山北麓冲积平原区，地势较为平坦，治理总面积 936 hm^2。如图 5.8 所示。

图 5.8 湖滨带生态拦污工程实施地点

项目所在区域由于地处半农半牧地区，乱垦滥牧，造成土地大面积退化沙化，土壤盐碱化面积不断扩大，植被覆盖度低，生态环境脆弱，水土流失十分严重。在雨季汛期暴雨集中，山洪频发，来势凶猛，山洪挟带上游泥沙滚滚而下，直泄入湖，是造成乌梁素海泥沙淤积的主要因素之一；从小明沙向东一带，沙丘连绵起伏，流动沙丘在冬春季强劲大风的吹蚀下，常形成扬沙甚至沙尘暴天气，更加剧了项目区内风蚀的发生和发展；大多数为未利用的沙地和以发展畜牧业为主的天然草地两种形式，由于未采取任何人为整治措施，使得土地生产力极其低下，有限的天然草地日益萎缩，生态环境恶化的趋势愈演愈烈。上述情况共同构成了水土流失严重、水蚀严重、风蚀严重和土地利用率低的问题。

2．工程实施内容

该工程包括水土保持林措施、灌溉措施、造林种草等措施。具体如图 5.9 所示。

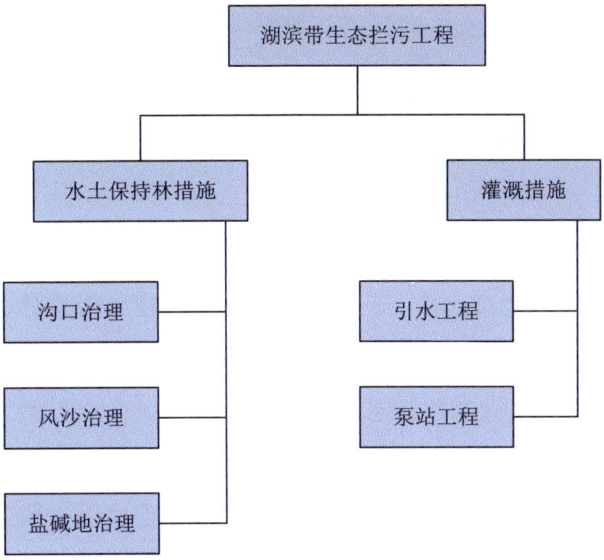

图 5.9　湖滨带生态拦污工程主要内容

3．工程实施目标

该项目治理总面积约 936 hm^2，通过项目的实施改善周边水土流失严重、水蚀、风蚀、土地利用率低的情况，具体目标见表 5.2。

表 5.2　工程实施目标

水土保持措施	沟口治理区	入湖沟道沟口河床采取林草措施，实现防蚀减冲，拦洪减沙
	风沙治理区	通过采取工程措施和林草措施固定流沙，恢复植被
	盐碱滩治理区	造林措施实施前进行土地整治，包括清理、翻耕、土壤改良等措施，降低盐碱含量
	其他治理区	开发村镇旅游景区
灌溉措施	引水工程	为湖滨带生态拦污工程及乌梁素海东岸荒漠草原生态修复示范工程提供绿化用水
	泵站工程	为灌溉措施提供水泵、水闸
造林种草	树种选择与草种选择	播种树苗、草种，达到减缓水流速度，拦截泥沙和控制农牧业面源污染的效果

4. 项目技术路线

该项目主要采用技术包括土地整治技术、低压管道技术等。

土地整治技术用于提高林草的成活率，在林草措施实施前进行土地整治，包括清理、翻耕、施肥，采用拖拉机牵引铧犁翻耕等措施，保证生态拦污区的乔灌林与草种顺利成活。

低压管道技术，根据项目区地形、水源的位置，种植方向等情况进行管道布置。采用一泵控制一干管，管道均埋于地下的设计方案。通过使用低压管道代替明渠，可以使用较低的压力，通过压力管道系统，将水输送到田间沟渠，灌溉农田。

5. 湖滨带生态拦污工程对林草治理的启示

湖滨带生态拦污工程揭示了在林草生态系统中，由于水土流失导致的污泥大量进入水体中，对整个生态系统造成了巨大的影响，在营造良好的山水林田湖草沙生命共同体的过程中，充分考虑造成水土流失的原因，并针对性地实施水土保持措施，对改善整体生态环境，以及改善周边农牧业具有重要意义。

5.2.3　乌拉特前旗乌拉山南北麓林业生态修复工程

1. 项目实施背景

乌拉特前旗乌拉山南北麓林区域中长期存在土质较差、病虫害严重等问题，导致保水保肥能力差，树木后期生长弱，部分经济林树木不能正常开花结果，不能实现经济效益。同时，常见的病虫害造成了常见的根癌病的现象，项目区林木成活率不高，因此造林成效需要尽快提高。

2．工程实施内容

项目区实施营造林植被生态修复 2 200 hm^2，包括人工造林工程、飞播造林工程以及相关辅助配套工程，如图 5.10 所示。

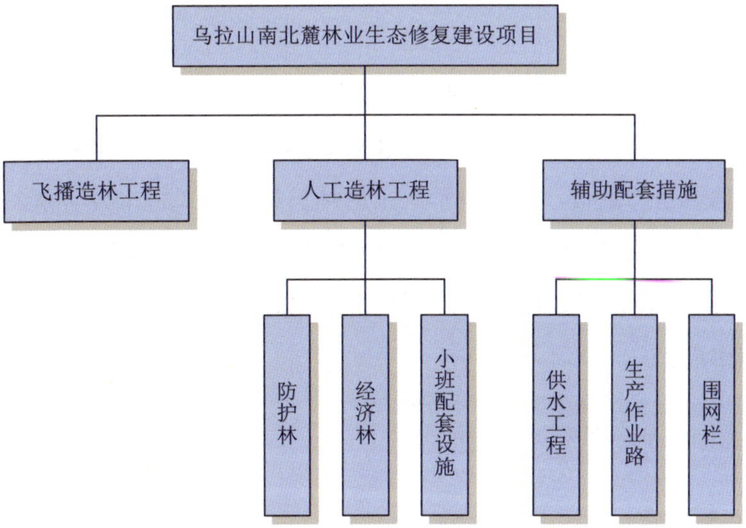

图 5.10 乌拉特前旗乌拉山南北麓林业生态修复工程主要内容

3．工程实施目标

该项目的实施将有效改善区域树种组成，有效提升土地利用率与生产能力，最大限度地发掘林地生产力，促进绿色发展，使乌拉特前旗乌拉山南北麓生态建设水平得到进一步提高，生态状况持续改善，环境质量得到有效提升，修复成果进一步显现，不断提升乌拉山南北麓生态系统的稳定性和生态系统服务功能。具体目标如下：当年造林地造林成活率达到 80%以上，造林成活率低于 40%进行重造。通过 3 年抚育，人工造林成活率达到 90%以上，保存率达到 90%以上。飞播区造林成活率达到国家验收标准。

4．项目技术路线

项目技术方案采用立地条件类型划分，树种选择、苗木质量控制以及苗木来源控制和造林模式配置的方式，合理地完成人工造林工程。通过项目地区地形地貌、土壤、植被等环境因子的特点将项目区分为不同的立地类型，依据生态建设效果目标确定项目区营造林种类。采用因地制宜、适地种树原则优先选用和发展乡土树种、优良树种。

造林技术主要根据散苗、裸根苗与带土球苗的不同分别栽种，并配置浇水排水—修剪抹芽—除草—病虫防害治的方式。不同虫害病则采用不同的病害防治方法。

辅助配套工程中，作业技术路线为：测量放线—平地机整平—机械素土夯实—二次找平—机械碾压夯实。供水工程主要采用合理的新打机电井及配套措施，为了节约用水采用滴灌系统设计，配以蓄水池建设。此外，为防止牲畜破坏林木，采用网围栏设置在项目各造林地块四周。

5. 乌拉特前旗乌拉山南北麓林业生态修复工程对林草治理的启示

林业生态系统对乌拉山南北麓林十分重要，林木的成活率受诸多环境因素影响，为了巩固和加强林业生态建设，采用科学人工造林护林的方式将十分有效。乌拉山南北麓林业生态作为乌梁素海流域综合生命体，改善林业也将持续改善周边的环境质量与发展。“因地制宜、适地种树”、根据不同草虫害制定对应解决措施等都对以后治理生态起着很好的示范作用。

5.2.4 乌梁素海周边造林绿化工程

1. 项目实施背景

该工程依托乌梁素海山水林田湖综合治理项目，具有巨大的生态效益及社会效益，同时项目建设资金到位率高，有利于工程的开展，周边配套设施比较完善，具备实施绿化条件。

2. 工程实施内容

项目主要包括通道绿化与村屯绿化两个工程。其中，通道绿化为在村内街道绿化综合考虑基础设施建设规划下，提前预留出植树床，一般应不少于两行树。采取立体栽植模式，注重落叶与常绿树种有机配置，合理搭配。村屯绿化是根据建设地条件，在村屯四周营造护村林带或片林。应以栽植观赏景观效果与经济效益高兼顾的生命力旺盛的乡土树种为主，如图 5.11 所示。

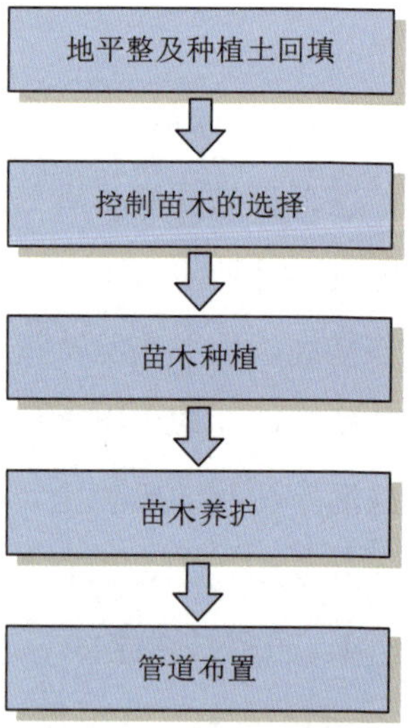

图 5.11 实施技术流程

3. 工程实施目标

作为乌梁素海山水林田湖草生态保护修复工程中的有机环节之一，项目目标是提高乌梁素海流域生态环境质量，提升防风固沙能力，加强周边生态系统的稳定性，显著增强整体生态系统服务功能，有效提升“北方防沙带”生态系统服务功能和保障黄河中下游水生态安全。

5.2.5　乌梁素海流域水土保持与植被修复工程与林草治理工程的总结与启示

乌梁素海流域水土保持与植被修复工程以改善水土流失、提供周边绿化，促进农牧业经济发展等为目标对乌梁素海流域附近采取了综合的林草治理措施。各个项目的实施均建立在充分科学的调查基础上，考虑到包括当地的环境、地质情况、水利、农牧业、经济条件等多种因素，从而制定出配套的林草治理措施，在达到林草系统治理效果的同时，也促进了山水林田湖草沙生命共同体的构建，采取了围栏封育、飞播造林、人工造林以及配套的工程措施，保证工程实施的科学性和合理性。

在乌梁素海山水林田湖草沙生命共同体的大背景下，林草系统中的水土流失造成了土地沙漠化、盐碱化、湖水的泥沙淤积、周边农牧产业下降等问题。林草生态对整个生态系统的影响可见一斑。采用科学、经济的方式合理改善林草生态系统在未来的生态治理项目将成为趋势。林草生态技术将在下面具体阐述。

5.3　林草生态治理技术

5.3.1　林草生态治理技术概要

自中华人民共和国成立以来，以林业为主的生态环境建设取得了长足的发展，党和政府出台了一系列方针政策，中华人民共和国成立初期将生产木材作为林业的首要定位，再到将林业作为国民经济、农业、牧业发展的一部分，以及保持自然生态平衡，调节气候，改善环境等方面的重要地位的转变，如今我国对林业发展的理念已转变为生态林业、可持续林业、现代林业，将生态林业建设提升到关乎社会经济可持续发展的战略高度。2016 年，根据财政部、国土资源部、环境保护部联合发布的《关于推进山水林田湖生态保护修复工作的通知》，在生态系统类型比较丰富的地区，将湿地、草场、林地等统筹纳入重大工程，对集中连片、破碎化严重、功能退化的生态系统进行修复和综合整治，进一步推进了我国林草生态系统治理的发展。

我国在水土保持、林业生态工程、防治沙漠化、草原生态建设、自然保护区建设等方面取得了巨大成就，但建设质量除重点治理区外参差不齐，导致林草生态环境建设不能最大限度地发挥预期的生态效益。如今主要的林草生态治理技术如图 5.12 所示，林草生态治理技术是为了恢复和提高受到破坏的林草生态环境，采取的有关政策、生物、化学等技术的过程。按标准采用的林草生态治理技术是保证林草生态治理效果的关键。

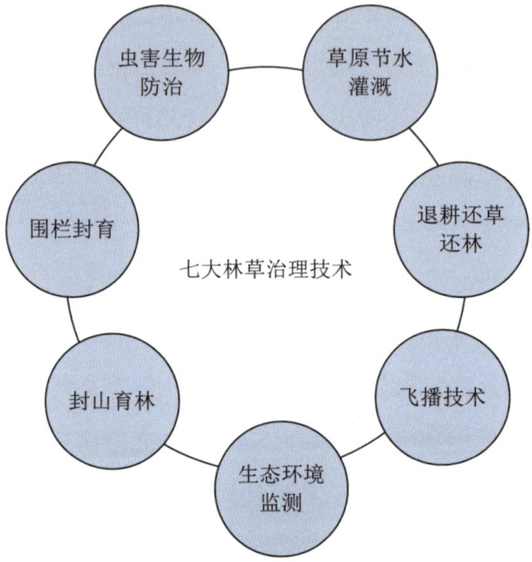

图 5.12　林草主要治理技术体系

5.3.2　围栏封育技术

1. 围栏封育概述

围栏封育是通过将草地封闭一定时期，在此时期内不进行放牧或割草，消除人为干扰，使被抑制的优良牧草有一个充分生长、繁殖的机会，并积累足够的营养物质的方法。围栏封育具有投资少、见效快的特点，是用于退化草地恢复的重要措施之一。围栏封育的技术特点：一是短时间内对植物群落特征产生积极影响，适度的围封年限可以使群落盖度、平均密度、地上生物量及物种多样性显著提高。二是受多个因素影响，在实际操作中围栏材料的质量、施工方法、工程监理、围栏管护、维修等都对天然草地围栏封育的效果有极其重要的影响，如图 5.13 所示。

图 5.13　围栏封育

2．围栏封育的实施过程

围栏封育的实施过程主要包含准备阶段、实施阶段、检查验收、移交管理和申请资金拨付 5 部分。

（1）准备阶段。包含了对计划实施项目区域中已勘定认界，预埋设界桩进行初步踏查，初步确定封护路线，预留路口位置，计算封护长度和围栏桩数量，并确定围栏桩预制场地、施工人员数量等，并根据最终计算出的围栏桩数量与网围栏长度，由签订合同的厂商开始预制。

（2）实施阶段。将围栏按照界定位置，按照设计要求固定围栏桩（如每 20 cm 一个预埋件的位置固定网围栏进行铺设）。

（3）检查验收。包括工程竣工后，组织各责任方实地对围栏工程进行自查和验收后再由项目所在区域管理人员进行最终检查和验收。

（4）移交管理。工程检查验收后，对实施围栏工程的所有物料列出清单，绘制工程位置图，签订工程移交管理责任书，移交至工程所管辖政府对该工程进行管护。

（5）申请资金拨付。对工程所用的全部物料、人工、机械设备等费用和后期管护费用列出清单，提出围栏封育工程的资金拨付申请，由项目管理资金的部门拨付。

3．影响围栏封育的因素

围栏封育对退化草场恢复起到了重要作用，但实际操作中，围栏材料的质量、施工质量、施工方法、工程监理、围栏管护、维修等都对天然草地围栏封育的效果有着极其重要的影响，应严格执行项目法人责任制、招投标制、合同管理制和工程监理制。

（1）围栏材料质量。应按照原农业部《草原网围栏和棘刺围栏建设技术规程》和《西部地区天然草原退牧还草工程项目验收细则》中有关材料的要求严格把关。督促材料供应单位按质量标准提供合格产品，杜绝不合格的产品进入现场。

（2）施工质量。施工方法应公开选择有资质、有实力的施工队伍，严格按照《实施方案》《作业设计》《施工合同》内容施工，由建立单位严格督促。

（3）保证后期维护。落实负责维护单位，保证围栏的后期管护与维修。

4. 有关围栏封育的研究与结论

近些年，根据围栏封育工程的实施研究草原生态系统的变化包括草地群落结构、植物生物量、植物群落多样性、土壤性质影响研究。主要结论见表 5.3。

表 5.3 围栏封育对草原生态的影响

围栏封育的研究进展	结论
围栏封育对草地群落结构影响的研究	总体来说，围栏封育在短期内可以提高植被高度和盖度，随着围封年限的增加，高度与盖度增加速率下降，一般在封育 5～10 年达到最大值，但如果围封年限继续增加，各植被数量指标会缓慢下降
围栏封育对植物生物量影响的研究	生物量与植被高度、盖度呈正相关关系。经过围栏封育后，其变化趋势与植被高度、盖度一致，在围栏封育初期呈上升趋势，在一定年限后，上升速率逐渐下降，一般在 8～10 年时达到最大值，其后缓慢下降
围栏封育对植物群落多样性影响的研究	围栏封育对于物种多样性的影响较为复杂，在封育开始一般会出现三种情况：物种多样性减少、物种多样性变化不大、物种多样性增加
围栏封育对土壤性质影响的研究	土壤理化性质对围栏封育的影响较为缓慢，短期内基本无明显变化，在经过较长时间（15～20 年）封育后才会有所改善

5. 实施围栏封育的风险

实施围栏封育工程主要面临的问题有两个，包括缺乏对草原实际情况的考察以及实施围栏封育导致的社会矛盾。

（1）缺乏对草原实际情况的考察。围栏封育对草原实际情况的全面考察是当前面临的最大问题，在过去的 20 年里，由于未充分考虑实际情况而采取的围栏封育可能会导致草地的加速恶化。

（2）社会矛盾。由于部分草原被划入公用草地进行围栏封育，会对一些牧民造成影响。由此引发的社会矛盾若不妥善解决会对工程实施造成很大的影响。

6. 针对实施围栏封育技术的有关建议

主要包括合理控制围栏封育的时间与结合其他措施综合治理。

（1）合理控制封育时间。封育期并非时间越长越好，适度放牧能够使草产量增加和植物多样性增加，但随着围栏封育年限的增加，以上指标又会出现下降趋势。应该根据实际情况选择是否继续进行围栏封育，并且围栏封育过程中在不大幅增加成本的前提下可以考虑进行轮牧。

（2）结合其他措施对草原进行综合改良。重度和极度退化的草地，由于草地植物群落中优良牧草几乎消失，已基本失去了使用价值，生态功能严重下降，原生植被短期内自然恢复的物质基础几乎不存在，其自然繁殖更新的能力较低，在封育状态下，短期内不可能恢复为原生植被，也不可能大幅提高牧草产量。因此，此类草原的恢复治理，必须通过建植栽培草地、人工补播、施肥、毒害草防除、病虫害防治等综合措施进行改良。对于大面积严重退化草地，在无力进行农业改良措施的情况下，采用保护性的禁牧封育措施是一种投资少、见效快，可以大面积推广使用的改良措施。中轻度退化草地进行围栏封育可达到事半功倍的效果，但围栏封育时间需要更长一些，轻度退化草地封育 2～3 年后，群落发生恢复性演替，草地的优良牧草及可食牧草无论是盖度还是地上生物量均能达到较高标准。

【案例 1】某省围栏封育项目

1）项目概况

某省将重点水源地及其周边区域人畜活动频繁、易遭受干扰破坏的“小开荒”和超坡地等林地作为重点，实施围栏工程。该围栏封育项目共计 13 个市（84 个县、区）、2 个省管县，3 个植林场，共投入围栏封育资金总额 50 302 万元，建设围栏里程 14 372 km，围封控制面积 24.2 万 hm^2。实施主体为市、县林业主管部门，负责地区围封工程建设的组织实施和管理。乡（镇）林业工作站负责乡范围内围栏封育项目的实施和监管，未设林业工作站的乡，设专职或兼职人员负责相关工作。

2）建设标准

围栏的标准高度（指地平面以上的立柱高度）不低于 1 400 mm。围栏线路上各小立柱为直线。围栏使用的刺网丝、水泥立柱等原材料及其产品的规格标准，以及围栏施工技术标准均需符合相关建设标准的要求。

监管采用了通过构建绩效评价体系以确定对整体围栏工程的评价。评价体系分别从项目决策、项目管理及项目绩效 3 个一级评价指标、13 个二级评价指标、27 个三级评价指标进行总体评价，具体指标构成及分值见表 5.4。

表 5.4　某围栏封育绩效评价体系

一级指标	分值	二级指标	分值	三级指标	标准分值	实际分值
项目决策		项目目标		目标内容		
		决策依据		决策依据		
				决策程序		
		针对问题、需求		针对问题、需求		
		受益对象		项目受益对象明确性		
项目管理		资金分配情况		分配方法		
				分配结果		
		资金落实情况		资金到位率		
				资金到位及时性		
		资金管理情况		资金使用情况		
				财务管理		
		组织管理情况		组织机构		
				管理水平		
		项目实施情况		项目进度		
				完成验收情况		
项目绩效		项目产出		产出数量		
				产出质量		
				项目经济内部收益率		
		项目效果		经济效益		
				社会效益		
				环境效益		
		项目可持续性		项目管理机构、人力资源、技术满足项目持续运行的情况		
				保证项目运行的政策、制度持续实施情况		
				项目产出的持续性		
				项目财务可持续情况		
		项目满意度调查		项目直接受益人满意度		
				项目基层实施人员满意度		
合计						

3）项目结论

结合评价体系对该围栏封育项目进行评定，项目综合评定结论为良好，其中，项目决策为优，项目方案的设计基本符合实际，总体目标明确，目标指标量化可衡量；项目管理为优，经过调查，该项目资金均按照要求进行了下拨和使用，工程建设实施顺利完成，基本达到预期目标；项目绩效为良，通过该项目的实施，违法破坏山林、滥占林地破坏森林资源、违法放牧的行为得到有效遏制，并通过退耕还林、黄山绿化等工作对生态环境起到了良好的促进及保护作用。该项目围栏封育的 24.2 万 hm^2 林地，计划采取有力管护措施，再结合科学的人工抚育，促进树木地上和地下管理，将在后期得到更好的经济效益。

通过建立全面、客观、科学的评价体系，结合绩效综合评价，基本达到建设预期。该项目成功地实施了从规划设计到建设施工及成效的逐步释放过程，满足项目预期。围栏封育的实施过程并不复杂，在实际实施过程中，在按照实施标准的基础上，确定绩效评价指标并制定有效的绩效评价指标是绩效评价取得成功的保证，也是建立绩效评价体系的中心环节，它直接影响着评价活动的取向、评价的有效性和价值度。

5.3.3 封山育林技术

1. 封山育林概述

封山育林是指对具有天然下种或萌蘖能力的疏林的疏林地、无立木林地、宜林地、灌丛等封禁，保护植物的自然繁殖生长，并辅以人工促进手段，促使其恢复形成森林或灌草植被，以提高森林质量的一项技术措施。封山育林的特点：一是更注重利用原有植被资源和生态系统的自我修复能力，人工干预少，不易引起水土流失。二是辅助人工促进更新手段，人工栽植非均匀配置的目的树种或与原优势树种不同的树种，较易形成异龄、复层稳定的林分结构。三是重点依靠植物自然繁殖生长，形成的植被更具有天然林特点。可形成更复杂的能量和物质流动链条，从而增强生态体系的完整性和稳定性，保护和提高生物多样性。四是成本相对较低，特别是苗木、整地、栽植费用较低，不需要大量劳力。因此，封山育林适应范围广，具有其他绿化方式无法替代的优势。封山育林的意义在于保护物种多样性、改善生态环境和促进社会发展。

2. 封山育林模式

封山育林主要包括全封、半封和轮封三种模式，具体内容见表 5.5。

表 5.5 封山育林模式

封山育林模式	内容
全封	全封是指在封育期间，禁止采伐、砍伐、放牧、割草和其他一切不利于植物生长繁育的人为活动。封育年限根据成林年限确定。一般为 3～5 年，有的可达 8～10 年。这种方式适于高山、远山、河流上游、水库附近及严重的水土流失和风沙危害地区的水源涵养林、防风固沙林和风景林等的封育
半封	半封是指在林木主要生长季节实施封禁；其他季节，在不影响森林植被恢复，严格保护目的树种幼苗、幼树的前提下，要组织群众有计划、有组织地进行砍柴、割草等经营活动。这种方式适于封育用材林和薪炭林等
轮封	轮封是指将整个封育区划片分段，实行轮流封育。在不影响育林和水土保持的前提下，划出一定范围，供群众樵材、放牧、割草等，其余地区实行全封或半封。轮封间隔期 2～3 年或 3～5 年不等。通过轮封，整个封育区都达到恢复植被的目的。此法能较好地照顾和解决群众当前利益和生产生活上的实际需要，适于培育薪炭林

3. 工程封山育林项目建设依据

实施封山育林项目建设应遵守以下依据：

（1）上级主管部门下达的工程封山育林项目年度计划任务。

（2）上级林业主管部门批复的按年度计划任务编制的工程封山育林项目作业设计。

（3）国家和自治区颁布的有关工程建设管理规程和办法。

（4）森林分类经营区划界定。

4. 工程封山育林项目建设原则

（1）统一规划，突出重点，连片封育，注重实效的原则。

（2）坚持分类经营，优先培育生态公益林的原则。

（3）以封为主，封造结合，提高成效的原则。

（4）封山育林与农村新能源建设相结合的原则。

5. 封山育林项目建设方案

（1）选择封山育林对象

根据《封山（沙）育林技术规程》（GB/T 15163—2004），结合实际情况，选择封山育林对象，如宜林地。

（2）封山育林技术设计

封山育林类型。结合当地土壤、气候、植被等立地条件，选择封山育林类型，如灌草型。

封山育林方式。根据项目环境实际情况，选择合适的封山育林方式，全封/半封/轮封。

封山育林年限。根据《封山（沙）育林技术规程》（GB/T 15163—2004）的规定，结合地区封育区立地条件情况，确定封育年限。

（3）封禁设计

人工巡护。根据封禁范围大小和人、畜危害程度，设置专职护林员进行巡护。主要职责为 24 小时全天候管护，防止闲杂人员及牛羊进入封山育林区，看护保护标牌、围栏网等设施设备，及时修复毁损的设施设备，经常察看造林地新植灌草情况，及时对受损苗木扶正、补植，浇水等进行管理。察看林地林火和病、虫、鼠害情况，及时汇报，并采取相应措施进行防治。

设置围栏。在该项目实施区内沿连片封禁小班外围架设围栏。围栏材料来源通过公开招标采购。

设置标牌。地区县林业局和当地造林局为责任单位，为明确职责，设置永久性封育牌若干个，警示牌若干个，并分单位设置。

（4）育林设计

根据封山育林实际情况，为加快植被的恢复通常通过人工植树，提高林地质量和生态功能。

（5）森林保护

根据“预防为主、因害设防、综合治理”的原则，与护林防火和病、虫、鼠害防治主管部门联系，纳入其管理范围，制定相应的防治、预防应急措施。

（6）种源与种量的选择

根据封山育林设计，选择适宜当地林业环境的树种，并确定种（苗）量的数量。

（7）种苗质量

苗木应按照《主要造林树种苗木质量分级》（GB 6000—1999），选购适合本地生长、质量优良 1 级、2 级的种苗，草种质量应按《天然草地补播技术规程》（DB63/T 819—2009）技术标准。苗木和草种采购方式实行政府采购制度，苗木草种质量实行终身责任制，苗木草种供给要求具备一签两证。

6．主要技术措施

（1）围栏建设技术措施

围栏设计与施工。执行农业部《草原网围栏建设技术规程》（NY/T 1237—2006）和国家机械行业标准《镀锌钢丝围栏网　基本参数》（JB/T 7137—2007），编结网围栏产品质量分等达到《编结网围栏　产品质量分等》（JB/T 51068—1999）一等品的标准。

（2）苗木规格

采用符合要求的苗木。例如，使用灌木苗应选择高山柳一年生规格苗；草种为老芒麦、披碱草、黑麦草等混合草种。

（3）植苗时间

通常采用春季 4 月下旬至 5 月上旬，雨季来临之前；秋季 9 月上旬至 10 月中旬，土壤未冻结之前。

（4）栽植密度

根据项目区立地状况，植被分布稀疏程度，在稀疏或裸露地段栽种。

（5）整地

清除林地藤蔓，挖植苗穴时注意尽量不伤及原有林地草本。植苗穴规格为 30 cm×30 cm 或 40 cm×40 cm。

（6）栽后管理

造林后，巡护人员要经常察看造林地新植灌草情况，及时对受损苗木扶正、补植，浇水等进行管理。察看林地林火和病、虫、鼠害情况，及时汇报，并采取相应措施进行防治。

7．实施封山育林面临的问题

随着我国封山育林措施的实施，相关的问题逐渐显现，主要问题如下：

（1）缺乏先进的管理机制。封山育林工作通常是由政府主导的，由于政府的工作具有明显的综合性特点，用于封山育林管理工作的条件有限，导致由于封山育林前期工作中调查不充分，造成调查结果与客观实际存在偏差，从而影响封山育林的效果。例如，有些地段适合植树造林，但却被政府用于封山造林，这不仅会增加封山育林工作的难度，还会增加后续管理的复杂性，最后的封山育林效果也会受到影响。

（2）自然规律与经济规律脱节。林业生态工程建设的目的是促进林业的可持续发展，利用林业资源创造更多的经济效益和生态效益，这就要求封山育林工作将自然规律与经济规律结合起来。在适合封山育林的区域才进行封山育林，在适合采用飞播造林的地区则要采用飞播造林，根据造林区域的实际情况，合理选择造林方式，才能将造林成本控制在最低水平。但从实际情况来看，许多工程都没有与当地的实际情况相结合，不注重客观规律。比如，采用“一刀切”的方式，将一个地区的山地全部用于人工造林，或者全部进行封山育林。对封锁的区域也没有进行严格的区分，应该封育的区域没有进行封育，而在不该封育的区域却用来封山育林，不仅会给当地人民的生活带来不利的影响，还会影响封山育林的效果。

（3）封山育林管理不到位。封山育林的管理工作非常重要，在对封山育林进行管理时，要改变传统的管理观念，加大对封锁区域林业的管理。但是，许多地方政府对封山育林工作的意义认识不到位，没有意识到封山育林的经济作用、社会作用和生态作用。所以，政府对封山育林的管理比较松散，没有建立完善的封山育林管理规章制度。有的地区在实际的管理工作中，也没有将封山育林管理制度落实到位，导致封山育林总是达不到预期的效果。

【案例 2】陕西省某县的封山育林应用

1）项目概况

所选封山育林区为交通方便、育林措施便于实施的地区。封育区集中连片，地处秦岭北坡水源涵养林区，适宜栎类、刺槐、油松等乔木树种生长，选定的封育小班也符合《封山（沙）育林技术规程》（GB/T 15163—2004）有关标准。封育对象为疏林地、灌木林地和低效林地，现有母树、幼树、幼苗、灌木生长状况较好，分布较均匀。在实施封禁措施的基础上，对部分疏林地小班辅以人工促进破土整地、除萌促壮、割灌除草等更新措施，以促进母树、幼树、幼苗生长，经过封山育林即可成为乔木林，使疏林地郁闭度达到 0.2 以上。

2）设计依据

设计依据包括《长江上游、黄河上中游地区公益林建设管理办法》（2012 年）、《封山（沙）育林技术规程》（GB/T 15163—2004）、《岐山县天然林资源保护工程实施方案》、国家林业局《森林资源规划设计调查主要技术规定》（2003 年）、《陕西省森林资源规划设计调查实施办法》（2005 年）、全国生态公益林建设标准（2001 年）、《陕西省天保工程公益林建设作业设计办法》。

3）封育目标

以小班为单位，疏林地乔木型经 10 年封育后，乔木郁闭度≥0.2 或有分布均匀的乔木 1 050 株/hm^2 以上，灌木林乔木型经 10 年封育后，郁闭度≥0.6 且林下有分布均匀的幼苗 3 000 株/hm^2 以上或幼树 495 株/hm^2 以上，从而达到涵养水源、保持水土、改善区域生态环境的目的；个别立地条件差不便实施人工措施的陡坡裸岩地段，经封育也可使灌草覆盖度得到明显提高。

4）封育设计

封育类型。根据封育区各小班立地条件、植被构成、现有母树和幼树分布情况，将封育区封育类型确定为乔木型和乔灌型，合理划分小班。

封育年限。根据封育条件、封育目的及地理位置等情况，并考虑生产组织一致性和达到封育合格标准可能性，确定封育年限为 10 年。

封育方式。封育区地处深山区，交通便利，封育方式设计为全封。封育期内，禁止除实施育林措施以外的一切人为活动。

5）封禁措施设计

根据封育区地理位置、面积和人为活动情况，设立封育标志，建设铁丝围栏，由林场在现有护林员中设兼职护林员进行日常巡山管护，并做好森林防火和有害生物防治工作，林场做好技术档案管理和成效调查。

6）育林措施设计

对有较强天然下种或萌蘖能力，但因母树分布不均或因局部植被覆盖度较大而影响幼苗生长的封育小班，进行块状或带状破土整地、割灌除草、除萌复壮等人工促进天然更新措施，为幼苗、幼树成林提供条件。破土整地规格为 100 cm×100 cm×30 cm，块间距 2.5 m，行间距 3.5 m，深度 30 cm，破土整地时可不拘于密度的限制，以填空补缺的方式进行。对目的树种母树较少的地段，可以人工补充种源，以增加目的树种幼苗数。

7）保障措施

一是加强领导，落实责任，强化项目管理，确保工程建设质量。二是加强管护，巩固封育成果。封山育林的管护工作是重中之重，封育区要制定乡规民约和管护制度，做到家喻户晓，对周边群众加大宣传力度，对损坏林木的行为要严厉打击。建立护林员岗位责任制，将其工资收入与管理成效挂钩，使护林员切实负起责任。对牲畜践踏幼苗、幼树及人为破坏林木的行为，按照《森林法》有关条款追究其经济责任，确保封育成效。

8）项目结果

该项目通过科学的设计与实践，在该林场取得了显著的生态和经济效果，经过 28 年的封护后天然林增加到 1 967 hm^2，保存面积 1 059 hm^2。森林有林地覆盖率提高到 67%。此外，通过封山育林，节约了人工造林成本 97.39 万元。

9）项目评价

该项目由于在实施过程中受到了当时经济、技术和管理条件的限制，虽然取得了显著效果，但若可以对成林条件、速度、演替规律等深入研究，可进一步提高封山育林的效果。

8. 实施封山育林的建议

1）制定政策法规，加大行政推动力度

封山育林工作涉及面广，不是单独某一个部门能够完成的，必须在政府的组织领导和指挥协调下，才可能有序地进行。《森林法》第 28 条规定，必须封山育林的地方，由当地人民政府组织封山育林。2002 年河北省政府办公厅下发了《关于加强封山育林工作的通知》，2003 年河北省政府发布了《关于家畜禁止放牧实行圈养的暂行规定》的省长令，2004 年河北省人大制定通过了《河北省封山育林条例》，各市县也制定相关实施办法，这些政策措施大大推进了封山育林工作的开展。

2）积极化解林农和林牧矛盾

封山育林成效与当地经济发展程度密切相关，须妥善解决林农、林牧间的利益关系。要帮助山区农民提高土地集约经营水平，提高单位面积经济效益。调整畜牧业生产方式，更新牲畜品种，限制山羊，发展小尾寒羊、奶牛等品种，实行舍饲圈养。在封山育林规划中坚持宜林则林、宜农则农、宜牧则牧的原则，合理规划土地资源，将封山育林区纳入当地土地利用总体规划。在封育方式选择上，要充分考虑农牧民切身利益，根据植被类型和经营目的，分别采取全封、半封、轮封等形式，有计划地进行更新改造，引入经济效益高的树种，既考虑生态建设长远利益，又兼顾农民眼前利益。同时，封育区发展柴鸡养殖、酸枣改接大枣等，为农民找到新的致富路子，提高封山育林经济收益。

3）活化经营管理机制

实践证明，封山育林与经营主体的利益结合得越紧密，封山育林质量就越高，效益就越好。按照“谁造林谁受益”的林业政策，不断调整和完善封山育林政策，明晰林地产权，理顺利益分配关系，活化经营机制，通过采取分山到户、拍卖、租赁、股份合作等多种形式，把封山育林与农牧民的利益紧密结合。

4）妥善解决农村能源问题

妥善解决农村能源问题，在一些贫困山区樵采还很普遍，农民生活能源基本依靠薪柴，是影响封山育林实施的重要因素。可通过如下几种办法妥善解决农民能源问题：一是积极发展沼气。沼气由人畜粪便、秸秆等发酵产生，既可用来照明、做饭，沼液还是优质肥料。二是营造薪炭林。营造刺槐等薪炭林，增加资源储备，通过平茬解决部分农户烧柴问题。三是对现有植被相对较好的地区采取半封或划片轮封，在非林木生长季节允许农民按设计要求樵采或修枝。

5）积极推进生态移民

为减少人类活动对生态环境的不良影响，对生存条件恶劣、生态环境破坏严重的边远山区，通过移民外迁，缓解生态环境压力。实施生态移民，不仅有利于生态环境恢复和建设，而且可改善农民生产、生活条件，也是建设社会主义新农村的要求。

6）采取必要的促进植被恢复措施

植被恢复措施可加快封育成林的速度和提高封育林分质量。一是间苗定植，移密补稀，保持合理密度。二是补植补播，选择乡土树种、珍贵阔叶树和封育区缺少的针叶树，采用直播或植苗的方法，形成块状或带状的针阔混交林，也可以引进一些草种和药材。三是人工促进更新，进行适度割灌和破土，可以促进萌蘖或种子萌发。四是修枝抚育，为封育目的树种生长创造适宜的条件。

5.3.4　林草生态环境监测技术

1. 生态环境监测技术概要

坚持生态环境保护，增强经济的可持续发展能力是我国长期坚持的一项基本国策。环境生态监测作为环境保护工作中的一个重要环节，其重要性也越来越受到人们的重视。生态监测作为一种系统收集地球自然资源信息的技术方法，起始于 20 世纪 60 年代后期，根据《中国环境监测技术路线研究》中描述，生态监测是以生态学原理为理论基础，运用可比的和较成熟的方法，对不同尺度的生态环境质量状况及其变化趋势进行连续观测和评价的综合技术。

生态环境监测包括两部分，一是监测生态环境质量；二是监督对生态环境有影响的自然资源开发利用活动、重要生态环境建设和生态破坏恢复工作。具有以下特点：①综合性：生态环境构成复杂，类型多样，受到人类影响的不确定性，导致生态监测不仅要监测生物要素，还要监测水、土、气等环境要素，同时要关注社会要素。生态环境监测数据包括遥感监测数据、地面监测数据、调查与统计数据等，需采用综合评估的方法。②长期性：短期的监测结果不能反映生态环境的实际情况。生态环境的变化是一个渐变的过程，只有适应客观规律来开展长期连续的生态环境监测，才能反映生态监测的实质性结果。③复杂性：生态环境是一个庞大的动态系统，其受到人类活动的干扰也日益强烈，使得生态变化过程更趋复杂，在生态监测中要区分开始自然演变过程和人为干扰的影响效应十分困难。

生态环境监测按照不同的生态系统进行划分可分为森林生态监测、草原生态监测、湿地生态监测、荒漠生态监测、海洋生态监测、城市生态监测、农村生态监测等类型。按照不同空间尺度划分，可分为宏观生态监测与微观生态监测。其中，宏观生态监测指在景观或更大空间尺度上监测生态环境状况、变化及人类活动对生态环境的时空影响。宏观生态监测一般采用遥感（RS）、地理信息系统（GIS）以及全球定位系统（GPS）等空间技术手段获取较大范围的遥感监测数据，也可采用区域生态调查和生态统计的手段获取生态地面监测和调查数据。微观生态监测多以大量的生态定位监测站为基地，以物理、化学或生物学的方法获取生态系统各个组分的属性信息。生态环境存在的主要问题：①生态监测缺乏统一管理、部门间任务存在交叉和重复。②生态监测信息不够规范，信息共享与整合困难。③生态监测网络松散，国家级生态监测网络建立缓慢。④环境监测法律依据不足，法制保障力度有待加强。⑤生态监测能力普遍较低，技术水平有待提升。⑥生态监管体系尚未形成，生态监管力度不够。图 5.14 展示了常见的生态监测方案制定流程。

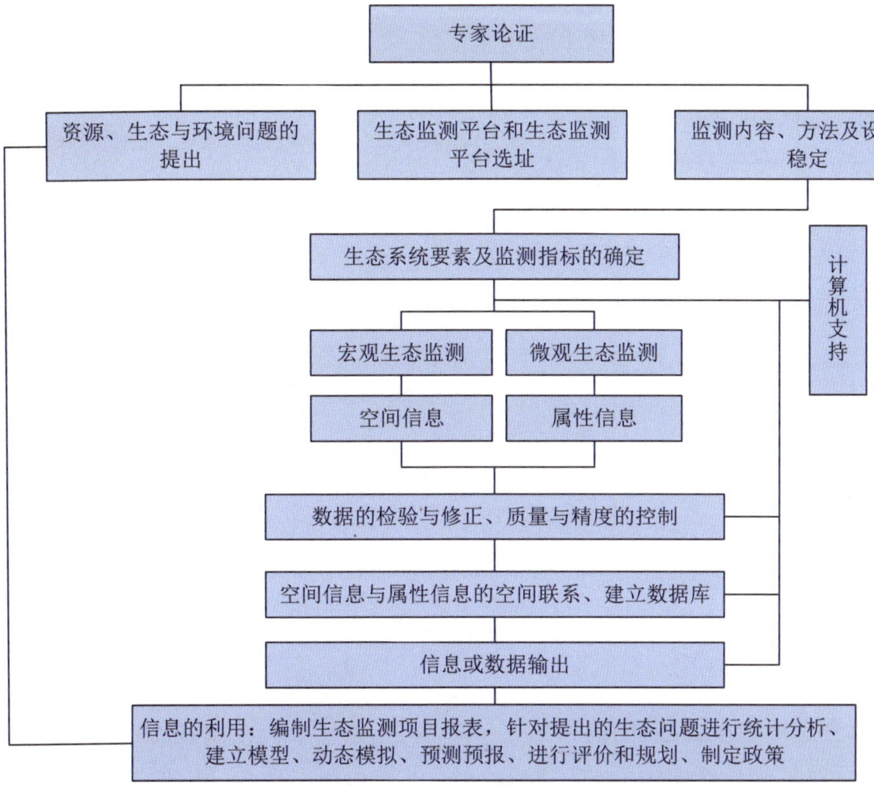

图 5.14　某生态监测方案制定及实施程序

2. 主要生态监测技术

生态监测技术主要包括生态环境遥感监测技术与生态环境地面监测技术，见表 5.6。

表 5.6 生态环境监测技术

序号	名称	定义	监测内容
1	生态环境遥感监测技术	借助对电磁波敏感的仪器，在不与探测目标接触的情况下，记录目标物对电磁波的辐射、反射、散射等信息，并通过分析，揭示目标物特征、性质及其变化的综合探测技术	具体包括环境综合监测与评价、水土流失监测、土地退化监测、土壤水分墒情监测、生态环境灾害监测、矿产资源开发区生态监测、生态环境保护遥感监测监管
2	生态环境地面监测技术	应用可比的办法，对一定区域范围内的生态环境或生态环境组合体的类型、结构和功能及其组成要素等进行系统的地面测定和观察，利用监测数据反映的生物系统间相互关系变化来评价人类活动和自然环境变化对生态环境的影响	植物物候现象、高度、物种、物种密度、草地覆盖以及生长阶段、密度和木本物种的覆盖；观察动物活动、生长、繁殖、粪便及食物残余物

3. 遥感监测的基本流程

遥感监测的基本流程如图 5.15 所示。

遥感数据筛选

遥感数据时相选择

几何纠正

专题信息获取

专题信息处理与集成

根据研究目标，研究内容以及研究区域有针对性地选择合适的数据源，主要是选择卫星和传感器；

通过不同时间获取遥感数据，采用不同年度、相似季相的遥感数据进行对比分析；

对遥感影像进行系统几何变形和非系统几何变形进行纠正；

遥感数据通过专题信息的转化，结合人机交互与计算机辅助分类与提取；

专题信息处理通常包括图形的输入/输出、图形编辑、图形处理、面积平差与分类汇总等过程。

图 5.15 遥感监测的基本流程

4. 林草生态环境地面监测指标

具体的监测要素包括生物（陆地植物群落、水体中浮游植物、浮游动物、底栖动物）、土壤、水环境（地表水和地下水）、空气环境、气象等要素。具体监测指标见表 5.7。

表 5.7　草原生态系统检测指标

项目	核心指标	辅助指标
生物指标	乔木层： 基于每木调查：乔木物种、胸径、树高、冠幅 基于多个调查样方统计：优势树种、密度、平均高度、平均胸径 其他指标：乔木层郁闭度、叶面积指数	优势物种物候期、乔木树种更新情况（幼苗株数、平均高度）、病虫害状况、苔藓植物情况、附生（寄生）植物情况、乔木/灌木优势物种生物量、土壤种子库
	灌木层： 基于样方观测：物种名称、株数、多度、盖度、纵幅 基于多个调查样方统计：物种数、优势种、平均高度、平均纵幅、群落盖度、叶面积指数	
	草本层： 种数、优势种、群落盖度、高度、地上部分生物量、叶面积指数	
	凋落物层：厚度、单位面积和凋落物质量、含水量、最大持水量	
土壤指标	土壤环境质量指标：pH、有机质、阳离子交换量、六六六、滴滴涕、土壤类型、土壤剖面特征、土壤含水量、土壤重金属含量	盐基饱和度、有机碳、全氮、全磷、全钾、电导率、土壤动物种类组成
	土壤物理指标：土壤质地、非毛细管孔隙度、土壤根系层深度、土壤最大持水量	
气象指标	降水量、蒸发量、最大日降水强度	降雨：钙离子、镁离子、氯离子、钠离子、硫酸根离子、pH、电导率 气象：风向、散射辐射、紫外辐射、能见度、太阳总辐射、风速、温度、湿度、气压
水质指标	水温、pH、浊度、溶解氧、电导率、高锰酸盐指数、氨氮、五日生化需氧量、化学需氧量、总磷、总氮、铜、锌、氟化物、砷、汞、镉、铬、铅、氰化物、挥发酚、石油类、阴离子表面活性剂、硫化物、粪大肠菌群	
空气指标	二氧化硫（SO_2）、氮氧化物（NO_2）、可吸入颗粒物	二氧化碳、甲烷、挥发性有机物

5．林草生态监测技术常见的问题

（1）监测目标单一。我国的各项林业监测均自成体系，相对独立，使得各项监测目标单一，监测成果缺乏必要的统一管理和协调，且成果多以单项形式发布，难以让公众了解林业建设的整体状况。单项监测以满足单一的监测目标为主，标准化、规范化程度不高，而且各项监测的时间安排也不相同，时效性不能统一，难以进行综合分析评价，林业监测的整体效应不能充分发挥，满足不了经济社会发展和生态建设的要求，从而严重影响了林业生态建设事业的健康发展。

（2）实际监测与科学脱节。监测中遇到的问题不能在科研中得到解决，而科研成果不能及时应用到监测实践中。这严重阻碍了生态监测水平的提高，并造成人力、物力的极大浪费。

（3）缺乏统一的生态监测技术规范。生态监测指标和方法不统一，监测数据缺乏可比性，难以形成统一的信息处理与综合评价能力，不适应新时期林业发展和生态建设的要求。同时，对了解和掌握全国生态状况及变化趋势、提高生态监测整体能力、加强统一监测管理和扩大国际交流与合作也十分不利。

（4）生态监测信息管理分散，传递慢，难以信息共享，制约了生态监测整体水平的提高。

（5）保障体系不够健全。监测体系的建立和发展，均需要有一定的经费、技术和机制方面的保障。目前，监测经费投入不足、技术支撑力度不够、缺乏有效工作机制等一系列问题制约了我国现行林业监测体系的完善和发展。

6．林草生态监测实施的建议

（1）建立生态监测管理部门。国家需要成立专门的管理部门，将各部门的监测资源进行有效整合，直接利用这些部门的数据，建立统一的国家生态环境监测网络，从而提高生态监测网络的建设效率，减少投资和操作费用。

（2）建立一整套规范化的监测和评估指标体系。生态系统各要素之间相互作用，相互制约，生态监测指标选择要充分考虑生态系统的功能及不同生态类型间相互作用的关系，从生态监测指标体系这个庞大的系统中，遵循代表性、科学性、实用性、可行性等原则，根据监测目的和需要，选择一套切实可行的监测指标，从而达到经济、高效的目的。

（3）建立迅速快捷的信息反馈机制，减少生态破坏带来的损失。将生态监测中出现的环境问题及时反馈并采取应对措施是建立生态环境监测的目的之一，只有完善信息反馈机制，才能避免造成不必要的损失。

【案例 3】某市草原生态监测

1）某市草原监测概况

共设置了 56 个监测样地与 15 个测产样地，生产力地面路线调查采用了具有代表性的草地垂直带进行固定样地监测（位置固定，可不设围栏）。此项目由该地区草原站具体负责实施。

2）监测样地监测

按照草地资源优势、生态敏感性、价值优先、均匀布点、基础条件优先的原则，参照近两年监测的实际位置坐标，禁牧区所有监测样地作为固定监测样地，对有条件的地域夏牧场增设固定监测样地，进行围栏管护，围栏面积不少于 400 m^2。监测的点位和编号固定，不得随意更改；编号统一采用“县名—样地号—样方号”的格式，监测样地选定后点位永久不变并与编号绑定。监测完毕后，每个样方留下标记，方便以后查找。

3）该市监测内容和指标

根据系统性、易测性、可比性原则，基于不同类型草原、产草量歉、平/丰年关系、季节草场等相关条件，评价草原稳定性及退化草场的恢复程度。

天然草地监测指标包括禁牧区监测指标、人工草地（饲料地）监测指标、牧户调查监测指标、拍摄草原类型、样地、地方、草原植物、监测工作照片。

4）监测时间和次数

禁牧区：只在牧草生长高峰期监测 1 次，监测时间在 7 月 15 日前后。应在 5～7 天内集中完成，确保数据的可比性。

冷季放牧场：冷季放牧场含冬季放牧场、冬春场、全年牧场，监测时间在 9 月 20 日前后，应在 3～5 天内集中完成。

入户调查时间：7 月开展入户调查，要注意对上年度末 12 月底（冷季放牧场）的年末存栏数和当年 6 月底（暖季放牧场）的牲畜数量进行调查统计。

5）监测方法

天然草地样地样方的设置及数量：各县市要严格按照自治区草原总站安排的草地资源动态监测点位，利用 GPS、地形图等工具找到监测点位进行监测。记录样地经纬度及海拔，确定监测样地编号，拍摄样地景观照片，记录相机中样地景观照片的流水号，当天及时整理照片，照片编号要与样地编号一致。

布设监测样方：样方是能够代表样地信息特征的基本采样单元，用于获取样地的基本信息。样方设置在样地内，沿任意方向每隔一定距离设置一个样方。样方之间的间隔不少于 250 m。尽量选择未利用区域做测产样方。样方的布设要具有代表性，能够代表样地的特征，每个样方内的植物种必须有草地的建群种和优势种。

样方数量：一般情况下，矮小草本和小半灌木草场样地，每个草地型设置 4～6 个样方为宜。若遇到同一类型，在不同地段群落的产量变异较大，可再适当增加；具有灌木和高大草本的样地，需设置一个灌木大样方，并在灌木样方内设置一个草本样方，样方数量一般每一草地型不应少于 3 个。拍摄每个监测样方的俯视照片，记录相机中相应样方照片的流水号，当天及时整理照片，照片编号要与样地编号、样地照片编号相对应。

天然草地监测内容：利用目视观测和访问调查等手段获取与记载样地基本特征，填写样地基本特征调查表，对样地所在的地理位置、调查时间、调查人、地形、海拔、坡度与坡位、土壤、地表、草原类型、植被外貌、利用方式等项目细致填写，不要漏填。测定样方的各项指标，填写样方调查表，要对建群种或优势种植物按照不同品种分别测定并记录，对伴生牧草进行混合测定。样地基本特征调查表见表 5.8。

表 5.8 样地基本特征调查表

<table>
<tr><td>样地所在行政区</td><td colspan="7">省（自治区） 县（市） 乡（镇） 村</td></tr>
<tr><td>草原保护建设工程</td><td>有/无</td><td>工程类型</td><td colspan="2"></td><td>建成时间</td><td colspan="2"></td></tr>
<tr><td colspan="8">经度 纬度 海拔（m）</td></tr>
<tr><td>草地类</td><td></td><td>草地型</td><td></td><td>景观照片编号</td><td></td><td>具有灌木和高大草本</td><td>有/无</td></tr>
<tr><td>地貌</td><td colspan="7">平原（ ）、山地（ ）、丘陵（ ）、高原（ ）、盆地（ ）</td></tr>
<tr><td>坡向</td><td colspan="7">阳坡（ ）、半阳坡（ ）、半阴坡（ ）、阴坡（ ）</td></tr>
<tr><td>坡位</td><td colspan="7">坡顶（ ）、坡上部（ ）、坡中部（ ）、坡下部（ ）、坡脚（ ）</td></tr>
<tr><td>土壤质地</td><td colspan="7">砾石质（ ）、沙土（ ）、壤土（ ）、黏土（ ）</td></tr>
<tr><td>地表特征</td><td colspan="7">枯落物情况（有/无）；覆沙情况（有/无）；侵蚀情况（有/无），侵蚀原因（风蚀、水蚀、冻融、超载、其他）
盐碱斑（有/无）；裸地面积比例（ %）</td></tr>
<tr><td>水分条件</td><td colspan="7">地表有无季节性积水（有/无）；年平均降雨量（ ）mm</td></tr>
<tr><td>利用方式</td><td colspan="7">全年放牧（ ）、冷季放牧（ ）、暖季放牧（ ）、春秋放牧（ ）、打草场（ ）、禁牧（ ）、其他（ ）</td></tr>
<tr><td>利用状况</td><td colspan="7">未利用（ ）、轻度利用（ ）、合理利用（ ）、超载（ ）、严重超载（ ）</td></tr>
<tr><td>综合评价</td><td colspan="7">好（ ）、中（ ）、差（ ）</td></tr>
</table>

注：坡向、坡位在地貌为山地或丘陵时填。标准样地编号示例：伊犁特克斯县—01，以此类推。

6）监测考核

考核内容包括任务完成情况、数据上报质量以及档案管理情况，依据该市《草地资源监测考核方法及评分标准》，从监测时间、监测次数、样地位置、监测工作质量、监测资料完整性、监测报告、监测照片、监测资料报送等方面进行评分。

7）监测目的

通过利用遥感技术，根据草原生态状况监测与评价的相关技术标准和方法，对禁牧区草地资源进行动态监测，全面、准确掌握草原的植被、生态环境状况的变化情况，及时获取草地动态变化信息，准确预测预报不同季节、不同年份的载畜量，提高草畜平衡测算的科学性和准确性。

【案例 4】美国森林健康监测

以美国国家森林健康监测为例，美国的森林自欧洲人定居就开始变化。早期，人们砍伐大径阶的树木用来修建城镇、筑路并用于农业。成千上万公顷的森林被烧毁或被本地以及从国外引入的病虫害破坏了。今天美国的森林状况是许多因素相互作用的结果，如正常的进化过程和气候、火和火控制、采伐及空气污染、人为破坏和病虫害等。

美国森林健康监测项目的总体目标是开展并实行一个多机构的协作项目来长期监测、评价并总结美国森林生态系统的健康状况、变化及长期发展趋势。为此，本项目分为 3 个步骤亦即目标：第一，摸清目前森林生态系统健康因子的状况、变化及趋势；第二，分清森林生态系统自身健康因子与自然或人为引发的灾难因子的变化与发展之间的联系；第三，将森林生态系统的健康状况提供给资源管理者、保护者、政策制定者以及公众。

调查监测包括两部分，分别称为样方监测和无样方监测，覆盖所有的林地。低地的 48 个州由将近 12 600 个（3 800 个是州有林地）永久样方组成一个样方监测网络。调查小组定期在有林地的样方上测量林分状况。在阿拉斯加和夏威夷，这种抽样方法需要修正以符合逻辑和森林资源差异。在有林地样方上，调查小组收集森林健康因子的数据。这些数据包括林分结构、生长量、死亡、树冠结构、人为破坏情况、更新、生物多样性、野生动物栖息生境、土壤特征和空气污染指示植物。以上所列的观察项目随调查者发现新的更好的森林健康因子而变化。无样地监测方法包括空中测量和其他有林地调查法，以检查与评价大尺度的森林病虫害与其他灾害破坏情况等。

在采取生态监测的过程中，我国应抓住目前的有利时机，采取多部门协作，同时开展广泛、深入的国际合作，尽快完善已有监测系统，建立起国家森林变化，包括森林健康与森林生态两个方面有机结合的综合监测计划或体系，促进森林建设，为国家林业发展、生态环境建设决策服务，同时满足不断增加的社会和公众对森林及环境化信息的需求。

5.3.5 林草飞播技术

1．飞播技术概要

空中播种是一种通过空中机械手段（如无人机、飞机或直升机），按照飞机播种造林规划设计，用飞机装载林草种子飞行于宜播地上空，准确地沿一定航线按一定航高，把种子均匀地撒播在宜林荒山荒沙上，利用林草种子天然更新的植物学特性，在适宜的温度和适时降水等自然条件下，促进种子生根、发芽、成苗，经过封禁及抚育管护，达到成林成材或防沙治沙、防治水土流失的目的的播种造林种草法。林草治理的实施需参考《飞播造林技术规程》与《飞播种草技术规程》，如图 5.16 所示。

图 5.16 飞播技术

2．飞播种草与飞播造林概要

飞播种草与飞播造林具体详见表 5.9。

表 5.9 飞播种草与飞播造林

	飞播种草	飞播造林
定义	指利用飞机作业将草种均匀撒在具有落种成草立地条件土地上的种草技术	通过飞机播种，为宜林荒山荒地、宜林沙荒地、其他宜林地、疏林地补充适量的种源，并辅以适当的人工措施，在自然力的作用下使其形成森林或灌草植被，提高森林植被覆盖率的技术措施
特点	● 施工速度快 ● 覆盖范围广 ● 施工成本低 ● 涉及部门多，协作性强 ● 有效改善生态环境，促进经济发展	
影响因素	地类选择、坡向、海拔高度、植被盖度、人畜活动等	

3. 飞播种草实施过程

1）播区选择

选择适合飞播作业要求（播区内地高差小，进出航两端净空条件好，地势开阔，无突出山峰），面积大，集中连片（不小于 350 hm^2），年降雨量不低于 200 mm，且飞播的有效面积在 80%以上，界限清楚使用权落实，符合当地土地利用，生态环境治理、产业结构高速和可持续发展规划的草原区。

2）现场勘查

通过现场多点勘查比较，按照播区选择原则，确定飞播区域。

3）编制实施作业图

在 1∶50 000 或 1∶25 000 地形图上绘制飞播区示意图，标出播区位置和范围，主要山峰、河流、海拔高度、经纬度、村镇等，在此基础上绘制 1∶2 500～1∶5 000 大比例作业图，标出航标线方向，航标桩、高压线、播幅、播长及其他高空障碍物等。

4）草种选择

草种必须适宜播区生态环境条件，做到适地适草，合理组合，既能起到防风固沙和水土保持的生态作用，又具有良好的饲用价值，应以多年生乡土草种为主，外地引种必须经过风土驯化实验，确认表现好的方可作为飞播用种。

5）播种期选择

躲过风季，抢在雨季前（但南方要避开强雨季），以适宜生长，确保安全过冬。播种期依据降水期而定，一般北方 6 月上中旬至 7 月上旬，南方春、秋季均可播种。降雪的地区可在 12 月到次年 2 月飞播。

6）播区管护

一般先围栏后飞播，特殊情况下，飞播后 10 天内必须围栏封育，围栏建设应符合《草原围栏和刺丝围栏建设技术规程》的规定。

7）飞播评价方法

飞播种草当年调查飞播作业质量及出苗情况，2～3 年后进行飞播效果调查与评价，具体参考不同飞播种草区达标要求。

4．飞播造林实施过程

1）播区选择

选择具有相对集中连片的宜播地，易播面积应占播区总面积 70%以上，并符合地形地貌、地质土壤、水热条件等自然立地条件，选择避免出现社会矛盾的播区。

2）飞播树种选择

选择适宜当地生长和飞播造林方式的植物种类（品种）是飞播造林的基础和关键。由于飞播造林特点的制约，许多可用于人工造林的植物种，不一定适用于飞播，因此，飞播对植物种的要求更为严格。常见飞播造林树种选择见表 5.10。

表 5.10　飞播造林树种选择

树种	地域	飞播造林成效
马尾松	南方山区	飞播后前三年减少幼苗数量 43%～60%，以后基本稳定
云南松	云南	飞播幼苗第 1、第 2 年自然死亡率较高，第 3 年损失甚少，基本稳定
思茅松	云南	1～2 年内自然损失率大，可达 35%～56%，3 年时稳定
黄山松	华东、华中海拔 800 m 以上山地	飞播当年死亡率较高，3 年后基本稳定
漆树	湖北恩施	当年有苗面积 20%～30%
油松	陕西南部山区	飞播当年成苗率一般为 40%～65%，第 2 年自然损失率一般为 10%～20%，第 3 年幼苗数量基本稳定
华山松	陕西南部山区	播后 3 年幼苗成活基本稳定，生长发育良好
侧柏	陕北高原（宜川）	植被盖度小的地段保存较好，反之则少
花棒	陕西榆林流动沙地	3 年后保存面积 1.2%～9.6%
踏郎	陕西榆林流动沙地	当年有苗面积 33.8%，3 年后保存面积 9.4%～24.7%
沙棘	陕西吴起县	3 年后保存面积 36.6%
沙打旺	陕西榆林半固定沙地	陕西榆林半固定沙地当年有苗面积 16.2%～19.4%，3 年后保存面积 11.4%～13.3%

3）飞播规划设计

明确飞播造林目的、范围、规模与重点；统筹安排生产布局与进度；概算投资规模，合理安排建设资金，明确筹资渠道，提出保障措施；分析与评价项目实施的综合效益。

4）飞播施工

严格按照规划设计实施飞播作业，并对作业进度、作业质量、工程数量等方面做全过程的监督检查和技术质量认证。

5）飞播成效调查

完成出苗调查以及成苗调查，通过综合评定完成成效调查成果。

6）档案管理

以播区为单位建立技术管理档案，档案管理由县级林业主管部门统一领导，专人负责。

【案例 5】某市飞播种草治理退化、沙化草地的技术

1）某市飞播种草概况

某市飞播种草治理退化、沙化草地经历了试验阶段、示范阶段和大面积推广阶段。1986 年至今，飞播种草已取得了显著的生态效果、社会效益和经济效益，全市的飞播种草工作已跨入了一个新阶段。在草地类型选择、牧草品种选择、地面选择、不同气候条件选择、牧草种子组合及配比的选择上研究对飞播种草起到借鉴作用。

2）飞播种草技术选择

不同草地类型中，在流动和半固定沙丘，严重退化的干旱丘陵从生禾草草场和弃耕地等不同草场类型的比较中可得出，弃耕地采用飞播技术效果后，耕地改变了土壤理化性状，植被稀疏，在飞播牧草出苗后，生长发育创造了比原生植被更优越的条件。严重退化草场上飞播比在流动沙丘上飞播存苗率高。用锦鸡儿、沙蒿种子在流动沙丘上飞播效果优于退化草场。

不同牧草品种对飞播效果的影响，常见飞播牧草品种沙打旺、锦鸡儿、达乌里胡枝子、沙蒿、冰草、草木樨、山竹子等草种飞播，对比见表 5.11。

表 5.11 不同牧草品种

品种	效果
沙打旺	耐旱耐寒性强，飞播有苗面积率达 40.5%
达乌里胡枝子	出苗快，耐寒性强，飞播成苗面积率达 60%以上
锦鸡儿	为小灌木，耐旱耐风沙，根系发达，平缓沙地草场，半固定沙丘草场飞播效果为佳
沙蒿	为固沙先锋植物，出苗率高，出苗率可达 56.7%，生长迅速是飞播固沙的极佳草种
冰草	多年生草本，不易抓苗，故不宜作飞播牧草种子
山竹子	为多年生灌木，是治理半固定沙丘、流动沙丘、固定沙丘的首选草种
草木樨	二年生草本，越冬力极低，抗风沙能力弱，不适宜作飞播牧草用种子

气候条件是飞播种草的关键要素之一，降雨和风沙危害是飞机播种牧草成败的关键，降雨主要指飞播前后降雨的多少和时间，通过总结飞播前 20 年气象资料和长期试验验证，飞播牧草的降雨需要播前 45 mm 以上，播后陆续有雨，降水达到 100 mm 以上，即可保证飞播种子的萌发、发育和生长。在飞播种草实施前，明确气候条件并确定最佳气候时间起着重要的作用。赤峰市通过对 20 年气象风沙的研究，以确定最佳飞播时间为 6 月中旬至 7 月上旬，同时为气象资料所显示出的风停雨至的时机。

在该市的飞播应用中，成功应用的飞播种子均具有适应性强、耐旱耐瘠薄、抗风沙、萌蘖力强、生产力较高等优良性能。凡未能成功的草种大多因其生活习性要求较高，如紫花苜蓿需较好的水肥条件，禾草有芒不易播撒，沙蓬、草木樨等生育期短，不能形成稳定的群落，利用价值小而被淘汰。

【案例 6】飞播造林的应用案例：某市飞播技术的应用

1）飞播造林概况

该市大部分为半流动半固定沙地，且相对高度较低，比较适合飞机播种作业。该地区年平均温度 6.4℃，无霜期 41～160 d，年平均降水量 350 mm、蒸发量 1 937 mm，沙地干燥度为 3.9，降水主要集中在夏季，春季干旱多风；土壤为风沙土、沙质栗钙土和草甸土，土壤贫瘠，以中细沙土为主，干沙层深度为 7～20 cm，丘间低地较湿润，土壤呈微碱性，pH 为 7～8。结合该市飞播造林技术的应用对播区选择、地面处理、植物种的选择、播种期和播种量的确定，以及播区的后期管护和抚育有了系统的研究。

2）播区选择与地面处理

在高大的新月形沙丘和沙垄间飞播，虽然当年有苗面积较大，但经过冬春季节后，沙丘迎风坡受到严重风蚀，背风坡被沙埋，只有丘间低地可保存一些幼苗，所以没有采取固沙措施的高大新月形沙丘链和格状沙丘不适合飞播，只有植被盖度在 15%左右的平缓流动和半流动沙丘才是理想的播区。同一播区内具有不同的立地条件，因此必须因地制宜地辅以人工措施。在高大的新月形沙丘链和格状沙丘的迎风坡，应设置机械沙障；在固定沙丘和植被盖度超过 20%以上的播区，采取耙地、犁沟等措施进行适当的地面处理，保证飞播效果。

3）播期选择

飞播后，种子发芽除需一定的温度外，还需自然覆土的条件和覆土后的雨水。因此，飞播造林较人工造林具有更强的季节性，播种过早，由于得不到充足的水分，种子发芽晚，导致鸟、鼠危害及风吹位移，甚至闪芽死亡；播种过晚，幼苗生长期短，不能木质化，影响苗木保存率，因此，准确掌握气候规律，使飞播种子在适当的时间内迅速发芽成苗是飞播造林成功的关键。科尔沁沙地在 6—7 月雨量集中、雨热同期且时间较长，有利于种子发芽和生长。此时飞播能保证种子在地面上的时间，促进种子生根发芽，提高播后成苗率和保存率。

4）植物种选择

经反复试验比较，适宜流动、半流动和固定沙地飞播造林的主要树种有锦鸡儿、沙蒿、踏郎、差巴嘎蒿等伴生植物种；沙打旺、草木樨可作为飞播初期的经济植物种；踏郎和锦鸡儿可作为沙打旺、草木樨衰败后的优势植物种，播种方式分为单播和混播。

5）最佳播种量确定

要根据当年和翌年的成苗面积、所要求的植株密度来确定单位面积播种量。植株初期的构成密度系数与其是否耐风蚀、耐沙埋有一定的关系。通过分析，踏郎初期种植密度为每平方米 10～14 株，锦鸡儿每平方米 7～10 株，如果混播可小于此数值确定播种量时，须在保证飞播成效的前提下，根据种子的质量进行适当调整。最佳播种量：单播时，踏郎每公顷 22.5 kg，锦鸡儿每公顷 7.5～15 kg，草木樨、沙打旺每公顷分别为 4.5 kg、7.5 kg；混播锦鸡儿、草木樨、沙打旺时，每公顷播种量分别为 7.5 kg、4.5 kg、3 kg。确定单播或混播时，根据立地条件及植物种的生物学和生态学特性，可分为目的植物种和伴生植物种，并结合短期利用和长期发挥生态效益来考虑。

6）飞播种子处理

影响飞播成功的另一个主要因素是种子的位移和植物种的抗逆性。采取种子“大粒化”和使用多种复合剂措施，可以减少种子的位移和增强幼苗的抗旱、抗寒、抗病能力，多效复合剂是一种多效能药物，无污染，对鸟、鼠具有驱避效果，保水性能好，能够增强幼苗抗逆性。应用复合剂混拌飞播种子能增强飞播造林保种、壮苗、抗旱、保水的功能，从而达到一剂多用的目的。

7）播区管护

科尔沁沙地处在农林牧交错地带，林牧矛盾较为突出，若不加强管护，容易导致飞播造林治沙失败。为使飞播植物种正常生长发育和繁殖，达到治沙、固沙的目的，播后3～5年，必须实行封禁保护，严禁乱垦滥牧。飞播成林后，也应采取相应的管护措施，防止造林效果出现反弹，如图5.17所示。

某市飞播造林技术流程如图5.18所示。

图5.17　某市飞播造林现状

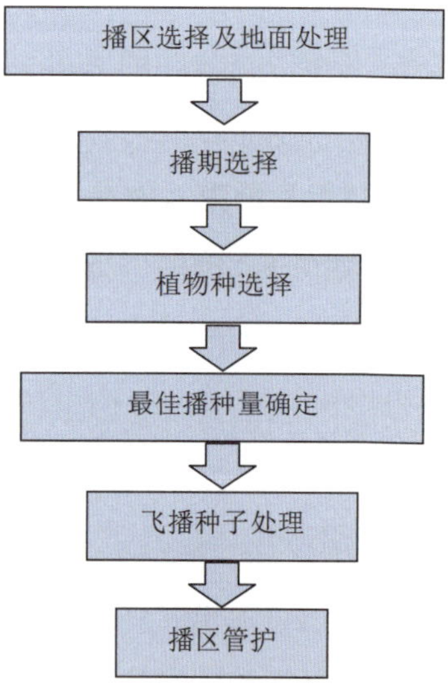

图5.18　飞播造林技术流程

5.3.6　草原、森林虫害生物防控技术

1. 虫害生物防控技术概况

生物防治作为害虫综合防治的重要内容，传统的生物防治概念是1919年Smith提出的“通过捕食性、寄生性天敌昆虫及病原菌的引入增殖和散放来压制另一种害虫”。

从应用生态学观点出发将其引申为“寄生性、捕食性天敌或病原菌使另外一种生物的种群密度保持在比缺乏天敌时的平均密度更低的水平上的应用”。根据广义生物防治的概念，杀虫转基因植物、信息激素、植物源农药、高效杀虫生物农药等新技术纳入生物防治范畴。在长期防控工作实践中，各级草原植保机构开展了一系列的生物治蝗技术试验，逐步探索出适用于草原治虫的生物防治技术，包括微生物农药、农用抗生素、植物源农药、天敌控制等。虫害生物防控技术可分为三类：①古典主义，从当地以外引进天敌。经典的生物防治方法是分析害虫原产国的生态系统，寻找其天敌。一旦确定了天敌，就会在目的地国家对其进行研究和测试，以确保它们能在新的环境中生存下来，而且它们的引入不会对当前的生态系统造成负面影响。②扩大，提高现有或重新整合被消灭的受益群体。扩大的概念包含了对出现在特定区域的自然天敌的补充，从而促进该地区种群的自然快速增长，在接种释放中，少量控制剂每隔一段时间释放以允许它们繁殖，以期建立长期控制，从而将害虫降至较低水平。超量控制，相反能够迅速减少有害生物种群并解决已出现的问题。③保护，寻求提高现有受益者的效力。保护环境中现有的天敌是生物虫害控制的第三种方法。天敌已经适应了栖息地和目标害虫，它们的保护可以简单且具有成本效益。

草原作为我国面积最大的陆地生态系统，近年来，受全球气候变化、不合理利用等因素的影响，虫害逐步成为草原上发生频次最高、危害最重的生物灾害之一。在草原虫害的治理中，随着生态环境保护意识的逐渐增强，绿色植保理念得到大力推广，防治技术由单纯地依靠化学防治逐渐转变为“生物防治为主、化学防治为辅”的综合防治。在推广应用的生物防治技术中，适用于草原治虫的包括微生物农药、农用抗生素、天敌控制、植物源农药。

在森林资源保护中，森林虫害危害极大，目前森林生物防控技术主要是运用生物之间的克制关系进行森林虫害的有效控制。森林虫害防治技术有着环保性与低成本性的特点，常见技术包括鸟类应用、昆虫应用、生物酶应用。

2. 生物防控技术存在的问题

（1）生物药剂成本高，影响生物防治技术的推广。根据多年防治工作测算，生物防治药剂成本要高出化学农药 1～2 倍，加之生物农药见效慢、防效普遍低于化学农药，在一定程度上影响了生物防治技术的推广规模。

（2）生物防治缺乏统一规划，技术应用布局不明确。目前各地生物防治技术应用主要根据虫口密度，对于超过防治指标但密度不高的区域，主要应用生物防治技术。但生物防治技术的应用与生态价值联系不紧密。

（3）科学研究与产业需求结合不紧密，科技支撑能力不强。当前草原虫害研究多集中于灾变规律、灾害影响分析等基础性研究，对于各种药剂对生物多样性的影响、土壤残留与降解、叶面药物富集等行业关注的问题研究较少，且研究多为单一，缺少药物间的对比研究，无法为行业推广提供更系统、更实用的对比数据。

3. 常见生物防控技术

常见生物防控技术见表 5.12。

表 5.12　森林与草原虫害生物防控措施

森林虫害生物防控	草原虫害生物防控
鸟类应用：通过引入天敌鸟类控制害虫对森林的危害，不仅降低了经济成本，还具有显著的环保作用，对森林虫害防治十分有效	微生物农药：采用蝗虫微孢子虫、绿僵菌、类产碱假单胞菌、核型多角体病毒等用于防治草原常见害虫
昆虫应用：利用昆虫的寄生性和扑食性，作为害虫的天敌昆虫	天敌控制：主要采用人工招引粉红椋鸟、牧鸡牧鸭达到治理蝗害的目的
生物酶应用：蛋白酶是生物酶中十分重要的一种酶，其含有的基因对维持生物体的正常代谢有十分重要的作用，也是其他物质无法代替的。这种被称为蛋白酶抑制剂的物质对外来蛋白水解酶有十分重要的抵制作用，故而能够较好地抵御危害	植物源农药：采用印楝素、阿维菌素、烟碱、苦参碱对草原常见的草原毛虫、蝗虫进行防治

【案例 7】某省草原虫害生物防治技术

近年来，超载过牧等一系列问题导致该省天然草原出现大面积退化，草原虫害对草地的危害也越发显著。自 2011 年以来，该省草原虫害危害面积如图 5.19 所示，2011 年危害面积最大，为 146.61 万 hm^2，2016 年危害面积最小，为 120.53 万 hm^2。总体来看，呈逐年减少的趋势，但 2013 年危害面积为 139.08 万 hm^2，比 2012 年增加了 4.1%，体现出草原虫害受外界气候环境因素影响大，易爆发的特点。因此，使用生物防治技术防治草原虫害，形成长效防控机制，是草原虫害防治的关键所在。

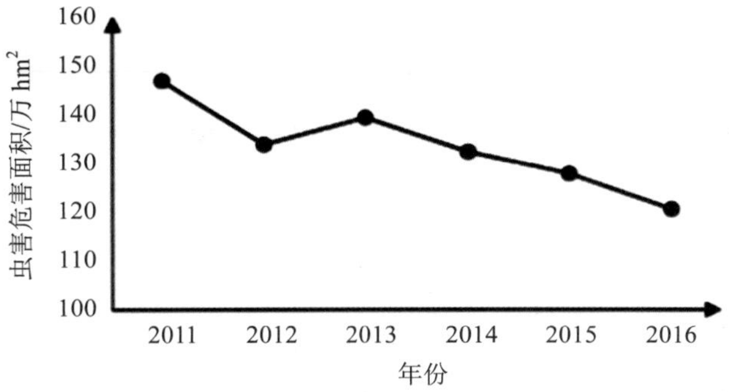

图 5.19　2011—2016 年该省虫害危害面积

该省采用了蝗虫微孢子虫、绿僵菌、苦参碱、印楝素、阿维菌素、短稳杆菌、蛇床子素、牧鸡治蝗技术，各个效果见表 5.13。

表 5.13　防治草原虫害使用措施

种类	效果
蝗虫微孢子虫	我国于 1985 年引进蝗虫微孢子虫，通过寄生作用使蝗虫致死，产生的孢子又能传染其他蝗虫
绿僵菌	绿僵菌属一种昆虫病原真菌，通过附着、浸染、繁殖和分泌毒素导致昆虫死亡。绿僵菌复合油剂通过触杀和胃毒作用，可在两天内迅速降低蝗虫密度，同时接种绿僵菌，实现长期治理
苦参碱	苦参碱是从豆科植物苦参中提取出来的，主要成分为生物碱和黄酮类，属植物源杀虫剂。甘肃省先后于 2008 年和 2010 年开展了苦参碱防治草原蝗虫试验，得出 1%苦参碱防治草原蝗虫的最佳施用量为 450 mL/hm^2，在施药后第 2～5 天可达最大防效 98%以上
印楝素	印楝是 2013 年世界上公认的理想的杀虫植物。印楝素提取自印楝的种子，也是一种新型的植物源杀虫剂。0.3%印楝素乳油在施用量大于 900 mL/hm^2 时，对蝗虫的防治效果与 4.5%氯氰菊酯无显著差异，且在施药后 1～2 天内即可达到 90%以上的防治效果
阿维菌素	阿维菌素是一种抗生素杀虫剂，提取自灰色链霉菌的代谢产物，具有抑制神经传导的作用，可引起虫体麻痹死亡，高效低残留
短稳杆菌	短稳杆菌是由镇江市润宇生物科技开发有限公司研制的生物杀虫剂，从罹病死亡的四龄斜纹夜蛾幼虫尸体中分离、筛选、纯化而来。据报道，对多种鳞翅目害虫的低龄幼虫防效显著
蛇床子素	蛇床子素是蛇床子果实中的主要化学成分之一，广泛应用于医药。近年来，有研究指出，可将其作为植物源杀虫剂应用于农业虫害，对多种害虫有效且防效良好，对环境和粮食无毒无污染
牧鸡治蝗	在草原上利用牧鸡的方式防治蝗虫，既能有效控制蝗虫密度，又不会污染草原，同时给广大农牧民增加了一项收入来源

生物防治效果如图 5.20 所示。

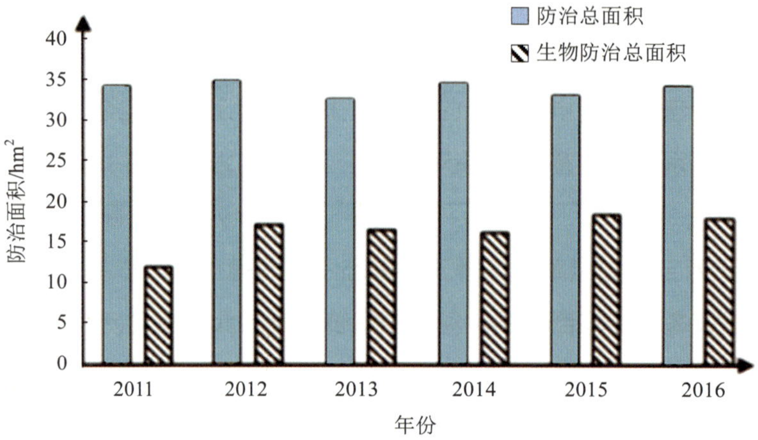

图 5.20　2011—2016 年某省虫害防治总面积和生物防治面积

生物防治作为草原虫害综合治理的一项内容，是有害生物可持续控制的重要组成部分。在现实的草原虫害防治工作中，一是要坚持“生物防治为主、化学防治为辅”的技术路线，在草地虫害的监测预警、环境适应性及生物学研究等基础上，结合国家生态功能区划，根据不同的生态功能定位，因地制宜地选择不同的防治技术，对于生态地位极其重要的水源地和生态环境极其脆弱的地区，严格应用生物防治技术，更好地保护草原涵养水源功能和生物多样性，保障生态安全。二是要合理协调多种调控技术，在防治草原虫害的同时结合放牧管理、草地改良措施等配套实施，系统设计，分步实施，使它们相互协调，从整体上对害虫进行控制，实现草原害虫的综合防控。

【案例 8】白僵菌在某市森林虫害防治中的应用

白僵菌施放是森林病虫害生物防治的一种措施，具有不污染环境、保护天敌、寄生性强、适用范围广（15 个目、14 个科、700 多种昆虫和蜱螨类）的特点。施放白僵菌防治多掌握的环节包括掌握好气候环境条件，掌握害虫的生理变化、注意用药安全。

应调查清楚虫情，每年结合越冬代松毛虫调查，掌握林分虫口密度，最好在 5～15 头/株、林分郁闭度 0.5 以上。在越冬代松毛虫刚刚取食时，阴天雨后气温 15～25℃、相对湿度 90%以上的环境条件为施放白僵菌的最佳时间。这种温湿度条件最适宜孢子的萌发、生长和扩散。施放白僵菌防治松毛虫后，贵阳市松毛虫感染率均在 85%以上，防治效果最好可达到 98%。

昆虫低龄幼虫和老龄幼虫的生理状况不同，对白僵菌的敏感性也不同。低龄幼虫处于生长阶段，抵抗外界不良环境条件的能力较差，极易因感染白僵菌而死亡；而高龄幼虫的器官机能已发育成熟，不易发病，即使感染也不至于死亡，或拖至蛹期、成虫期死亡。

白僵菌粉直接被人吸入后会出现轻微感染现象，如头昏（疼）、胸闷、呼吸困难、痰多、四肢无力似感冒状等。因此，在施放过程中，一定要佩戴口罩和准备手套、毛巾等用具，同时可熬煮生姜、红糖水饮用，以缓解不适反应。

以该市的森林病虫害生物防治主导思路为主，贵阳市森林病虫害较为严重，主要以马尾松毛虫、云南松毛虫、思茅松毛虫、舞毒蛾、松叶蜂、银杏大蚕蛾等食叶害虫为主。贵阳市过去尽管一直遵循“预防为主，综合治理”的方针，做了大量的森林病虫害防治工作并取得了一定的成绩，但在防治措施上手段单一，主要依赖化学防治。以松毛虫为例，当大面积使用化学农药将松毛虫高虫口密度压下来后，林中包括天敌昆虫在内的昆虫种类也相应减少，必须采用营林等技术措施人为补充有益微生物，保护天敌，控制残留害虫的繁殖滋生。长期使用化学农药虽然防治效果明显，但成本高、污染环境且杀伤大量天敌，还会产生抗药性。从 1997 年起，贵阳市在认真总结森林病虫害防治的经验教训后，确立了生物防治的主导思路并积极实践。

该市从 1998 年起连续使用白僵菌 15 年，共计使用白僵菌粉 391 295 kg，每年防治面积 5 333 hm^2 左右。使用的白僵菌菌粉含孢量 100 亿/g 以上，活孢率 85%以上，含水率 13%以下。通过施放白僵菌主要防治松毛虫、松叶蜂、松褐天牛、银杏大蚕蛾和地下害虫等。在满足施放条件的情况下，一般施放菌粉 15 天左右在林内就可见僵病的流行，流行范围还会有一定扩大，会对害虫造成再次感染。在其后每年采取局部或多点补充施放，将虫口密度稳定控制在合理的水平范围内，使其有虫不见灾。坚持使用白僵菌防治，在贵阳市食叶害虫防治方面，尤其是松毛虫工程治理上显现出了明显的优越性。

5.3.7　退耕还林（草）技术

1. 退耕还草还林简介

退耕还林还草，是指为防治水土流失，对坡耕地实施停止耕种，改为植树种草，恢复植被，控制水土流失的治理模式。相对于围栏封育、飞播等技术，退耕还草还林技术在生态治理中更趋向于政策上的应用。我国 1984 年和 1985 年相继颁布了《中华人民共和国森林法》和《中华人民共和国草原法》，并在 2003 年 1 月 20 日颁布了《退耕还林条例》。2016 年退耕还林花草实施范围限定在 25°以上坡耕地，严重沙化耕地，三峡库区、丹江口库区及上游地区 15°～25°非基本农田坡耕地。实施退耕还林还草需遵循以下原则：①坚持农民自愿，政府引导；②坚持尊重规律，因地制宜；③坚持严格范围，稳步推进；④坚持加强监督，确保质量。

2. 退耕还草还林存在的问题

在实施退耕还林还草工程中，主要存在两个问题：①公益与私益的矛盾。由于退耕还林所退耕地为已经签订土地经营承包合同的坡耕地或生态环境脆弱的土地，导致农民个人经济利益收益受到影响。退耕还林是以合同的形式，农民自愿的情况下进行的活动，退耕农民放弃耕地原本的用途，从耕地转为生态林地，从而放弃了某种经济利益，并承担非强制性的植树造林义务，但一切必须以退耕还林合理的补偿为基础。②生态与生活的矛盾。当退耕还林政策补贴到期时，所栽种林木无法实现以林养林，导致退耕农民除了生态效益外失去了退耕的全部经济收入，导致可能会为了生存和生活需要，出现毁林开垦的情况，从而影响退耕还林工程的成果。

3. 退耕还林还草实施建议

（1）提高农村教育水平，加强退耕还林知识宣传。由于农户大部分受教育程度不高，思想较为落后，导致退耕林工程的开展困难重重。只有真正提高农户的知识素质水平，改变其根本传统思想，才能推动退耕还林工程的进行。在开展退耕还林工程之前，应当加大力度对退耕还林的必要性进行宣传，从而使农户意识到当前我们所处的环境已经遭受严重破坏，后果严重；使农户意识到退耕还林工程有利于保护环境，改善生态环境。

（2）对退耕还林地进行合理、科学的规划。在进行退耕还林工程中，首要任务就是进行合理、科学的规划，避免出现退耕还林地混乱无秩序，确保因地制宜。设置合理数量的经济林种植面积，确保经济林种植比例适当，避免影响退耕还林工程的成效。

（3）加强管理已退耕还林地，调整产业结构。政府机关部门，尤其是相关乡镇部门，应当加强对退耕还林地的管理，定期清理、检查历年实施的退耕还林地情况，查明退耕还林地成效不好的原因，总结经验，调整方案，为下一期的退耕还林工程做准备。同时，通过退耕还林工程带动地方第三产业的发展，提高农民的经济收益，增强其参与退耕还林工程的主动性，从而提高整个退耕还林工程的效益与成果。

【案例 9】某县退耕还林还草工程实施方案

1）实施情况

2000—2014 年全县累计完成退耕还林（草）工程 42.36 万亩，其中退耕还林（草）18.48 万亩、荒山造林 22.88 万亩、封山育林 1 万亩。退耕还林（草）涉及全县 17 个乡镇、209 个行政村、3.03 万农户、13. 96 万农村人口。任务完成均占计划的 100%，造林保存率达到 85%以上，面积核实率、合格率、株数保存率及工程综合管理均达到国家规定标准。

2）树种选择

根据不同的区域类型和生态条件，对林种、草种进行合理调整配置，根据适地适树、适地适草的原则，选择生长迅速、稳定，寿命长的树种，在所定区域营造以落叶松、云杉、油松、樟子松为主的防护林；草种选择上，在南部迭藏河流域高寒阴湿区以种植岷山红三叶、岷山猫尾草为主，北部洮河流域半湿润区以种植紫花苜蓿、红豆草为主，在高海拔寒冷山区以种植披碱草、猫尾草为主。

3）整地方式

造林：鱼鳞坑（0.6 m×0.4 m）、穴状（0.5 m×0.3 m），沿等高线呈“品”字形排列。整地技术模式总体要求是“等高线，沿山转，长不限，远看一条线”，鱼鳞坑沿山形整地呈“品”字形布设，并按要求将鱼鳞坑边埂拍细夯实，以增加蓄水保水能力，防止雨水冲刷。

种草：播前深翻土地灭茬，同时施入适量农家肥和磷酸二铵作为基肥，然后耕耙耱，做到土块细碎、地面平整。

4）造林密度

170 株/亩，株行距 2 m×2 m；草种播量：岷山红三叶、岷山猫尾草、紫花苜蓿均为 1 kg/亩，披碱草 2 kg/亩，红豆草 4 kg/亩。

5）树种比例

针叶混交，混交比例 2∶1。牧草种植方式一般采用单播，也可混播（比例为豆科∶禾本科＝3∶7）。

6）苗木规格

该县使用自产苗木，国标 I 级、II 级，严格产地检疫，严禁使用不合格苗木造林。所用苗木要求地径 0.8 cm 以上，苗高在 0.6～0.8 m，根系完整，无机械损伤，无病虫害。

牧草种子品质要求：播种国标Ⅰ级、Ⅱ级、Ⅲ级种子均可。

7）造林方式

采用植苗造林，根据岷县各乡镇气候南北差异，立地条件不同，宜乔则乔、宜针则针、针叶混交、针阔混交相结合，混交模式为行间混交，栽植株行距为 2 m×2 m。牧草播种方式要根据地形条件选用条播、撒播方式。

8）种苗供应

新一轮退耕还林工程种苗采购由县政府采购办进行统一采购，县纪委、县审计局、县物价局、县林业局等部门对苗木采购过程全程监督，县林业局对采购的苗木规格、质量、病虫害检疫等进行把关，按照苗木成活、适应性、乡土树种造林等原因，优先考虑本地、就近苗木。

9）栽植方法

栽植挖穴时先将表土放在一边，将新土挖出放在穴的下沿作为拦水埂，然后将表土填回坑内，采用“一埋、二提、三踏实、四浇水”的工序。牧草播种方法：条播行距 20～30 cm，撒播要求均匀；播种深度根据种子大小灵活掌握：岷山红三叶、岷山猫尾草、紫花苜蓿、披碱草播深 1～2 cm，红豆草 2～4 cm，播后轻耱一遍，使种子入土即可。

10）抚育管理

采取抹牙、平茬复壮、松土、扩穴培土、割草等措施，并积极采取预防病虫鼠害的措施。项目区内设立标志牌，杜绝放牧，确定专职管护人员，加强林木管护。牧草田间管理措施：种子出苗后要及时观察，破除土表板结，利于出苗整齐；及时防除田间杂草、防治病虫鼠害，根据长势及时追肥，适时割草利用；禁止放牧，加强管护。

11）时间安排

植树为春季，秋季视成活情况进行补植补造；牧草种植时间以春夏季抢墒播种为宜，秋播过迟则不利于安全越冬。

5.3.8 草原节水灌溉技术

1. 草原节水灌溉简介

广义的节水灌溉技术措施很多，通过渠道防渗、低压管道输水等工程措施，可降低渠道水量损失，提高渠系水利用率。采用喷灌、微灌（包括微喷、滴灌及渗灌等）、节水型地面灌溉（如节水的畦灌、滴灌及渗灌等）、节水型地面灌溉（如节水的畦灌、沟灌、膜上灌、涌流灌）等先进的灌水方法，来提高灌水的均匀度，减少水量损失，不断提高用水管理水平。节水灌溉的内涵包括农业水资源的合理开发利用、工程节水、农业节水增产措施及节水管理四个方面。农业水资源的合理开发利用，包括水资源的优化调度、多种水资源联合运用、径流集蓄利用、地下水合理利用等。

节水灌溉是包含多种技术措施的一套技术体系，是与农业现代化配套的多种措施的有机组成部分。影响节水潜力的因素很多，有自然、人为、社会、经济等。若仅采用经济分析方法是不够的，还要考虑社会、技术、自然、生态环境保护、水资源合理开发应用及节能要求等综合因素，对区域节水潜力做出综合分析，从而为节水规划提供依据。本章将介绍常见的节水灌溉技术，并以各国节水灌溉的特点说明节水灌溉的现阶段优势，如图 5.21 所示。

图 5.21　喷灌、滴灌

2. 常见的节水灌溉技术

（1）喷灌。利用喷头进行主要灌溉，一般按压力将喷头分为低压、中压、高压喷头。现在日常大多采用中压摇臂喷头。丘陵地区、低矮作物、露天平地等都适用于喷灌的方式。该喷头的射程大、喷灌范围广，田地间的管道布置稀疏，使用喷头的数量少，成本低。随着技术的不断提高，塑料喷头更加节约成本。同时，喷灌自身也存在一定的缺点：第一，由于喷灌喷头的射程较大，范围较广，使喷头附近的水滴打击程度比远处的大；第二，喷灌也会受到风向的影响，喷洒造成不均匀的情况会损失一定的水分；第三，由于喷头使用时需要的压力较大，这样便会增加源头水泵的工作功率，致使后期运行的成本增加。

（2）微喷灌。微喷灌将喷头改变成折射和旋转结合的方式，进而实现了点喷和各种样式的喷灌，进一步提高了对水资源的利用，但其工作压力需要维持在一定的范围内。该技术主要运用在大棚、低矮作物种植区内。微喷灌的优点在于单位时间内出水量小，射程近，喷洒的均匀性较好，为作物的生长创造了良好的环境。因为出水的空隙需要控制，其较小的口径使得喷头的喷灌范围有限，而输水压力也需要控制。在进行使用时，一次性的投入成本相对较高。同时，由于在一定的单位时间内，灌溉的水量有限，因此灌溉所需的时间也比较长。但是，对水资源的节约成果比较明显，在水资源匮乏的地区可大量使用。

（3）滴灌。利用滴头灌溉是滴灌的主要方式。滴头主要分为内镶式和压力补偿式两种，其主要运用在平地、丘陵地区。内镶式滴灌使用时所需要的工作压力比微喷灌所需的压力小，但由于其不能埋入土里，对作物的生长会产生一定的影响。距离水源点的远近，其自身又没有调节压力的功能，会影响水滴出流的大小。压力补偿式虽然增加了调节压力的功能，但投入相对有所提高。随着技术的不断提高，压力补偿式的成本有所降低。而与微喷灌相比较，滴灌所需时间较长，导致能源的消耗过多，这是滴灌存在的主要问题。

（4）微喷带。运用特殊技术在薄管上进行打孔，形成小孔出流。微喷带结合了滴灌铺设简便、微喷灌出流量大的特点。适用于葡萄类的藤类作物。具有喷水均匀、耗时短、铺设简单、低水压、成本低等特点，但是微喷带也存在明显的问题：第一，对小孔的出水流量不能很好地进行控制，压力增加水流量就会随之增加；第二，铺设的管道一般都较长，会有明显的出水不均匀的情况；第三，管道的连接处没有很好的技术进行连接。一般使用钢丝固定技术，导致承压力较差，灌溉区域过大，灌溉管道的主管道会比其他灌溉方式的管道大。

3. 草原灌溉技术的优势

草地资源是一种可以再生的自然资源，草地植被的自我恢复、自我更新能力较强，在轻中度退化草地上采用封育、施肥、补播、灌溉等综合改良措施，能使草地生产力得到恢复。其中灌溉可使草地产量提高 4.6 倍，并改善草群的组成和品质。采取集中连片，规模实施、因地制宜，封造结合，乔、灌、草结合，进行新的人工植物群落的建立。逐步恢复草地植被达到保护环境、净化水质和空气、减少河流含沙量、改善生态环境维护生态平衡的目的。通过草原节水灌溉，改善水草条件，可以缓解区域水资源开发压力，维护水环境的生态平衡，提高水资源的综合效益，为畜牧业改革、发展生产打下了良好的基础。

草原进行灌溉改良，其直接效益是提高草场的干物质产量即第一生产能力，直接从事商品性牧草产品，即第二性生产能力的高低，这是与农田水利工程经济的最大不同，更具有一定的优势。通过项目实施可以使天然草场年效益达 15.02 万元，产草量增加 3～10 倍，人工饲草地年效益 8.94 万元，达到每公顷均饲养 15 只羊的高效水平。

4．国外发展节水灌溉经验

以色列：以色列的灌溉面积为 22 万 hm^2，农业用水量为 12.58 亿 m^3，占总供水量的 62%，为了提高灌溉水效率，所有的灌溉农田都采用了喷灌和滴灌现代灌溉技术和自动控制技术，使灌溉水平均利用率达到 90%。以色列的滴灌面积占全部灌溉面积的 2/3。为提高灌水利用率采取的其他措施还有：水量计量、水价政策、灌溉过程的计算机管理和遥控、水肥同步使用。这些措施使单位面积的平均灌溉水量由 1975 年的 8 700 m^3/hm^2 降为 1995 年的 5 500 m^3/hm^2，同时在农业用水量不增加的情况下农业产出增长了 12 倍。

法国水管理的特点是由国家、流域管理委员会、水协会和地方水管理公司共同参与管理。为了管理好水务，近年来法国修订了《法国水法》和《法国农业法》两部法规。《法国水法》强调了水资源（包括地表水、地下水等）统一性，建立了以流域为单位的水资源管理体系。法国 6 个流域有关水政策的制定是由参加流域管理委员会的所有用户的代表（包括政治家、农民、工业、环境部门、消费协会和国家的代表）共同协商确定的。《法国水法》还强调了水是公共资源，因此必须采取综合和平衡的管理措施协调用水户的需求和环境保护需求。农业的政策框架基于欧盟的农业政策（CAP），这一政策限定了每个成员国的农业发展及灌溉需水量。

美国的灌溉面积为 1 999 万 hm^2，其中 1 111 万 hm^2 为沟灌，占灌溉面积的 5.6%，喷灌和滴灌面积占灌溉面积的 27%，地下灌溉技术也得到了应用。美国有很好的现代灌溉技术研究和开发支撑条件，有许多研究中心经常深入农场与用水户保持密切联系，技术推广不但速度快且面积很广，现代灌溉面积发展速度很快。美国垦务局和其他机构遍布美国各地，根据当地的气候和水源条件为灌溉农业提供良好的技术支持。美国的灌溉水价基于平均成本价，水价不但包括运行和管理成本，也包括政府为保护水资源而附加的费用，按用水量收取水费。

5．发展趋势

灌溉技术目前在国内呈现出专业化和多元化的趋势，并且相关的技术也随之产生并发展。

（1）出现地下喷灌技术。在地下进行水资源的传输，可以最大限度地降低因水资源的蒸发而引起的流失，也能减少地表铺设管道而引起的水土流失。尽管这项技术现在还不够成熟，但技术在不断地发展，这种灌溉方式在将来一定会取缔其他的灌溉方式。

（2）耕地与水源的距离逐渐拉长，专业的低压输水管道技术的逐渐成熟使得节水灌溉的范围不断扩大。

（3）高效农业节水灌溉技术及管理水平的不断提高。随着农业科技的飞速发展，计算机网络技术、专家系统、模拟模型及控制技术资源数据库等技术的集成，在农业节水灌溉中的应用越来越多，达到时间、空间、水量、质量等方面的精确灌溉，这将是农业节水灌溉长期发展的必然趋势。

（4）节水灌溉新技术的不断研发。现阶段和节水灌溉有关的技术研发主要向两个方向发展。首先，水源供给方面，集中在将水泵与太阳能发电板组合在一起，构成自动抽水系统，在基础设施缺乏的偏远耕种地区，这一技术的应用能够有效地提高灌溉的效率，同时也节约能源；其次，灌溉技术本身的研究，主要针对输水设备的改进、喷头的改进等方面，从每一个环节上进行优化，不断提高水资源灌溉的效率。

第 6 章

乌梁素海流域沙漠治理

“沙者，水少也”，沙漠作为自然生态系统的一个重要组成部分，广泛分布于远离海洋的亚热带内陆干旱地区，因其干旱少雨的特点，常被人们视为生命的禁区。但在一些专家看来，沙漠也是巨大的水库，蕴藏着无穷的潜力，因此如何做到人与沙漠的和谐共存一直是各方专家追寻的目标。乌兰布和沙漠作为我国八大沙漠之一，对其综合治理可以构筑起我国北方的一道重要的生态屏障，有效防止风沙对我国北方的侵蚀、保障黄河中下游的生态安全，是维护山水林田湖草沙生态体系的重要一环。

6.1 沙漠综合治理背景

6.1.1 世界性的沙漠综合治理

沙漠作为地质时期气候变化的产物，主要分布于远离海洋的亚热带内陆干旱地区。世界干旱地区占总土地面积的40%～41%，受荒漠化影响的面积在 600 万～1 200 万 km^2，我国沙漠总面积约 70 万 km^2，如果连同 50 多万 km^2 的戈壁在内总面积为 128 万 km^2，占全国陆地总面积的 13%。

1．沙漠的成因

一般认为，距今 2 万年到 2 350 万年是全球沙漠形成的一个高峰时期，其形成的原因有很多种，包括自然因素和人为因素等。在自然因素中，形成沙漠的根本原因为“气候原因”。沙漠作为荒漠自然带的一种形式，基本上只分布在干旱和半干旱地区，特别是年降水量在 250 mm 以下的地区，有些沙漠地区的年降水量甚至只有几十毫米，因此气候干旱、降雨稀少是沙漠形成最主要的自然原因。降水稀少的原因大致可以总结为以下三点。

（1）在南北回归线附近区域，由于常年受到副热带高气压带的控制，盛行下沉气流，空气下沉时形成绝热增温，使相对湿度减小，空气非常干燥，进而导致降水稀少，容易形成沙漠。由于地处热带地区，形成的沙漠就称为“热带沙漠”。非洲北部、阿拉伯半岛、智利北部、澳大利亚中西部地区、北美墨西哥西北部地区多分布有热带沙漠。

（2）在大陆的内陆区域，由于深居内陆距海遥远，海洋水汽难以到达，从而降水稀少，容易形成沙漠。由于地处温带地区，形成的沙漠就称为“温带沙漠”。亚欧大陆的内陆中亚地区、我国的新疆和内蒙古等地的沙漠多属于此类成因。比如我国塔里木盆地内的塔克拉玛干沙漠，就是深居内陆降水稀少而形成，年降水量不足 100 mm。

（3）在山脉背风坡区域，由于高山阻隔，水汽难以送达，从而降水稀少，容易形成沙漠，比如南美洲南部安第斯山脉东侧的巴塔哥尼亚沙漠。巴塔哥尼亚高原地处南美洲南部的东侧，东临大西洋，但是此处常年受到西风带控制，携带来自太平洋暖湿空气的西风带，受到了安第斯山脉的阻挡，使得安第斯山脉西侧地区位于迎风坡，降水丰富，而东侧地区位于盛行西风的背风坡，焚风效应，降水稀少，气候干旱，从而形成沙漠。

气候是沙漠形成的核心要素，但是地形、洋流等其他因素也会影响气候，从而也影响着沙漠的形成。除了自然原因之外，沙漠的形成还与人类活动对于植被的大量破坏和水资源过度利用有一定的关系。比如，据研究，南亚地区的塔尔沙漠的形成，就和古代印度长期对当地植被破坏，以及大量利用印度河水源灌溉有关系。

2．世界四大沙漠

（1）撒哈拉沙漠约形成于 250 万年前，是世界第二大荒漠（仅次于南极洲），也是世界上最大的沙质荒漠，其横贯非洲大陆北部，东西长达 5 600 km，南北宽约 1 600 km，总面积约 9 065 000 km^2，约占非洲总面积的 32%。撒哈拉沙漠气候条件极其恶劣，每年和每日的气温变化幅度大，年平均温差可达 20℃，最高气温曾达到创纪录的 58℃。撒哈拉地区地广人稀，平均每平方千米不足 1 人，以阿拉伯人为主，其次是柏柏尔人等。居民和农业生产主要分布在尼罗河谷地和绿洲，部分以游牧为主。

（2）阿拉伯沙漠位于北非撒哈拉沙漠的东缘部分，位于埃及东部，尼罗河谷地、苏伊士运河、红海之间，又称东部沙漠，面积达 233 万 km^2，为世界第二大沙漠。阿拉伯沙漠从北纬 12°～34°线整整跨越 22 个纬度，尽管沙漠的大部分在北回归线以北，它还是被视为热带沙漠，夏季酷热，有些地方气温高达 54℃。阿拉伯沙漠具有丰富的地下水资源，目前阿拉伯各国政府采用现代技术开发水资源和灌溉农用土地，沿海岸建设的海水淡化厂从海水中生产大量淡水，使得阿拉伯半岛成为世界上使用这一技术的主要地区之一。

（3）利比亚沙漠位于撒哈拉沙漠的东北部，包括埃及中部、西部和利比亚东部。利比亚沙漠为自南向北倾斜的高原，南部海拔 350～500 m，中、北部海拔 100～250 m，西南部地势最高，海拔达 1 800 m。利比亚沙漠气候炎热干燥，虽然稀疏地分布着一些绿洲，但境内无常年性河流和湖泊。利比亚沙漠中具有丰富的石油与天然气资源，石油探明储量约 29.18 亿 t，天然气探明储量约 6 053 亿 m^3，为周边国家提供了稳定的经济来源。

（4）澳大利亚沙漠位于澳大利亚西南部，面积约 155 万 km^2，是澳大利亚最大的沙漠，世界第四大沙漠，其由大沙沙漠、维多利亚沙漠、吉布森沙漠、辛普森沙漠四部分组成。澳大利亚沙漠雨水稀少，干旱异常，夏季的最高温度可达 50℃，尽管气候条件恶劣，但澳大利亚沙漠有大约 3 600 种植物繁荣共生，被称为“沙漠花园”。

3．世界沙漠利用实例

（1）以色列治沙模式。以色列国土面积约 2.5 万 km^2，其中沙漠占国土面积的 60%以上，土地资源贫瘠，耕地面积较少，且处于半干旱地区，降雨量少，季节性强且区域分布不均，淡水资源缺乏的问题极为突出。尽管农业先天资源严重不足，然而以色列却因地制宜地利用污水循环利用技术和海水淡化技术建成了现代化的高效节水型农业，成为世界旱地农业的典范，特别是以高附加值经济作物为主的出口主导型种植业，更体现出以色列农业的特色。以色列全面运用农业滴灌技术，目前全国滴灌面积达 60%以上，西红柿生产可达每公顷 500 t、每个季节温室玫瑰产量可达每公顷 300 万朵、柑橘的最高产量可达 80 t，逐渐形成了以高附加值经济作物为主的出口创汇型种植业。

（2）美国的沙漠保护。美国对沙漠资源的利用主要体现在建立了众多的沙漠国家公园，如南加州莫哈维沙漠约书亚树国家公园、莫哈维大盆地沙漠的死亡谷国家公园、索诺兰沙漠的巨人柱仙人掌国家公园、科罗拉多州的大沙丘国家公园等，将无人的沙漠转化为旅游景点，将生命禁区化为国民休闲、教育的中心。此外，美国还在加州帝王谷开展了集约化农业经营，利用引水、滴灌、有机残渣或动物粪便和土壤改良措施、生物技术措施、太阳能利用，树立了沙漠穷困区变农业富裕区的“光辉”形象。

（3）萨赫勒的治沙教训。萨赫勒—撒哈拉国家共同体成立于 1998 年 2 月 4 日，共有 29 个成员国，是非洲第二大地区性组织，其成员国主要分布于非洲南部撒哈拉沙漠和中部苏丹草原地区间的一条长 3 800 km 的地带，横跨塞内加尔、毛里塔尼亚、马里、布基纳法索、尼日尔、尼日利亚、乍得、苏丹和厄立特里亚等地区。历史上萨赫勒经历了 3 次毁灭性干旱，甚至被称为“除两次世界大战人类最悲惨的灾难”，这一事实直接促成了 1977 年内罗毕联合国荒漠化会议的召开。为了解决沙漠化和能源需求，萨赫勒地区各国政府及有关国际组织，广泛地进行了植树造林，同时以打井的方式解决人畜饮水，将当地居民由游牧转为定居。然而由于商业性定居牧业的大规模采用，造成牲畜产品过分单一，同时大规模的集中经营、采取掘井定居的经营模式对草场造成了极大的压力，直接导致草场的退化，最终造成同心圆状荒漠化，援助计划也于 1987 年被迫中止。

6.1.2 内蒙古的沙漠综合治理

1．内蒙古沙漠治理的背景

中国西北干旱区是中国沙漠最为集中的地区，约占全国沙漠总面积的 80%，我国最著名的八大沙漠：塔克拉玛干沙漠、古尔班通古特沙漠（准噶尔盆地沙漠）、巴丹吉林沙漠、腾格里沙漠、库木塔格沙漠、柴达木盆地沙漠、库布齐沙漠、乌兰布和沙漠大多分布于此。

习近平总书记在 2014 年考察内蒙古时指出，“内蒙古的生态状况如何，不仅关系全区各族群众生存和发展，也关系东北、华北、西北乃至全国的生态安全。要努力把内蒙古建设成为我国北方重要的生态安全屏障”。2018 年 3 月习近平总书记在参加十三届全国人大一次会议内蒙古代表团审议时强调：“要加强生态环境保护建设，统筹山水林田湖治理，精心组织实施京津风沙源头治理、‘三北’防护林建设、天然林保护、退耕还林、退牧还草、水土保持等重点工程，实施好草畜平衡、禁牧休牧等制度，加快呼伦湖、乌梁素海、岱海等水生态综合治理，加强荒漠化治理和湿地保护，加强大气、水、土壤污染防治，在祖国北疆构筑起万里绿色长城”。

“三北”防护林工程作为国家经济建设的重要项目，指在中国“三北”地区（西北、华北和东北）建设的大型人工林业生态工程。内蒙古自治区地处我国华北和西北地区，是“三北”防护林工程主要的实施地点之一，其环境治理成效直接影响着京津冀地区的环境条件。

2．内蒙古沙漠现状

内蒙古自治区作为我国沙漠分布最广泛的地区之一，自西向东共有五大沙漠，分别为巴丹吉林沙漠、腾格里沙漠、库布齐沙漠、乌兰布和沙漠、巴音温都尔沙漠。

（1）巴丹吉林沙漠是我国第三大沙漠，第二大流动性沙漠，也是世界上最高大的沙漠，分布于阿拉善高原中心，其地理位置大概为弱水东岸的古日乃湖以东，宗乃山和雅布赖山以西，拐子湖以南，北大山以北的地区，共 11 个旗（县、区），面积 4.92 万 km^2。

（2）腾格里沙漠是我国第四大沙漠，东界贺兰山，东南角分布到黄河边，西北以雅布赖山与巴丹吉林沙漠隔断，南侧为祁连山。占据阿拉善高原东南部，共 9 个旗（县、市、区），面积 4.27 万 km^2，主要由流动沙丘、半固定沙丘和固定沙丘组成。

（3）库布齐沙漠是我国第七大沙漠，也是距北京最近的沙漠，位于黄河中游的河套平原以南，鄂尔多斯高原的北部边缘地带，呈狭长带状分布，包括 7 个区（旗），面积 1.61 万 km^2，在自然地带上除东部达拉特旗的一部分属于典型草原地带外，绝大部分属于草原化荒漠地带。

（4）乌兰布和沙漠是我国第八大沙漠，北部延伸到狼山脚下，东依黄河与鄂尔多斯隔河相望，东北接河套平原，南止乌吉铁路，行政归属内蒙古巴彦淖尔市和阿拉善盟，包括 5 个县（旗），总面积为 0.99 万 km^2。

（5）巴音温都尔沙漠位于巴彦淖尔市乌拉特后旗和阿拉善盟阿拉善左旗境内，狼山北部，包括本巴图、海里、白音查干、亚玛雷克等不相连但较为集中的一些沙漠，面积约 1 万 km^2。

3. 内蒙古沙漠存在的问题

五大沙漠主要分布在内蒙古自治区西部阿拉善盟、巴彦淖尔市、鄂尔多斯市境内。该区域属于我国干旱区（包括极端干旱区），干旱少雨，风大沙多，植被稀少，年降水量多在 200 mm 以下，沙漠浩瀚、戈壁广布，生态环境极为脆弱，天然植被受到破坏后难以恢复，人工造林必须在灌溉条件下才有可能成活。该区水资源贫乏，水系多为内陆水系，依水分布的小面积绿洲是当地人民赖以生存和发展的主要区域。

（1）巴丹吉林沙漠：气候干旱、沙丘高大，治理相对困难；流沙前移威胁绿洲生态文明与古代文明遗迹、遗址；上中下游水资源调配不合理，影响沿河沙漠植被生长；湿地面临萎缩窘境、湖盆干涸，成为沙尘策源之所。

（2）腾格里沙漠：流沙威胁交通线路、工矿场区严重；沙尘暴时常发生；水资源利用不尽合理，植被衰退，绿洲面临危机。沙丘形态复杂多样，流沙入黄增加河流泥沙，危及黄河及沿线绿洲安全。

（3）乌兰布和沙漠：绿洲寓于沙漠之中，易受沙漠侵袭；绿洲濒临黄河，有灌溉之利，但土地次生盐渍化较为普遍；新建绿洲易引起沙丘活化；沿黄一线风沙侵袭严重，风沙入黄成为常态，危及河道与沿线绿洲安全。

（4）库布齐沙漠：流沙广布，扩张迅速；流沙与黄土丘陵镶嵌分布，水土流失与风沙侵蚀并存；入黄风沙影响河道安全；沿黄地区土地盐渍化严重。

（5）巴音温都尔沙漠：有东侵南下扩张的势头，存在巨大的生态隐患，威胁河套平原、黄河及华北地区的生态安全；不合理利用资源使得荒漠化扩展；水资源利用不合理，超负荷运行；绿洲植被衰退，生产力与生态功能下降。

4. 内蒙古沙漠治理成效

长期以来，内蒙古自治区始终把荒漠化防治作为建设我国北方重要生态安全屏障、促进经济社会可持续发展的战略举措，践行绿色发展理念，实施综合措施推进荒漠化防治，取得了重大成效，积累了丰富经验。经过多年的不懈努力，内蒙古荒漠化整体扩展的趋势得到有效遏制，荒漠化和沙化土地面积已连续 10 年缩减，森林覆盖率和草原植被盖度持续提高，重点治理区生态环境明显改善，部分地区呈现“荒漠变绿洲”的景象，实现了由“沙进人退”到“绿进沙退”的历史性转变。其中库布齐沙漠的成功治理是目前内蒙古沙漠治理过程中最突出的成效。

20 世纪 80 年代以来，库布齐沙区各族干部群众，以顽强的意志和不屈的精神，大力推进祖国北方重要生态安全屏障建设。亿利、伊泰、东达等企业充分发挥龙头带动作用，打造出一条生态修复、生态牧业、生态健康、生态旅游、生态光伏、生态工业“六位一体”的生态发展链条，构建出多产业融合的生态发展体系。沙漠治理总面积达到 6 460 km^2，涵养水源 240 多亿 m^3，创造生态财富 5 000 多亿元，走出了一条生态与经济并重的中国特色沙漠综合治理之路。2017 年 7 月，习近平总书记在致“第六届库布齐国际沙漠论坛”的贺信中指出：“中国历来高度重视荒漠化防治工作，取得了显著成就，为推进美丽中国建设做出了积极贡献，为国际社会治理生态环境提供了中国经验。库布齐治沙就是其中的成功实践。”

5. 内蒙古沙漠治理实例

30 多年来，面对荒漠化挑战，库布齐人兢兢业业治沙改土，在顺应自然、尊重自然，利沙之长、避沙之短的基础上，成功地走出一条沙漠生态修复和产业发展之路。党的十八大以来，在习近平生态文明思想指引下，库布齐生态文明建设更是发生了翻天覆地的变化。

以“人与自然和谐共生”为本质要求，实现沙区生产生活的根本转变。习近平总书记指出：“人与自然是生命共同体，人类必须尊重自然、顺应自然、保护自然。”库布齐曾经森林茂密、水草丰美、牛羊成群，后因长期的戍边屯田、连年不断的战争，大片良田荒芜，繁华胜景也终究湮灭在黄沙之中。库布齐曾流传一首民谣："沙里人苦、沙里人累，满天风沙无植被；库布齐穷、库布齐苦，库布齐孩子无书读；沙漠里进、沙漠里出，没水、没粮、没出路！"这正是库布齐当时极端恶劣生态的真实写照。改革开放以来，特别是党的十八大以来，库布齐人重新审视人与沙的关系，寻找人与沙共生共存的生态平衡点，沙漠治理有了质的飞越，实现了人与自然和谐相处。

以"绿水青山就是金山银山"为基本内核，走出一条百姓富、生态美的绿色发展新路。金山银山和绿水青山的关系，归根到底就是经济发展和生态环境保护的关系。随着沙漠治理规模不断扩大，投资压力与日俱增，如何算好生态账和经济账摆在当地政府和企业面前。30 多年来，库布齐已生长出 6 000 多 km^2 绿洲，可以大面积种植有机果蔬、中药材等，为当地群众提供了几十万个就业岗位。党的十八大以来，库布齐人更加坚定了誓将沙漠变绿洲的决心，并逐渐摸索出治理沙漠与发展沙漠经济相结合的产业化治沙道路。如今的库布齐，生态环境越来越好，对生产要素的集聚力越来越强，吸引众多企业进行产业化投资，共治荒漠，共享成果。

以"山水林田湖草是生命共同体"为系统思维，实现了自然生态综合治理、系统修复。习近平总书记强调，山水林田湖草是一个生命共同体。防沙治沙的关键在于修复被破坏的生态系统。库布齐通过整体保护、系统修复、综合治理，将荒漠变成绿洲，以绿洲涵养水源，增加降水，以水量增加保护和丰富生物多样性，减少沙尘天气，改善生态环境，完成从荒漠黄沙向绿水青山的转变，构建起沙、水、林、田、动物、人和谐相处的整体生态系统。

以"良好生态环境是最普惠的民生福祉"为宗旨要义，带动沙区群众脱贫致富奔小康。生态环境是关系党的使命宗旨的重大政治问题，也是关系民生的重大社会问题。习近平总书记立足发展新阶段和人民新期待，提出良好生态环境是最公平的公共产品，是最普惠的民生福祉。过去，库布齐恶劣的生态环境是制约沙区经济发展和农牧民脱贫致富的最直接原因；今天，在以人民为中心发展思想的指引下，在各级党委和政府支持下，在沙区企业帮扶下，沙区农牧民因治沙改善生活，摆脱贫困，拥有了美丽的家园。

以"最严格制度最严密法治保护生态环境"为重要抓手，维护生态文明建设成果。习近平总书记反复强调，在生态环境保护问题上，就是要不能越雷池一步，否则就应该受到惩罚。早在 2000 年，鄂尔多斯市就明确划分禁止开发区、限制开发区和优化开发区，开全国之先河，推行禁牧休牧和划区轮牧政策。全市先后转移 40 多万农牧民整体退出生态保护区域，生态建设实现由分散治理向集中恢复转变，同时林业、水利等部门加强生态执法，通过最严格的生态环境保护制度维护生态文明建设成果。

6.2 乌梁素海流域沙漠治理项目概况

6.2.1 乌兰布和沙漠综合治理工程介绍

乌兰布和沙漠综合治理工程是内蒙古自治区为有效控制乌兰布和沙漠沙化面积、减少沙尘暴对京津冀地区的影响、减少黄河入沙量、促进当地经济发展和农牧民脱贫致富而实施的重要工程。乌兰布和沙漠综合治理工程主要分为两个部分：乌兰布和沙漠防沙治沙示范工程、乌兰布和沙漠生态修复示范工程，分别从固沙造林、种植沙漠经济作物两方面入手，以达到最终生态治理的目的。

1．工程项目背景

第五次全国荒漠化和沙化监测结果显示，巴彦淖尔市乌兰布和沙漠主要由固定和半固定沙地组成，分布有少数流动沙地。区域内多为 3～10 m 高低不等的固定、半固定、流动沙丘、平缓沙地及丘间低地相互交错分布的地貌类型。沙漠的形态以沙堆为主，其次有新月形沙丘和沙陇。

流动沙地（丘）主要分布于南部和北部，面积 2.79 万 hm^2，占总面积的 8.4%。沙区中部有零星流动沙丘分布，相对高度小于 5 m。固定、半固定沙地（丘）分布于沙区的东部和中部，面积 14.28 万 hm^2，占总面积的 43%。半固定沙地（丘）5.28 万 hm^2，固定沙地（丘）9 万 hm^2。主要植被有沙蒿、白茨、芦草、沙冬青、沙竹等。

据遥感影像资料显示，2012—2015 年，磴口县乌兰布和沙漠北部与绿地边缘相接地带林地面积增加了 0.27 万 hm^2，行道树面积增加了 0.27 万 hm^2。沙漠东缘锁边林带总长度 209 km，成功地锁住了沙漠东缘流动沙丘，但沙区生态系统脆弱，土地沙化极易反弹，防沙带屏障还不牢固，防沙治沙任务任重道远。

乌兰布和沙漠南邻黄河，京新高速公路横穿北部，东靠河套平原，京兰铁路、京藏高速公路、110 国道等国家重要基础设施途。同时，乌兰布和沙漠也是我国主要的沙尘源区以及沙尘暴主要通道之一，生态区位十分重要。国家将乌兰布和沙漠列为全国沙漠化严重发展类型区，并批准设立为全国防沙治沙综合示范区。

巴彦淖尔市委、市政府提出，把山水林田湖草沙当成一个生态文明命运共同体，用系统思维谋划和推动系统修复、综合治理、整体保护等工作，统筹抓好河套平原绿化、黄河湿地保护、乌梁素海综合治理、乌兰布和沙区治理开发、阴山山脉生态保护、乌拉特草原沙产业，探索形成巴彦淖尔全域生态、经济、社会协调发展新模式，努力建设山水林田湖草沙综合治理先行区，为建设我国北方重要生态安全屏障做出贡献。乌兰布和沙漠综合治理，是全面落实市委、市政府绿色发展理念的重要举措，全力推进山水林田湖草沙治理系列项目的重要内容，加快实现“塞上江南，绿色崛起”奋斗目标的重要抓手。本项目的建设从长远说，加强生态建设与保护，能够增强县域经济发展的潜力和后劲，能够推动经济发展步入可持续发展轨道，就目前讲，通过生态建设与保护有利于开发新的产业，进而成为县域经济新的增长点。

2. 工程宏观意义

沙漠综合治理工程是构筑国家生态安全的需要。乌兰布和沙漠位于内蒙古西部，地处贺兰山—狼山生态屏障之间，成为西沙东移的主通道、中转区，成为乌兰布和沙漠下风口广大地区沙尘暴的直接源头，对黄河、乌梁素海流域、河套平原农业区乃至华北平原北部地区构成直接的风沙危害和威胁。治理好乌兰布和沙漠，可以将贺兰山、狼山连接起来，形成一道完整的“贺—乌—狼”生态屏障，不仅能缓解该沙漠周边地区的沙害，更对下风口广大地区的生态环境起到关键性的保护作用，对构筑国家“北方防沙带”生态安全屏障具有重要的战略意义。

（1）沙漠沙化土地面积大，治理任务重。一是第五次全国荒漠化和沙化监测结果显示，沙区现有沙化土地面积 17.11 万 hm^2，其中沙化程度在重度和极重度以上的分别占25.28%和 17.29%，局部沙化问题仍然存在。二是沙区生态脆弱，巩固成果任务艰巨。三是沙区土地大部分为开采地下水明渠道衬砌灌溉，沙区的地下水用多补少，采补不平衡，对沙区地下水资源造成极大的压力。

（2）沙漠综合治理工程是保障京津冀生态安全的需要。乌兰布和沙漠是我国主要的沙尘源区及沙尘暴的主要通道之一，沙尘暴不仅给当地带来严重危害，同时对京津冀周边和华北地区也造成一定的影响。巴彦淖尔市乌兰布和沙漠综合治理，对缓减沙尘暴的发生强度，减轻沙尘暴危害起到重要作用。

（3）沙漠综合治理工程是保护黄河及基础设施的需要。刘拐沙头已进入黄河，风沙入黄对人民群众的生命财产和水资源的安全造成巨大的隐患。同时，京兰铁路、京藏、京新高速公路、110 国道、临策铁路紧靠乌兰布和沙漠，是西北地区经济发展的大动脉，风沙移动直接对以上基础设施构成危害，成为影响该地区社会经济发展、农牧民脱贫致富的主要问题。

（4）沙漠综合治理工程是保护湿地天然资源的需要。乌兰布和沙区湿地（海子）是由于历史上黄河多次改道形成的丘间低地湖泊湿地，总面积达 20 多万亩，其与乌梁素海“东呼西应、首尾相顾”，共同构成完整的湿地生态系统，在调节气候、涵养水源、维护生态平衡、保护生物多样性和支撑该地区人民生产、生活等方面发挥着重要作用。

（5）沙漠综合治理工程是促进当地经济发展和农牧民脱贫致富的需要。实施乌兰布和综合治理项目是推进山水林田湖草综合治理的重要抓手。通过项目的实施可以辅助带动周边农牧民大力发展肉苁蓉产业，充分挖掘林地增产潜力，发展生态经济、绿色经济，拓宽农民就业增收空间，加快农牧民脱贫致富，对促进当地经济发展将起到十分重要的作用。

3. 工程项目概况

乌兰布和沙漠综合治理工程建设项目位于内蒙古自治区巴彦淖尔市磴口县乌兰布和沙漠境内，是乌梁素海流域山水林田湖草生态保护修复试点工程的重要组成部分。该项目旨在通过生态环境建设和当地治沙产业的结合，改善周边环境，提升当地景观品位，带动周边地区其他相关产业的发展，促进区域经济的整体发展。

乌兰布和沙漠综合治理工程建设项目总面积 7 万亩，包括防沙治沙示范工程 4 万亩，其中栽植梭梭 3.5 万亩，栽植苹果梨、长柄扁桃、欧李、红枣、枸杞、杂果类等兼具防沙治沙和经济效益的经济林 0.5 万亩；生态修复示范工程 6.5 万亩，其中包括防沙治沙示范工程中新种植的梭梭林嫁接肉苁蓉 3.5 万亩以及现有梭梭林嫁接肉苁蓉 3 万亩。其具体建设内容见表 6.1。

表 6.1 建设内容一览表

序号	项目名称	数量	单位	备注
（一）	防沙治沙示范工程			
1	主体工程			
（1）	压沙造林	4	万亩	
2	辅助配套工程			
（1）	平整沙丘	4	万亩	

序号	项目名称	数量	单位	备注
（2）	修建作业路	125	km	
（3）	修建防火通道	33.1	km	
3	供水工程			
（1）	铺设输水主管道	37	km	
（2）	建设扬水站	1	座	
（3）	建设高位蓄水池	1	座	
（4）	建设二级蓄水池	20	座	
4	供电工程			
（1）	修建高压线路	33	km	10 kV
（2）	修建低压线路	40	km	0.4 kV
（二）	生态修复示范工程			
1	主体工程			
（1）	新种植梭梭林嫁接肉苁蓉	3.5	万亩	完成后连续抚育 3 年
（2）	原有梭梭林嫁接肉苁蓉	3	万亩	完成后连续抚育 3 年
2	浇灌工程			
（1）	浇水	3～5	次/年	
3	辅助配套措施			
（1）	实时除草			
（2）	病、虫、鼠、兔预测与防治工作			
（3）	加强护林防火			
（4）	严禁放牧			

4. 工程项目周边条件

1）背景条件

（1）项目周边水资源较为丰富，土壤质地适宜。项目区光热资源丰富，发展林业及林下经济具有潜在优势，项目区地表水资源十分丰富，水质优良，水源来自黄河水自流，依托奈伦湖蓄水长期供水，为项目区建设提供稳定充足的水资源，土壤以风沙土为主，风沙土是梭梭生长和肉苁蓉嫁接较好的土壤类型。

（2）地方政府支持，政策倾斜力度大。巴彦淖尔市委、市政府提出，把山水林田湖草沙当成一个生命共同体，用系统思维谋划，推动乌兰布和沙区综合治理工作，努力建设山水林田湖草沙综合治理先行区，为建设我国北方重要生态安全屏障做出贡献。乌兰布和沙漠综合治理，是全面落实市委、市政府绿色发展理念以及加快实现“塞上江南，绿色崛起”奋斗目标的重要措施。巴彦淖尔市政府等相关主管单位先后出台了《乌梁素海综合治理规划》《巴彦淖尔市第四届市委常委会第24次会议纪要》《巴彦淖尔生态城市总体规划》等一系列支持性政策。

（3）治沙经验积累充足，肉苁蓉嫁接技术成熟。经过多年的努力，磴口县取得了治理乌兰布和沙漠显著效果，并积累了丰富的经验，人工种植梭梭林和人工接种肉苁蓉技术已经非常成熟，并可以大面积推广；中国林科院沙漠林业试验中心通过多年科学的考察、试验和研究，取得了多项科研成果，并积累了沙漠化地区综合治理和科学开发宝贵经验。这些丰硕的科研成果和宝贵的经验可为项目的实施提供可靠的科学根据和技术支撑。

（4）环境治理与治沙产业相结合，项目经济收益显著。该项目建设的生态、社会效益主要体现在防沙治沙，遏制土地沙化，保护农田及水利设施等方面，并且增加当地群众劳动就业岗位和经济收入，促进地区和谐发展。经济效益主要体现在产品的生产上，产品主要为肉苁蓉鲜品。项目实施后，从第4年开始，亩产鲜苁蓉40～75 kg，市场价60～80元/kg，亩收益可达2 400～3 500元，可连续受益20年。项目注重生态环境建设和治沙产业开发相结合、当前效益和长远效益相结合，通过发展绿色、名贵的肉苁蓉中草药产业，形成沙产业新的经济增长点，实现“用产业收益回报生态建设”的“投入—收益—再投入”的良性循环，实现生态治理工作由“输血机能”到“造血机能”的转变，为乌兰布和沙漠的综合治理与生态型沙产业的可持续发展提供样板和模式，实现生态效益和经济效益的双赢。

综上所述，本项目的建设符合国家的产业政策、环保政策，对于改善项目区及周边环境，提高基础设施建设水平具有重要意义，项目具有较好的生态效益、社会效益和经济效益，并得到了相关部门的大力支持。环境影响很低，具有较好的社会经济效益，环境保护与能源使用符合国家标准。

2）地理条件

（1）地质条件

乌兰布和沙漠综合治理工程项目区地处乌兰布和沙漠东北部，土地总面积7万亩，实施范围介于东经108°37′～109°41′，北纬40°41′～41°16′，行政区划隶属于内蒙古磴口县巴彦高勒镇、沙金套海苏木。

项目区地貌形态为黄河冲积平原，主要由半固定、流动沙地组成。地势从西南向东北纬度倾斜，海拔高度为 1 045～1 209 m。

（2）气候条件

乌兰布和沙漠地区属中温带大陆性季风气候，具有冬季寒冷漫长，春秋短暂，夏季炎热，降水量少，气候干燥，风沙多，光照充足，热量丰富，温差大，无霜期短的特征。

乌兰布和沙漠属干旱、高温、多风、少雨的典型大陆性气候，沙区由东向西，降雨量逐减，年平均降雨量由 144.6 mm 降到不足 100 mm，年蒸发量由东到西从 2 380 mm 逐渐增高到 3 005 mm，气温由东向西逐渐增高，即年平均气温由 7.6℃增加到 8.6℃。无霜期 168 天，光照 3 181 h，太阳辐射 150 kJ/cm^2。大风日数由东向西逐步增加，终年盛行西南风，主要害风为西北风，风势强烈，年均风速 4.1 m/s。风沙危害为主要自然灾害，但光热资源丰富，发展种植业具有潜在优势。

由于气候变化剧烈，加之地形、水文及地理位置诸多条件的影响，旱、涝、洪、风、雹、霜、虫等自然灾害历年均有不同程度的发生，其中尤以旱灾、风灾和病虫危害最甚，给当地农牧业生产和造林种草造成极大的影响。

（3）水文条件

乌兰布和沙区深居内陆，气候干燥，蒸发强盛，降水量又很少，地表多沙质，形不成地表径流。黄河是沙区最大的地表水，自南向北从沙区东部流过，境内全长 52 km，多年平均径流量 315 亿 m^3，磴口县水指标为 4.32 亿 m^3，是该区从事农牧林业生产最有价值的水利资源。水质好，可适当发展井灌林业。黄河三盛公水利枢纽工程建在沙区境内的磴口县。黄灌区水位平均在 1 053.6 m，高于套区及沙区相当一部分地方，沙区局部地方起伏不平，百万多亩地区具备引黄自流灌溉的条件，这为项目区工程建设提供了方便。

（4）土壤条件

区域内土壤类型较为多样，既有地带性土壤，又有隐域性土壤，主要有风沙土、灰漠土、龟裂土、沼泽土、草甸土。其中，风沙土主要以沙丘的形态分布，有流动沙丘、固定半固定沙丘；灰漠土分布在较宽阔的丘间洼地，地势平坦，植物稀少或无植物生长；龟裂土分布在固定沙丘的丘间洼地；草甸土分布在丘间积水洼地边缘；沼泽土分布在湖泊边缘及丘间积水洼地。项目区风沙土是主要的土壤类型。

（5）植被情况

项目区天然植被主要为旱生植被，植被主要有沙蒿、沙米、沙竹、芦草等，植被盖度为 5%～8%，零星分布在半固定沙丘和丘间低地上；人工林成分较为单一，人工林树木以梭梭为主，现有 3 万亩梭梭林覆盖度 70%～80%，呈带状分布，株高 1.6～2.3 m，冠幅 2～3 m，整体长势良好。林木权属于集体。

3）社会经济条件

项目所在地磴口县截至 2017 年年底，总人口 11.44 万人，其中农业人口 5.64 万人。牲畜总头数（6 月末）62.59 万头（只），粮食产量 33.42 万 t，全县生产总值 46.07 亿元，其中农业总产值 7.82 亿元，林业产值 0.88 亿元，旅游收入 6.99 亿元，农牧民人均收入 15 972 元。项目区外围交通条件便利，京新高速贯通，坐拥 G6、G7 两大通道交会，成为“承东启西、连南接北”的战略枢纽。沙区紧邻京兰铁路、临策铁路、京藏高速公路、110 国道等。通往项目区有穿沙公路等多条公路，交通比较便利。通信设施较完善，京包光纤电缆跨境而过，各镇（苏木）、农（林）场微波通信设施齐全，无线通信普及。电力供应充足，电路与华北电网沟通，自然村全部通电。

4）土地资源条件

项目区所在乡镇（苏木、林场）总面积 412.69 万亩，其中林业用地 277.63 万亩，非林业用地 135.06 万亩。在林业用地中乔木林地 6.53 万亩，疏林地 0.04 万亩，灌木林地 67.78 万亩，未成林地 59.78 万亩，无立木林地 30.95 万亩，宜林地 99.36 万亩，辅助林业生产用地 13.19 万亩。宜林地资源丰富，发展林业的潜力很大，项目用地全部为宜林地，防沙林场和沙林中心为国有。

5）技术保障条件

人工种植肉苁蓉的技术曾在 1985 年试验并获得了成功，随后新疆、宁夏等地也接连采用并取得了成功。目前，人工种植肉苁蓉的接种、栽培、管理等农艺技术已经成熟，并研发出了肉苁蓉种子促萌发、肉苁蓉授粉特性研究、病虫害无公害防治、种子纸等多项新技术。磴口县科技局从 1998 年开始在乌兰布和沙漠生态治理区进行大面积机械梭梭种植和肉苁蓉接种实验示范，已取得成功，技术成熟，已开始大面积推广。经过引进和发展，全县共有从事治沙及肉苁蓉产业企业 30 余家，取得了治理乌兰布和沙漠显著的成效，并积累了丰富的经验，中国林科院沙漠林业试验中心等科研单位、院校通过多年科学的考察、试验和研究，取得了多项科研成果，并积累了沙漠化地区综合治理和科学开发的宝贵经验，在肉苁蓉的人工栽培与育种上具有丰富的经验及理论基础，这些丰硕的科研成果和宝贵的经验为项目的实施提供可靠的技术支撑和科学根据，也可为项目培训提供技术骨干及实地操作经验。

5. 工程项目建设目标

通过采取自然修复与人工促进相结合的方式，采取人工造林、固沙治沙等措施，预防土地沙化，治理沙化土地，控制流沙扩展，到 2020 年新增治理面积 4 万亩，初步形成与主体功能区规划相适应的生态保护和建设格局，乌兰布和沙漠及周边区域生态状况显著改善，全社会防沙治沙意识明显增强，祖国北疆生态安全屏障初具规模。通过发展沙产业，有效促进农牧民增收致富，实现生态环境良性循环，不断提升沙产业科技含量和竞争力，努力建立比较完备的沙产业科技创新体系和技术服务保障体系，为发展区域经济、实现全面建成小康社会目标做出贡献，如图 6.1 所示。

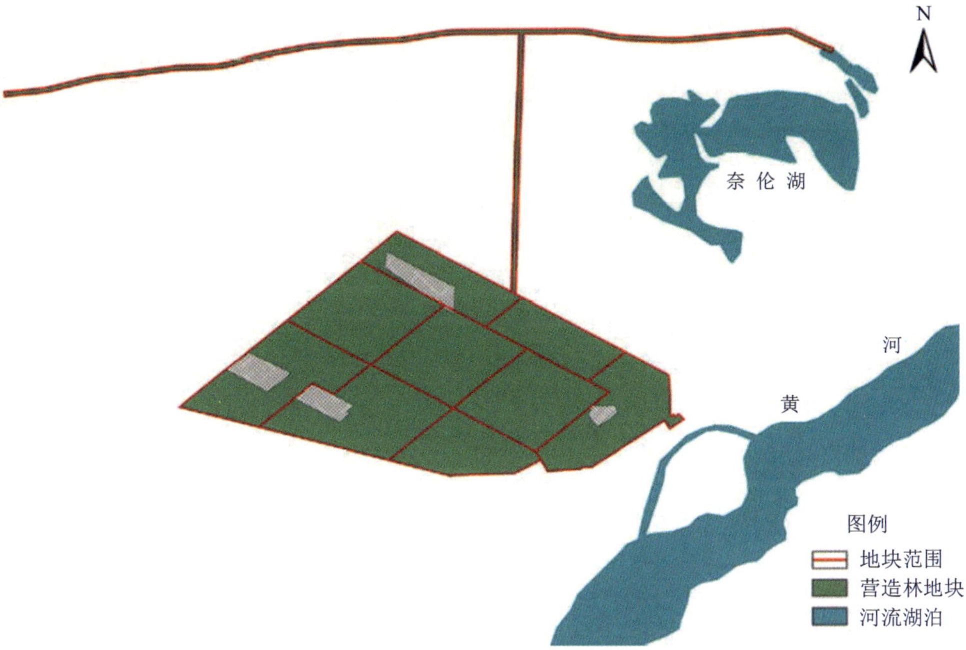

图 6.1 综合治理区示意图

6.2.2 乌兰布和沙漠防沙治沙示范工程

乌兰布和沙漠防沙治沙示范工程共分为压沙造林、引水灌溉、配套供电、道路修缮 4 个子工程。其中压沙造林是整个乌兰布和沙漠防沙治沙示范工程的治理核心，引水灌溉工程、配套供电工程、道路修缮工程分别为压沙造林工程提供其必需的水源、电力、交通条件，项目区原状如图 6.2、图 6.3 所示。

（a）

（b）

（c）

图 6.2 项目区原状

图 6.3　项目区原状近图

1. 压沙造林工程

（1）施工工艺：施工准备→机械进场→沙丘平整（先修施工作业路）→沙障布设→滴灌布设→种植苗木（景观、经济林、梭梭树）→后期苗木养护工作。

（2）整地方式：鉴于项目区内主要由固定、半固定沙地（丘）构成，偶有零星流动沙丘分布，因此决定于春季或秋冬季对项目区内高大流动沙丘进行机械平整整地，平整为低矮沙丘或平缓沙丘后设置沙障压沙。经现场踏查，土质基本为粉细沙，因此确定采用机械开挖和机械回填相结合的沙丘平整方案，如图 6.4 所示。

图 6.4　平沙作业图

（3）设置沙障：沙障主要使用的有植物沙障和可降解聚乳酸（PLA）纤维沙袋沙障，设置方式有全面铺设、带状铺设、网格状铺设，本项目以草方格沙障为主（图 6.5～图 6.10）。

图 6.5　草方格沙障设置

图 6.6　草方格沙障俯瞰图

图 6.7　草方格沙障施工俯瞰图

（a）

（b）

（c）

图 6.8　草方格沙障效果图

图 6.9　PLA 沙障设置

（a）

（b）

（c）

图 6.10　多种沙障布置俯瞰图

（4）种植苗木：种植规模为防沙治沙面积 4 万亩，其中梭梭造林 3.5 万亩，经济林 0.5 万亩。根据项目区气候、立地条件和近几年造林的成功经验选择造林树种（图 6.11、图 6.12）。

图 6.11　新种植的梭梭

图 6.12　新种植的梭梭

（5）种植方案：根据因地制宜原则，优先选择生态功能与经济功能俱佳的乡土树种和经引进试验成功的树种，不选用侵害性树种，充分考虑相关因素后选择采用以梭梭林为主，经济林中种植苹果梨、黑果枸杞、欧李、苹果、蒙古扁桃、沙棘、红枣、枸杞的方案。

2. 引水灌溉工程

（1）建设内容：项目的引水工程为引取地表水，取自当地自有湖泊。主要建设内容包括提水泵站1座，并布置引水主管线、滴灌地下管网、高位调蓄水池、二级水池等，配套相应变压器，修建供电线路。

（2）技术措施：本项目提水泵站共设 6 台泵（四用两备），通过引水管线输送至治沙区域内最高点，在最高点设高位蓄水池，高位蓄水池里面的水经过管网自流进入各二级水池，二级水池设两台潜水泵（一用一备），功率均为 40 kW，进入滴灌系统前进行过滤，并保证滴灌系统有足够的流量和压力。提水泵站设配电室、值班室、卫生间、维修间等，并用电进行采暖。提水泵站建筑面积约 350 m^2，单层砖混结构。二级蓄水池旁边设控制间，用以调控蓄水池的供水水量。

3. 配套供电工程

供水设施需修建相应的供电给线路，并配置多级变压器与扬水站控制室等配套设备。

4. 道路修缮工程

（1）修建作业道路：修建砂石路主路，主路段路基宽约 8 m，路面宽约 6 m。砂石厚约 10 cm，路基填土高度约 50 cm。修建砂石路辅路，辅路路段路基宽约 6 m，路面宽 4 m。辅路为宽砂石路，砂石厚约 10 cm，路基填土高度约 30 cm。

（2）修建防火通道：本次道路设计包含三条防火通道，道路采用三级公路技术标准，采用沥青混凝土路面，同时包含一处石油管道跨路包封处理盖板涵（图 6.13）。

（a）

（b）

图 6.13　作业道路施工图

6.2.3　乌兰布和沙漠生态修复示范工程

1. 运作模式

乌兰布和沙漠生态修复示范工程作为乌兰布和沙漠综合治理工程的第二阶段，其主要目的为在已有与新植梭梭林的基础上嫁接肉苁蓉，发展巩固项目第一阶段（乌兰布和沙漠防沙治沙示范工程）造林成果，同时形成特色产业体系，推动乌兰布和沙漠生态修复示范项目向新的方向迈进。

项目坚持以市场为导向，以科技为支撑的基本原则，围绕国家大工程、大项目平台，充分发挥特色沙产业优势，积极扶持地方经济发展，扩大肉苁蓉产生规模。项目选择积极性高、经济实力强、专业技术水平高的优秀企业作为合作伙伴，加强与当地有关部门的密切合作，做好项目建设资金筹集安排的同时，统一项目实施标准、规格、完成时间及验收办法。为扩大项目实施规模、撬动社会资本，项目采用补贴形式对已有的 3 万亩梭梭林进行肉苁蓉嫁接，实施前先签订补贴专项合同，明确“先接种后补贴、多种多补、少种少补、验收多少，补贴多少”的补贴原则，把补贴作为标杆和动力，推动生态修复项目向前推进，如图 6.14 所示。

图 6.14　肉苁蓉

2．实施内容

（1）接种时间与接种地土壤：肉苁蓉接种时间全年均可，但春季接种比秋季接种要好，因为春季接种后可使肉苁蓉有一个完整的生长期，在秋季接种后很快就进入了漫长的冬季休眠期，梭梭根系和肉苁蓉都停止了生长，无形中延长了生长周期，不利于提高肉苁蓉产量。

考虑项目区气候条件，决定接种时间定为 3 月中下旬至 4 月中下旬，这个时间是梭梭根系年生长高峰的开始时期，此时接种可提高肉苁蓉接种成功率。接种地土壤以通气性良好的沙土为宜。

（2）接种方法：选择生长良好的天然或人工梭梭林，在距梭梭主干 40～60 cm 处挖 1～2 穴，穴深 40～60 cm。接种方法主要有营养诱导法和接种纸接种法。

（3）抚育管理与病虫害防治：肉苁蓉接种后的抚育管理主要是通过对其寄主梭梭的抚育管理来实现，参见梭梭抚育管理，具体管护有建设单位进行管理。

肉苁蓉常见病害主要有腐烂病，发病时会使肉质茎腐烂。可在接种时施入一定量的杀菌剂进行预防。虫害主要有金龟子和娇蟾，其幼虫钻入地下啃食肉苁蓉，影响肉苁蓉生长和质量。

（4）供水方式：现有梭梭林供水方式可根据实际情况采取补偿办法，因地制宜，因势利导，利用现有水源优势和供水设施，满足现有梭梭生长水分需求，提高肉苁蓉产量和质量，显著增加修复工程的经济效益和生态效益。

6.3　沙漠治理技术方案与实例

6.3.1　工程沙障固沙技术

在防沙治沙工程建设中，固定流动沙丘是最重要的内容之一，从目前的固沙实践来看，设置沙障是最有效的流动沙丘固定技术措施。沙障是指利用各种固体材料在流动沙地表面设置的不同规格的障蔽物，其目的是控制风沙流的方向、结构、风蚀积沙状态，消减风速，改变风的作用力及地貌状况，保护流沙环境下植物的成活和正常生长。

1．草方格沙障固沙

草方格沙障又称为植物材料沙障，是指利用没有生命活力的植物体设置的沙障，通常利用废弃的麦草一束束呈方格状铺在沙上，因此被称为草方格。其常用设置方式有直压式沙障、插入式沙障、平铺式沙障三种形式。

（1）直压式沙障。这种沙障就是通常所说的草方格沙障，一般采用 1 m×1 m 方格设计，沙障材料主要是稻草、禾草等软体植物。该沙障材料价格低廉，但消耗量大。优点是固沙效果好，技术成熟，使用普遍，如果配合植物固沙措施，其综合固沙效果更好。缺点是用工量大，材料及其运输受到客观条件的限制，适宜在材料丰富、交通运输条件便利的道路两侧设置，使用寿命 2～3 年。

（2）插入式沙障。这种沙障主要是利用沙区丰富的黄柳、沙柳等灌木枝条设置而成。通常采用 1 m×1 m、2 m×2 m 方格设计，也可以根据沙丘形态特征，采用 4 m×4 m 方格或 2 m、4 m 间距的带状沙障设置。该沙障使用寿命长，一般可以达到 5～8 年。

（3）平铺式沙障。这种沙障主要是将芦苇、蒲草、农作物秸秆、乔灌木枝条等植物材料平铺在沙面上。沙障规格为 2 m 或 4 m 间距的带状或格状。铺设前，通常把芦苇、蒲草、农作物秸秆绑成捆，直径 5 cm 左右，然后将捆好的材料平铺即可。如果使用乔灌木枝条，也可以不绑成捆，按照设计的沙障规格直接平铺在沙面上。该沙障施工时工作效率高，沙障使用寿命一般为 3～5 年，如图 6.15～图 6.17 所示。

图 6.15　草方格沙障细节布置

图 6.16　草方格沙障整体布置

图 6.17　布置多年后的草方格沙障

1）沙障材料

该类型沙障主要设置于植被盖度小于10%的流动沙丘，沙障材料为长度不小于30 cm的稻草、麦秸等。

2）沙障规格

常设置为1 m×1 m的网格状。

3）沙障高度

地面以上10～20 cm，沙障入土深度10～20 cm。

4）铺设部位

根据沙障的作用，如果只是单纯固沙，可以考虑将草方格全部覆盖于沙丘表面。如果后期实施人工造林，根据含水量情况，在高度不足3 m的沙丘全部铺设沙障；在高度不足3 m且含水量不多和高度超过3 m的流动沙丘迎风面的1/2或2/3高度铺设沙障，剩余部分利用风力自然吹平后，再继续设置沙障。

5）材料调运及设置方法

一般沙障应沿作业路两侧延伸设置，将材料沿路散放。如果人工背负运送材料，其一侧的延伸距离不超过150 m，机械运输不超过200 m。

（1）沙障设置工具及材料用量。

目前，沙区使用的沙障设置工具为直立式钉耙状简易工具，其制作方法是在钢管一侧平行焊接长度为15～20 cm的钢筋，钢筋间隙3～5 cm，钢管长度根据使用者的情况确定，一般为50～60 cm，最后，在钢管另一侧安装木制或铁制的锹把即可。根据近几年的测算，1 t柴草可设置4亩1 m×1 m的草方格。

（2）沙障设置方法。

首先设置垂直于主风方向的草带，依沙丘从上往下、按高低或材料堆放远近顺序施工，以便于材料运输，要避免施工人员不慎踩踏铺设完好的沙障。先由1个人按照规格要求在前面铺设沙障材料，铺设厚度3～5 cm；后面1个人将钉耙放在材料中央并用力下压，使材料两端翘起，中间部位压入沙中，切忌用力过猛而压断材料。柴草中间部位入沙深度10～20 cm，同时材料两端翘起部分高出沙面10～20 cm，由此完成垂直主风方向的沙障铺设任务。以此类推，完成全部沙障铺设任务。在设置时，草带交叉部位也要铺设材料，组成完整闭合的方格，避免沙障间连接不紧密而导致风蚀。

【案例 1】内蒙古某县的草方格沙障实例

（1）项目概况。

该项目区主要由固定和半固定沙地组成，分布有少数流动沙地。区域内多为 3～10 m 高低不等的固定、半固定、流动沙丘、平缓沙地及丘间低地相互交错分布的地貌类型，沙漠的形态以沙堆为主。据项目区 15 km 有一内陆湖泊，蓄水量可基本满足项目区年用水需求。草方格沙障俯瞰图如图 6.18 所示。

（a）

（b）

图 6.18 草方格沙障俯瞰图

（2）设计依据。

该项目设计方案制定的依据为：《防沙治沙技术规范标准》（GB/T 21141—2007）、《流动沙丘沙障设置技术规范》（GB/T 535—2013）。

（3）项目内容。

沙障材料：选用沙障材料时，主要考虑取材容易，价钱低廉，固沙效果良好，副作用小，应以稻草为主。稻草高度不低于 30 cm，每米用料 0.5 kg。

沙障孔隙度：采用 25%～50%的透风孔隙度。风力大的区位，而沙源又小的情况下孔隙度小，沙源充足时，孔隙度大。

沙障高度：一般在沙地区位和沙障孔隙度相同的情况下，积沙量与沙障高度的平方成正比。沙障高出地面 5～10 cm，沙障入土深度 5～15 cm。

沙障方向：沙障的设置与主风方向垂直，在沙丘迎风坡设置。设置时先顺主风方向在沙丘中部画一道向轴线作为基准，由于沙丘中部的风较两侧强，因此沙障与轴线的夹角要稍大于 90°而不超过 100°，这样就可使沙丘中部的风稍向两侧顺出去。个别地段可根据技术人员要求进行确定。

沙障配置形式：沙障的配置形式采取正方形格状。

沙障间距：根据项目区实际情况，考虑沙障间距与沙障高度和沙面坡度有关，同时还考虑风力强弱，按沙丘的大小设计沙障的规格（通常设置为 1 m×1 m 的网格）。

沙障施工方法：在沙丘上画线（可用犁开沟画线），将稻草均匀横铺在线道上，与线道垂直，用平头锹沿画线方向压在平铺草条的中段用力下踩至沙层 10～15 cm（对于沙障边缘地带可适当深埋），使草的两端翘起，然后再用铁锹或刮沙板向草带拥沙，扶正踏实，以加固草带。质量要求达到美观和固沙要求，网格等距排列，均匀整齐，厚薄一致，具备较强的防护效能。

沙障维护：沙障建成后，要加强巡护，防止人畜破坏。机械沙障损坏时，应及时修复。当破损面积比例达 60%时，需要充分利用残留沙障重新设置沙障，沙障规格适当加大，同时稻草沙障注意防火。

2．黏土平铺式网格状沙障

该技术主要应用于植被盖度小于 10%的沙地，以及高低起伏不大、相对平缓的沙丘，主要是利用黏土、砾石等非植物材料平铺在沙面上。该沙障适宜高低起伏不大、相对平缓的沙丘。通常在沙丘的迎风侧设置沙障。施工时，设计沙障规格为 0.5 m×0.5 m，或在整个沙面全部铺设黏土，厚度 5～15 cm。该沙障材料就地取材、消耗量大，固沙效果好，技术基本成熟，但使用不普遍。缺点是工程量大，材料和使用区域受限，施工效率低，使用寿命 3～4 年。此外，黏土平铺沙障容易在沙障表面形成径流，影响降雨入渗，一旦沙埋，便丧失沙障功能。

1）沙障材料

主要是沙丘低地的黏土。

2）沙障规格

主要为 1 m×1 m 的网格状。

3）沙障高度

地面以上 10～15 cm。

4）铺设部位

黏土沙障一般用于固沙，通常在沙丘的迎风面设置沙障。

5）材料准备与设置方法

（1）材料准备。根据施工地点周边的实际情况，就近使用装载机械运送，并将黏土均匀堆放在施工区域内。

（2）沙障设置方法。依沙丘从上往下并按材料堆放远近顺序施工，以便于材料运送，并避免施工人员不慎踩踏铺设完好的沙障。由施工人员使用铁锹将黏土按照规格要求均匀拢放成方格即可。

3. 工业品材料固沙技术

除了采用自然界现有植物、黏土等材料进行固沙之外，在工程实践中采用了多种工业品材料作为固沙的基础材料，其中常见的有固体材料沙障与液体化学材料固沙两种形式。

固体材料沙障主要是利用尼龙（PE）、聚乳酸纤维（PLA）、麻袋模块等材料设置沙障，如直压立式 PE 纱网沙障，采用网片孔隙 20 目的 PE 抗老化材料编织的纱网，网片宽度 60 cm。宜采用带状方式设置沙障，沙障间距 2～4 m，沙障走向为垂直迎风向，沿等高线设置。网格设置，规格为 2 m×2 m 至 4 m×4 m，可降解直径 10 cm、长度 20 m 的 PLA 长筒状袋。带状设置，间距 2～4 m，垂直于主风向，沿等高线设置。网格设置规格为 1 m×1 m 至 2 m×2 m。

液体化学材料固沙是指利用各种固沙剂材料喷洒在流沙表面进行固沙。目前使用的液体固沙剂主要有无机固沙材料、有机高分子固沙材料以及有机无机复合固沙材料 3 类。从化学固沙使用历史看，传统的化学固沙材料可分为水泥浆类、水玻璃类、石油产品类、合成高分子聚合物和高吸水树脂类以及资源类固沙材料 6 大类，如图 6.19～图 6.21 所示。

（a）

（b）

图 6.19　PLA 沙障

图 6.20　布置数年后的 PLA 沙障

图 6.21　开始降解的 PLA 沙障

【案例 2】内蒙古某县的 PLA 沙障实例

（1）项目概况。

该项目区主要由固定和半固定沙地组成，分布有少数流动沙地。区域内多为 3～10 m 高低不等的固定、半固定、流动沙丘、平缓沙地及丘间低地相互交错分布的地貌类型，沙漠的形态以沙堆为主。据项目区 15 km 有一内陆湖泊，蓄水量可基本满足项目区年用水需求。

（2）设计依据。

该项目设计方案制定的依据为：《防沙治沙技术规范标准》（GB/T 21141—2007）、《流动沙丘沙障设置技术规范》（GB/T 535—2013）。

（3）项目内容。

在项目区部分地段采用人工与机械混合作业的形式布置 PLA 沙障，根据沙丘流动性及地形条件不同，使用聚乳酸（PLA）纤维沙袋沙障布设工程样线，确保沙障的一边与沙障方向垂直。沙障设置过程中，避免装填湿沙。局部地形起伏较大时，采用编席的铺设方式，即经纬两个方向叠压编制，最后形成平铺式格状沙障。聚乳酸（PLA）纤维沙袋沙障规格 2 m×2 m，如图 6.22 所示。

图 6.22　PLA 沙障整体设置

4．植物活体固沙技术

植物活体固沙又称为生物沙障固沙，使用具有生命力的植物材料，沙障铺设当年新鲜活体植物材料的成活率达 50%～70%。常见形式有植物活沙障与直播生物沙障两种形式。

植物活沙障。该沙障设置方法有插入式和直埋式两种，其主要特点是使用的沙障材料具有生命力且为新鲜活体植物材料。缺点是使用地域范围受限，适宜在水分条件较好的沙地使用。

直播生物沙障。该沙障的特点是采用直播机进行雨季直播设置沙障。根据一年生草本植物和目的树种生长特性、生命周期的差异，选择燕麦或小麦和目的树种杨柴种子，按 10：2 的比例混播。根据沙丘高低状况，在雨季（6 月）按照 1 m×1 m 和 2 m×2 m 的生物沙障网格进行直播，直播深度 3 cm，开沟宽度 20 cm，形成杨柴活体沙障，通过杨柴根系自然更新过程，逐渐扩大种群密度，固定流动沙丘并重建植被。该沙障适宜降水量达 300 mm 左右的流动沙地，技术特点是简单适用，具有低成本、成效好、见效快的优势。

1）适宜的立地条件

植被盖度小于 10%的流动沙丘迎风面。

2）沙障设置技术

（1）沙障材料。选用杨柴、沙柳、柠条等再生能力强的灌木（1～2 年生枝条，长度 80～100 cm）作沙障材料，沙蒿、杂草、秸秆等作填充材料。

（2）沙障规格。一般为 4 m×4 m 或 6 m×6 m 的网格状。

（3）沙障高度。地面以上 20 cm，沙障入土深度 60～80 cm。

（4）沙障孔隙度。一般为 0.3～0.4。

（5）铺设部位。在需要施工的沙地、沙丘或沙丘链中下部铺设沙障，覆盖流沙表面。

3）沙障施工程序

按照设计规格沿沙丘等高线和垂直等高线方向放线，依沙丘从上下、按材料堆放远近顺序施工，以便于材料运送，并避免施工人员不慎踩踏栽植好的灌木。垂直于主风向的沙障称为主带，平行于主风向的沙障称为副带。通常主带栽植沙柳等沙生灌木，副带栽植杨柴、柠条等沙生灌木。栽植时，将沙障材料埋入沙中 60～80 cm，地面以上露出 20 cm，等株距 50～100 cm 为一丛，每丛 2～3 株（枝），株间以沙蒿、杂草、秸秆等为填充材料，并进行修整，使得沙障疏密适度（孔隙度为 0.3～0.4），然后对沙障进行埋沙、踏实，由此完成局部沙障铺设任务。以此类推，完成全部生物沙障铺设任务。

6.3.2 生物固沙技术

1. 植物固沙

植物治沙是见效快、作用期长、相对造价低、施工简便、效果明显的治沙方法，它一方面可降低地表风力强度，增强沙化区地表稳定性；另一方面可增加地表腐殖质转化因子，增强土壤转化再生能力，加速沙化改良；同时改善了地表受日照影响程度，间接增强了地表其他植物抗干旱、抗日灼能力，为其他植物生长创造了条件。植物治沙不但防风蚀作用明显，而且也为防水蚀提供了保障。

1）植物固沙技术分析

（1）植物固沙常见模式。

固沙造林的常用技术有容器苗造林、直播造林、植苗或埋干造林、抗旱造林技术以及水冲插条造林等，常用的技术模式有锁边林带治沙模式、道路分割治沙模式、行带式治沙造林配置模式、流动沙丘分部位造林固沙模式、前挡后拉治沙模式、栽植油松大苗治理阳坡模式、高密度灌木固沙模式，网格式乔、灌、草相结合的治沙模式，网格式草田林网防护林治沙模式、带状片状防护林阻沙防沙模式等。

①锁边林带治沙模式：锁边林带治沙有两方面的含义，一是针对单个流动沙丘而言，根据沙丘移动规律、沙地水分、沙生灌木植物生态特性，在沙丘迎风坡 1/2 或 1/3 以下及丘间低地设置沙障，并在沙障中栽植柠条，扦插沙柳，播种沙蒿，背风坡脚栽植杨柳高秆等。营造以灌木为主、乔灌结合的固沙林带，包围沙丘，改变沙丘地形，中、小型流动沙丘被固定和拉平后恢复植被，控制沙丘前移，这种在沙丘迎风坡 1/2 或 1/3 以下及丘间低地营造的乔灌结合、控制沙丘前移的固沙林带防护体系称为锁边林带。二是在沙漠外围建立锁边林带。根据流动沙丘和丘间地的分布特点，采取带网片相结合与乔灌草相结合的方式，营造固沙或阻沙防护林体系，控制沙漠整体移动，这样的固沙防护体系也可以称为锁边林带。

②道路分割治沙模式：树立不是为治沙而治沙，而是资源利用前提下的治沙观念，在沙漠公路两侧采取综合固沙技术控制风沙危害的公路治沙模式，使沙漠被多条道路分割，并形成若干个沙漠“绿色生态岛”，实现“人进沙退”，体现了资源保护利用优先、需求决定出路、“利用与防治相结合”的新治沙观念。

③行带式治沙造林配置模式：固沙造林面临的最大问题是沙的流动性（风蚀沙埋）和水分亏缺。因此，固沙造林时造林密度大会造成水分不足而导致树木死亡，但是如果造林密度小，又不能很好地控制沙的流动性，严重的风蚀会影响树木生长。科技人员在充分调查、深入研究风沙移动规律、植物固沙原理和沙丘水分平衡的基础上，采取小行距、大间距造林配置，既解决了固沙造林控制风蚀的问题，又减少了固沙林对水分的消耗。行带配置增强了林分降低风速的能力，在相同的密度下，散状稀疏的林分地面仍有明显的风蚀现象，而行带状配置的林分成林后基本没有风蚀现象。行带状的林分，其带

内可自然恢复植被，形成稳定的林草复合植被，提高水分利用率和经济效益。

④流动沙丘分部位造林固沙模式：控制流动沙丘的风蚀、沙埋是提高流动沙地固沙造林的关键，同时合理利用流动沙丘的渗水、保水功能，根据沙丘风沙流运移规律，利用少量的植被达到固定流沙的目的。该模式是指按照流动沙丘高度和坡度的差异，流动沙丘顶部到中上部保留原貌，不进行植被建设，利用沙丘的渗水、保水功能，作为沙丘中下部的水源补给区；在沙丘中到下部的1/2处，重点进行造林活动，建立固沙阻沙林带，并利用风的作用拉平流动沙丘顶部，恢复植被，实现固定流动沙丘的目的。

⑤前挡后拉治沙模式：所谓“前挡后拉”是指在沙丘落沙坡营造乔木林，同时在沙丘迎风坡下部，栽植灌木、半灌木，“拉”住流沙，然后再利用风力削平未造林的沙丘上部，以此逐渐降低沙丘的高度。削平后的沙丘可以进一步造林。“前挡后拉”的植物固沙方法在固沙实践中又被逐渐演变成“后拉前不挡”“先前挡，再后拉”。

⑥栽植油松大苗治理阳坡模式：主要用于流动和半流动沙丘及劣质阳坡的治理。方法是采用3 m×4 m株行距，对侵蚀严重的地段及沙化地段栽5年以上生油松大苗，侵蚀轻微地段栽植油松，并与小鱼鳞坑蓄水措施配套，治理效果明显。此模式既解决了沙地苗成活率不高的问题，又可使寸草不生的沙荒变成绿地，加快改善生态环境的步伐。

⑦高密度灌木固沙模式：主要用于立地条件较差的流动和半流动沙丘的治理。方法是采用株行距1 m×1 m的丛状灌木造林，每丛3株，亩栽植200株，死封3～5年可成林，达到固沙的目的。此模式特别适用于侵蚀沟的治理，在工程措施治理侵蚀沟的同时采用高密度栽植灌木固沙模式，体现了工程措施与植物措施的紧密结合。在工程措施受淤积、掩埋等因素影响，防侵蚀作用逐步降低的情况下，植物治沙作用日趋明显。

⑧网格式乔、灌、草相结合的治沙模式：主要用于固定和半固定沙丘的治理，是一种乔、灌、草相结合，栽植成网格状以防风固沙的治理方式。目前而言主要有两种方法，方形网格：顺山栽乔木主林带，横山水平栽灌木副林带，主、副两带间网格内种草或养草。棱形网格：迎风向栽乔木主林带，横山水平栽灌木副林带，主、副两带间网格内种草或养草，栽植规格为主林带（油松）2行为1带，株行距2 m×2 m，带间距6 m，副林带（沙棘）4行为1带，株行距0.5 m×0.5 m，带间距6 m，丛状栽植，每丛3株。此模式可达到乔木防风、灌木阻沙、草本固沙的目的，体现了乔、灌、草相结合的综合防护作用。

⑨网格式草田林网防护林治沙模式：主要用于坝上沙地、高山曼甸、沙化及潜在沙

化耕地的治理。在治理区内栽植主、副乔木，并使林带相互垂直，形成网格。网格内种粮、种草，主、副林带各宽 50 m，带间距 10 m，栽植密度因地而异，适宜阔叶林生长的株行距 2 m×3 m，适宜针叶林生长的株行距 2 m×1.5 m。此模式在达到防风固沙目的的同时，还可有效缓解林牧矛盾。

⑩带状片状防护林阻沙防沙模式：在沙源或沙带边缘营造带状或片状防风固沙林带，防止沙地扩展蔓延，带宽应大于 50 m，沿沙缘延伸、闭合。树种以乔木为主或乔灌混交，阔叶乔木株行距 2 m×3 m，针叶乔木株行距 2 m×1.5 m。此项措施可有效控制沙化蔓延，降低沙化区对外危害程度。

（2）固沙物种的选择。

固沙物种选择的适当与否是植物固沙成败的关键之一。在降水量为 400 mm 以上的沙区，即草原带的沙区天然生长有榆树或樟子松等植物；在降水量为 400 mm 以下的沙地，若无地下水可供植物利用，乔木一般而言难以生长，若在这样的沙区栽植乔木，即使能够成活也只能成长为灌木状或者干梢枯顶，无法正常成长成材。经甘肃民勤治沙实验站的实验数据测定，以 14 年生的沙枣的年单株蒸腾耗水量为基准 100%，则乔木状沙拐枣的年单株蒸腾耗水量为 7.3%，柠条的年单株蒸腾耗水量为 17.5%，花棒的年单株蒸腾耗水量为 19.6%，这说明乔木的年单株蒸腾耗水量远比灌木要多，因此乔木对于水量的需求远比灌木要多，经沙坡头沙漠科学研究站在格状流动沙丘上栽植经验来看，20 余种乔木物种在沙丘上的栽种尝试均以失败告终，说明只有草原带沙区可选用适量耐旱乔木或采用乔木、灌木、半灌木相结合的形式，其余地区栽种乔木难度较大。

固沙的物种选择通常以乡土植物较为可靠，大面积采用单一物种进行固沙作业则会导致生态系统过于单一，自我调控功能与抗扰动功能严重不足，最终导致生态平衡失调。

如沙坡头沙区大量栽植花棒，现在虫害繁衍，采种已很困难。在 1973—1974 年干旱季节，一株 3 年生花棒有古毒蛾幼虫 100 多条。甘肃河西走廊沙地 20 世纪 50 年代大量发展沙枣，致病虫害蔓延，现已不再培育。章古台沙区大面栽培樟子松，现在松毛虫很多。新疆大量采用梭梭，白粉病严重。因此，固沙植物在利用乡土植物的同时，也须引进外来树种。

（3）植物物种的引进。

引进包括国外，也包括国内的植物种，成功的例子很多。如陕西榆林沙区引进的原产沙坡头沙区的花棒和柠条，比产地生长旺盛而高大，又少病虫害，沙坡头研究站由草原带科尔沁沙地引种的黄柳，至今已有 30 年，在有流沙埋压的落沙坡，生长仍不衰退。由荒漠带引种到沙坡头沙区的乔木状沙拐枣、头状沙拐枣、红皮沙拐枣树龄已有 20 余年，甚至 30 年之久，生长、结果仍很旺盛。

影响沙生植物引种的因子很多，主要如下：

①地带性：生长在草原带的黄柳引种到草原化荒漠带，由于根部生长较深，尚能正常生长；浅根性的差把戛蒿和乌丹砂蒿在干旱季节或干旱年无法正常存活。而荒漠带引种到草原化荒漠的沙拐枣属植物生长正常、结实良好。

②温度：我国各沙区各地带之间相互引种，温度没有影响。例如，樟子松由东北引到西北沙区不受温度的影响，新疆南部的塔克拉玛干柽柳引到北部沙区也没冻坏。但由国外引种，常因温度的影响受到限制，例如，候候巴和很多撒哈拉沙漠的耐旱植物，在我国沙区都不能露天越冬。

③生态系列：固沙植物互相引种必须互为相同的生态系列。沙区常见的生态系列有旱生（植物不能利用地下水）、湿生（植物需利用地下水）、盐生和沙生。例如，沙枣、胡杨生长在河、湖沿岸。引种到没有地下水利用的沙丘，便不能适应。旱生系列的沙生植物如花棒、柠条栽在地下水位高的沙丘，根系常腐烂。

④沙丘部位：沙生植物被流沙埋压则生长旺盛，这是普遍规律。但各种固沙植物对沙丘部位反应程度差别很大。如油蒿、柠条在落沙坡生长比向风坡大 2～4 倍，而黄柳、乔木状沙拐枣大 8～9 倍。因此，柠条、油蒿可在向风坡栽植；黄柳、乔木状沙拐枣只能在落沙坡生长。

（4）沙生植物的配置。

天然群落有灌木、半灌木，多年生和一年生草本，由不同生活型、不同根系类型、不同演替阶段等植物种互相配合，人工植物群落也应模仿自然，才能达到稳定的人工植被。先锋植物生长迅速，寿命较短，多水平根系。演替中期植物生长较慢，寿命较长，根系多斜生。一般乔灌木根系较深，半灌木根系较浅。固沙植物既要群居，互相防护风沙，又要有足够的营养面积，不能密集，所以带状栽植较好。

①草原带以奈曼旗为例：在沙丘下部沿等高线方向栽 2 行夏蒿，株行距为 1 m×1 m，空留 3 m，再栽 2 行夏蒿。依此类推，翌年在夏蒿带间下方以 2 m 株距栽 1 行樟子松。2014 年后夏蒿衰退，樟子松 4～5 年后生长较快而且较为稳定。

②草原带西部以内蒙古鄂尔多斯市展旦召为例：展旦召治沙站在沙丘迎风坡高 1 m 沿等高线栽植 2 行沙柳，为防止风蚀，采取深栽。沙柳条长 1 m，深栽 90 cm，外露 10 cm，

带内株行距各为 20 cm。用剪下的沙柳枝稍平铺带上。所栽沙柳当年生长高达 1 m，翌春沙丘上部风蚀成浅凹平缓带。仍按上法栽沙柳带，逐步推进，拉缓并固定沙丘。

③草原化荒漠以沙坡头沙区为例：由沙丘底部沿沙丘等高线栽 2 行油蒿，空留 3 m，栽花棒 2 行，空留 3 m，栽 2 行油蒿空留 3 m；栽 2 行柠条，空留 3 m；栽 2 行油蒿，空留 3 m，株行距均为 1 m。花棒是先锋植物。油蒿、柠条都是半固定沙地植物种。柠条、花棒是灌木，根较深。油蒿是半灌木，根较浅。这 3 种植物互相配合较为稳定。在落沙坡脚栽植黄柳或乔木状沙拐枣，其水平根得以发展。

④笠漠带以甘肃蛤泽为例：临泽沙地平均年降水量虽只有 112.9 mm，但位于黑河下游。丘间低地水位较高。采用喜地下水的植物种，在沙丘底部沿等高线栽梭梭 2 行，空留 3 m，栽甘蒙柽柳 2 行，空留 3 m。梭梭系垂直根系，甘蒙柽柳为水平根系，二者竞争较少，3 年冠幅郁闭。

（5）常见的固沙植物。

①沙生槐：是一种广泛分布于雅鲁藏布江中游地区及拉萨河、年楚河等主要支流宽谷区的豆科灌木，为西藏特有物种，是本地区沙地上的建群植物之一，具有极强的沙地环境适应能力。沙生槐的最适宜生境就是受风沙活动影响较大的覆沙阶地、半固定沙地和初期固定沙地。

②藏沙蒿：西藏特有种，主要分布于西藏中西部及南部海拔 3 600～5 100 m 的河湖边的沙砾地、山坡草原、砾坡或高山草地，是西藏草原常见的优势种或主要伴生种。形态上，藏沙蒿为一种半灌木状草本，主根粗壮、木质、根状茎粗短，茎多数，丛生，一般高 15～28 cm。藏沙蒿耐旱、抗风蚀、喜沙埋、结实丰富、采种容易、生长迅速、固沙作用强。

③新疆杨：杨柳科杨属的落叶高大乔木，树高达 15～30 m，生长迅速，树干通直，材质良好，树形美观，适应性较强，具有抗旱、抗寒、耐碱和一定的抗烟尘能力，是北方地区推广的城乡绿化、营造防护林和用材林的优良种。目前新疆杨在西藏地区已引种成功，作为一种常见绿化树种得到成熟的推广。

④蒙古扁桃：蔷薇科桃属植物，灌木，高 1～2 m；枝条开展，多分枝，小枝顶端转变成枝刺；嫩枝红褐色，被短柔毛，老时灰褐色。短枝上叶多簇生，长枝上叶常互生；叶片宽椭圆形、近圆形或倒卵形。花单生稀数朵簇生于短枝上；花梗极短；萼筒钟形，长 3～4 mm，无毛；萼片长圆形。果实宽卵球形，长 12～15 mm，宽约 10 mm；果梗短；果肉薄；核卵形，长 8～13 mm；种仁扁宽卵形，浅棕褐色。花期 5 月，果期 8 月。

在我国主要分布于内蒙古、甘肃和宁夏。生长于海拔 1 000～2 400 m 的荒漠区和荒漠草原区的低山丘陵坡麓、石质坡地及干河床。

⑤沙木蓼：蓼科，木蓼属直立灌木，高可达 1.5 m。主干直立粗壮，淡褐色，无毛，肋棱多分枝；枝斜生或成钝角叉开，顶端具叶或花。托叶鞘圆筒状，膜质，叶革质，叶片长圆形或椭圆形，边缘微波状，下卷，两面均无毛，叶柄无毛。总状花序，顶生，苞片披针形，膜质，花梗关节位于上部；花被片绿白色或粉红色，网脉明显，瘦果卵形，具三棱形，黑褐色，光亮。6—8 月开花结果。

⑥沙拐枣：蓼科，沙拐枣属灌木，高可达 1.5 m。老枝开展，拐曲；当年生幼枝灰绿色，有关节，叶片线形，花白色或淡红色，簇生叶腋；花梗细弱，花被片卵圆形，瘦果果肋突起或突起不明显，沟槽稍宽成狭窄，5—7 月开花，6—8 月结果，新疆东部，8 月出现第二次花果。分布于中国内蒙古中部西部、甘肃西部及新疆东部，生于流动沙丘、半固定沙丘、固定沙丘、沙地、沙砾质荒漠和砾质荒漠的粗沙积聚处。沙拐枣是防风固沙的先锋植物。

⑦乔木沙拐枣：乔木状灌木，高 30～50 cm。老枝灰白色或灰褐色，分枝少，枝干近直立。是我国于 1958 年从苏联中亚地区引进种子，经多年观测，表现良好，生长健壮，结实丰富，易于繁殖，抗逆性强，固沙性能好，曾先后被引至内蒙古磴口、甘肃民勤和临泽、新疆吐鲁番和精河等地，我国西北大部分沙区现已普遍种植。

⑧头状沙拐枣：灌木，高 1～3 m，自基部分枝，径通常 2～8 cm，茎和老枝淡灰色或黄灰色，常有纵裂纹。其种子为中国科学院吐鲁番植物园于 1972 年从宁夏中卫引进，并于 1977 年种植成功。目前在我国主要分布于甘肃、宁夏（中卫市沙坡头）和新疆（吐鲁番）等地区，为优良的固沙植物。

⑨驼绒藜：藜科，驼绒藜属多年生植物，灌木植。株高可达 1 m，分枝斜展或平展，叶条形、条状披针形、披针形或矩圆形，雄花序较短，花管裂片角状，较长，其长为管长的 1/3 到等长，果直立，椭圆形，被毛。6—9 月花果期。在我国分布于新疆、西藏、青海、甘肃和内蒙古等省区，生长于戈壁、荒漠、半荒漠、干旱山坡或草原中。驼绒藜是耐旱、抗寒、高产、优质的半灌木优良牧草，其当年枝及叶片等为各类家畜喜食。

⑩梭梭：藜科梭梭属植物，小乔木，高 1～9 m，树干地径可达 50 cm。树皮灰白色，木材坚而脆。花着生于二年生枝条的侧生短枝上；花被片在翅以上部分稍内曲并围抱果实；花盘不明显。胞果黄褐色，果皮不与种子贴生。种子黑色。花期 5—7 月，果期 9—

10 月。由于梭梭根系发达，主根弯曲下伸，具有抗旱、耐高温、耐盐碱、耐风蚀、耐寒等诸多特性，因此是一种极其重要的防风固沙植物，具有“沙漠卫士”之称，在荒漠和半荒漠地区的分布极为广泛，具有很大的生态效益，如图 6.23 所示。

图 6.23 梭梭

⑪油蒿：别名黑沙蒿、沙蒿，半灌木，高 50～70 cm，主茎不明显，多分枝。老枝外皮暗灰色或暗灰褐色，当年生枝条褐色至黑紫色，具纵条棱。主要分布于内蒙古、河北、陕西（榆林地区）、山西（西部）、宁夏、甘肃（河西地区），生长于干草原、荒漠草原等地区。

⑫白刺：蒺藜科白刺属的灌木，分枝多而密集，呈丛生状，具有很强的固沙阻沙能力。分布于陕西、内蒙古、宁夏、甘肃、青海、新疆、西藏等地。其果实具有健脾胃，滋补强壮，调经活血，催乳之功效，常用于脾胃虚弱，消化不良，神经衰弱，高血压头晕，感冒，乳汁不下。

⑬霸王：蒺藜科霸王属植物，灌木，高 50～100 cm。枝弯曲，开展，皮淡灰色，木质部黄色，先端具刺尖，坚硬，叶在老枝上簇生，幼枝上对生，先端圆钝，基部渐狭，肉质，花生于老枝叶腋；萼片 4，倒卵形，绿色，长 4～7 mm，蒴果近球形，每室有 1 种子，种子肾形，长 6～7 mm，宽约 2.5 mm，花期 4—5 月，果期 7—8 月。在我国分布于内蒙古西部、甘肃西部、宁夏西部、新疆、青海，生长于荒漠和半荒漠的沙砾质河流阶地、低山山坡、碎石低丘和山前平原。为固沙植物，可阻挡风沙。

⑭四合木：蒺藜科，落叶小灌木，高 40～80 cm。茎由基部分枝，老枝弯曲，黑紫

色或棕红色、光滑，一年生枝黄白色，是我国特有孑遗单种属植物，草原化荒漠的群种之一，为强旱生植物。在我国只有宁夏、内蒙古交界的麻黄沟地区有较大范围野生分布。

⑮多枝柽柳：柽柳科柽柳属灌木或小乔木，高 1～6 m，枝条细瘦，红棕色，叶披针形，长 2～5 cm，总状花序密生在当年生枝上，组成顶生大圆锥花序，果实为蒴果三角状圆锥形。在我国主要分布于西北、东北、华北地区，是我国荒漠地区广泛分布的植物之一，具有较强的适应干旱荒漠环境的特征，不仅是优良的防风固沙植物，同时还是水土保持树种和盐碱地的绿化造林树种，而且是良好的薪炭、编织和建筑用材。

⑯沙棘：偏湿生的中生植物，生长茂密的沙棘林，大都分布在河谷两岸；沙棘喜季节性流水，不耐水淹；在沙棘生长地区强烈日照和极度干旱的条件下，经长期自然选择的作用，地上部分逐渐演变成旱生类型，具有一定的耐旱性，在年降水量 300 mm 左右，相对湿度不到 60%的地区仍有天然沙棘林分布。沙棘喜疏松的沙壤土，在黏重的土壤上生长不良。耐瘠薄，可以其固氮特性和大量枯落物改良土壤。

⑰花棒：学名细枝岩黄耆，豆科，岩黄耆属半灌木植物，高可达约 300 cm。生长于半荒漠的沙丘或沙地，在我国主要分布于新疆北部、青海柴达木东部、甘肃河西走廊、内蒙古、宁夏等地区。花棒抗寒、抗旱、抗风沙、耐热、耐瘠薄能力很强，是优良的固沙植物，可人工栽植也可飞播种植。花棒用途广泛，泛幼嫩枝叶为优良饲料，骆驼和马所喜食；木材为经久耐燃的薪炭；花为优良的蜜源；种子为优良的精饲料和油料。

⑱柠条锦鸡儿：豆科锦鸡儿属植物，灌木，高 1～4 m，毛条具有根瘤菌，有固氮性能，生长于半固定和固定沙地，在我国主要分布于内蒙古、宁夏、甘肃等地区。柠条锦鸡儿极耐干旱，但不耐涝，在沙壤土上生长迅速，是西北地区营造防风固沙林及水土保持林的重要树种。柠条锦鸡儿用途广泛，枝叶可作绿肥和饲料；茎皮可制“毛条麻”，供搓绳、织麻袋等用；花可作为优良蜜源。

⑲小叶锦鸡儿：豆科锦鸡儿属植物植物，灌木植物，高 1～2 m，在我国主要分布于东北、华北及山东、陕西、甘肃等地区，是良好的固沙和水土保持植物。小叶锦鸡儿用途广泛，枝条可作绿肥或薪炭材，嫩枝叶可作饲草，根、花及果实可入药，花也可作为优良蜜源。

⑳沙枣：胡颓子科、胡颓子属落叶乔木或小乔木，高 5～10 m，无刺或具刺，刺长 30～40 mm，果实椭圆形，粉红色，在我国主要分布于西北各省区和内蒙古西部。沙枣生命力很强，具有抗旱、抗风沙、耐盐碱、耐贫瘠等特点。

㉑杨柴：为多年生落叶半灌木，高 1～2 m。幼茎绿色，老茎灰白色，树皮条状纵

裂，茎多分枝，具有耐寒、耐旱、耐贫瘠、抗风沙的特点，适应性强，故能在极为干旱瘠薄的半固定、固定沙地上生长，喜欢适度沙压并能忍耐一定风蚀，是优良治沙树种。根蘖串根性强，种子扁平、表皮粗糙，故在飞播造林时种子不易位移，出苗率高。主要分布于我国陕北榆林和宁夏东部沙地以及内蒙古的毛乌素沙地，库布齐沙漠东部、乌兰布和沙漠以及浑善达克沙地西部。

㉒沙冬青：豆科，沙冬青属常绿灌木，高可达 2 m，主要分布于我国内蒙古、宁夏、甘肃地区。沙冬青具有抗旱、抗热，耐寒、耐盐、耐贫瘠，保水性强的特点，是良好的固沙植物。

㉓沙柳：沙柳属灌木或小乔木，枝条丛生不怕沙压，根系发达，萌芽力强，是固沙造林优秀树种，在我国主要分布于内蒙古、河北、山西、陕西、甘肃、青海、四川等地区。沙柳抗逆性强，较耐旱，喜水湿，抗风沙，耐一定盐碱，耐严寒和酷热，喜适度沙压，越压越旺，但不耐风蚀。

（6）“三北”地区植物固沙分区。

“三北”地区所采取植物固沙的措施和方法与降水量密切相关。根据平均年降水量分布的等值线，大致可以划分为四个区：

第一区，400～500 mm 降水量沙区为乔木、灌木、半灌木固沙区，这个区可配置适当面积或比例的乔木树种。

第二区，250～400 mm 年降水量沙区为灌木、半灌木固沙区，这个区一般可不用机械沙障。

第三区，200～250 mm 年降水量沙区为机械与植物相结合固沙区，植物必须加防护措施。

第四区，200 mm 以下年降水量沙区为灌溉或低湿沙地植物固沙区。

2）植物固沙实例

【案例 3】西藏某地区植物固沙障实例

（1）项目概况。

项目区位于公路两侧，主要采用植物固沙措施以抵御风沙对公路的侵蚀。

（2）项目内容。

利用植物茎叶做障蔽，将流沙坡迎风面风力降到最小；种植在流沙面内的草木，形成植被，进一步降低沙坡面风力，将流沙固定在最小范围内。流沙面内的植被落叶腐烂后，附着在流沙表面，彻底固住流沙表面；植物根系纵向分布到流沙体深处，交错网格细密分布，从而达到标本兼治、一劳永逸的防护效果。

根据不同面积、形状、坡比的流沙坡，设计不同的方案。对于坡比较大的路基边坡，采用网格状埋置旱柳桩，以固定沙体，如 K34+940～K35+075 路基右侧上边坡。旱柳桩的株距一般为 1.5 m，行距为 3.0 m。旱柳桩之间用柳笆相连，形成阻风屏障，减少风蚀，减缓风速。网格内种植沙地柏、紫穗槐、播种柠条。一旦植被形成，茎叶阻风，落叶形成腐殖表土层，植物根系扎根于流沙体深处，从根部稳固沙体。坡面混播沙蒿、沙大旺和草木樨等。迎风坡顶栽植小叶杨，坡面底部插植紫穗槐。

栽植前，先对流沙坡体进行整修。根据沙体的摩擦角，推算出符合力学原理的坡比，使坡体稳定、不滑坡。最理想的坡面是：坡比符合要求，坡面顺适，与周围地形相协调。栽植前，技术人员要根据施工图纸中各种植物位置及品种轮廓进行测量放样，放样的原则是：新旧植被应良好衔接，所栽树种株距、行距规则有序，以形成感官上的整体效果。根据放样点的位置，首先人工开挖树坑，达到要求深度后，将经过 234 生根粉生物技术处理的旱柳桩埋置于树坑内，旱柳桩应垂直栽好，然后在树坑四周及其上回填风积沙并捣固和适当压紧；其次是用柳笆将旱柳桩相连成网格整体。网格内种植沙地柏、紫穗槐、播种柠条。坡顶栽植小叶杨，坡面底部插植紫穗槐。

坡面混播沙蒿、沙大旺和草木樨等。草籽播种量：每平方米播种 20 g 左右。播种后洒水浸透流沙面，在草出土前，必须保持湿润。同时还应注意，在刮风天不应播种。

如果栽植区内有充足的水源，则当时栽种完成后要浇透水，半个月之内再浇透 2～3 次，随后每周浇水 1 次，中后期主要依靠雨水浇灌。如果栽植区内无充足的水源，则需设置高压抽水泵或远距离运水进行喷灌，以提高成活率。管理养护主要包括：施肥，栽植初年，施肥应不少于两次（6 月、8 月各一次）；经常施加农药及防治病虫害；栽植有草木的边坡上，要防范人为的行走破坏和牲畜践踏、啃咬；补植枯死、损坏或丢失的树木花草。

【案例 4】内蒙古某县的梭梭固沙障实例

（1）项目概况。

该项目区主要由固定和半固定沙地组成，分布有少数流动沙地。区域内多为 3～10 m 高低不等的固定、半固定、流动沙丘、平缓沙地及丘间低地相互交错分布的地貌类型，沙漠的形态以沙堆为主。该项目主要包括梭梭树种植工程、引水工程、电力工程以及其他辅助配套工程。

（2）设计依据。

该项目设计方案制定的依据为：《造林作业设计规程》（LY/T 1607—2003）、《内蒙古自治区主要造林树种苗木标准》《造林技术规程》（GB/T 15776—2016）、《内蒙古自治区造林技术规程》（DB15/T 389—2003）、《节水灌溉技术规范》（GB/T 50363—2006）。

（3）项目内容。

①梭梭树种植工程：生态林选用造林树种为梭梭，梭梭苗木规格为地径 0.5 cm 以上，苗高 40 cm 以上，综合控制指标为经检验无病虫害，色泽正常、根系损伤少，生长情况良好的种苗。经济林选用造林树种为欧李、苹果、扁桃、沙棘以及杂果类等兼具防沙治沙和经济效益的经济林树种。

②造林密度：梭梭造林株行距为 1 m×4 m，造林密度约 170 穴/亩，每穴 3～4 株。经济林造林株行距为 2 m×3 m，造林密度约 110 穴/亩，其中苹果梨、苹果、蒙古扁桃、红枣每穴栽植 1 株，沙棘每穴栽植 2 株。沙棘的配置方法是隔 2 行雌株栽植 1 行雌雄混栽行，在混栽行内每隔 2 株雌株栽植 1 株雄株，即雌雄株比例为 8∶1。黑果枸杞的造林株行距为 1 m×2 m，造林密度约 350 穴/亩，每穴 1 株；欧李的造林株行距为 1 m×1 m，造林密度为约 650 穴/亩，每穴 1 株，如图 6.24 所示。

图 6.24 造林效果图

③苗木来源：应优先使用项目地苗木，如需从外地调运苗木，应选择与项目的生态气候条件相似的区域，原则上苗源地距离项目区不宜过远（本项目中控制在 600 km 之

内）。本地苗木应具有"二证一签"，即生产许可证、经营许可证、苗木标签（含出圃合格证），外埠苗木还应有植物检疫证书。

④外观要求：苗木应具有生长健壮、色泽正常、根系发达、无病虫害、无机械损伤、无冻害等基本质量要求。

⑤苗木运输：在装卸车时不得造成苗木损伤，长途运输时，应保持根系湿润，装车时应顺序码放整齐，装车后应将树干捆牢，并应加垫层防止磨损树干及进行根系保护；苗木从起苗到栽植不宜超过 24 小时。

⑥苗木定植：春季造林应在萌芽前完成栽植工作，原则上以 3 月中旬至 5 月上旬为宜。根据内蒙古阿拉善盟林业治沙研究所，在阿拉善地区梭梭秋季造林试验结果表明，梭梭秋季也适合造林。油用牡丹的秋季造林以 9 月下旬至 10 月下旬为宜。裸根苗栽植前要对苗木根系进行修剪、浸水、蘸泥浆等处理。栽植时应随挖穴随植苗，将苗木放置穴中对角线位置扶正，先填表层湿土，后填新土，分层踩实，确保根系与土壤紧密接触，埋至地径以上 5 cm 处即可。造林时建议使用抗旱保水剂、ABT 生根粉等生根。

⑦科技措施：保水剂，主要使用保水剂对造林地进行保水保墒。每株苗木保水剂用量为 20 g，梭梭、沙拐枣、沙棘和花棒每穴 40 g，苹果梨、蒙古扁桃、红枣、黑果枸杞、欧李、油用牡丹每穴 20 g。将保水剂与适量细土拌匀，置入植树穴的底部与四周。每千克白沙蒿种子保水剂用量为 1 g，将保水剂稀释 300 倍后，均匀拌种，堆闷 4～12 h，种子晾干无黏连即可播种。生根粉，生根粉主要用于裸根苗木，用量约为 2 mg/株。每千克种子生根粉用量约为 5 mg。苗木采用喷根法，造林前，用生根粉将苗木根部喷湿、喷透。种子采用拌种法，用生根粉将种子喷湿、喷透，随后闷种 4～12 h。

⑧引水工程：项目提水泵站共设 6 台泵（四用两备），通过引水管线输送至治沙区域内最高点，在最高点设高位蓄水池，高位蓄水池里面的水经过管网自流进入各二级水池，二级水池设两台潜水泵（一用一备），功率各为 40 kW，进入滴灌系统前进行过滤，并保证滴灌系统有足够的水流量和压力。提水泵站设配电室、值班室、卫生间、维修间等，并用电进行采暖。提水泵站建筑面积约 350 m^2，单层砖混结构。二级蓄水池旁边设控制间，用以调控蓄水池的供水水量，如图 6.25 所示。

图 6.25　引水管线施工图

⑨管网布局：项目区采用分块灌溉方式，单个田块约 450 亩。综合考虑后，共建设蓄水池约 35 座，每座蓄水池配 2 台泵（一用一备），一座蓄水池灌溉 4 个田块，泵出水流量为 150 m^3/h；扬水站为蓄水池持续供水，保证灌溉用水量。考虑到每年的灌溉时间为 3 月底—10 月底，为了保证灌溉，能按时完成灌溉，扬水站需满足多个单元同时灌溉，并根据实际需求确定泵机的出水流量。项目区总面积为 54 700 亩，分为约 127 个平行四边形田块，430 亩/块，每 3～4 块为一个单元，共分为 35 个单元，另外道路两侧需要两座二级蓄水池供给绿化用水。

⑩管道安装：管道安装分为准备工作、下管、管道清理三个主要步骤，其具体工作程序又可细化为准备工作、下管、管道清理等，如图 6.26 所示。

图 6.26　引水管道细节

准备工作：一是检查合格证。铺设前做好各项工序的交接验收，合格后方可开始排管，管材有无合格证；基础施工是否符合规范要求。二是管材外观要求。表面无裂缝等不良现象，无机械损伤。三是清理、编号、组合。在安装前，对管子、管件及配件等内部要清理干净，不得存有杂物；对每根管子要量测、编号配管。

下管：一是根据管径大小、沟槽和施工机具装备情况，确定人工将管道放入沟槽。平稳下沟，以防管道损坏。同一批次的产品下管时注意按厂家提供的管段编号顺序下管。二是待用的管材按产品标准逐支进行质量检验，不符合标准不使用，并做好记号，另行处理。三是管材现场由人工搬运，搬运时轻抬轻放。四是下管前凡规定需进行管道变形检测的断面管材，预先量出该断面管道的实际直径并做好记号。五是人工下管时，由地面人员将管材传递给沟槽内的施工人员，保持管身平衡均匀流放到沟槽内，严禁将管材由槽顶边滚入槽内。六是在管道铺设过程中，若发现管道损坏，应将损坏的管道整根更换，重新铺设。

管道清理：一是在工程未完成时，应用预制的管帽或钢板盖住管道末端。二是从管道内除去所有外来的材料。

⑪电力工程：电力工程配套引水工程建设，为引水工程提供必要的运行电力保障，并配置多级变压器与扬水站控制室等配套设备。

2. 生物土壤结皮固沙

生物土壤结皮固沙是指利用藻类生态学原理和生物结皮理论，在野生结皮中培育优良藻类，通过人工大规模繁殖培养接种到流沙表面，并快速发育成具备藻类、真菌、地衣、苔藓等生物的生物结皮，实现沙漠治理的最佳效果。该技术在实际应用中，包含结皮藻种分离技术、纯化技术、选育技术、藻种大规模培育技术、工程化制种技术、野外接种技术、人工培植养护技术等。在近几年的研究中，确定人工藻结皮技术可以固定流沙，将藻、草、灌、乔有效结合，修复荒漠生态系统，为沙漠治理工作提供新的路径。同时，人工藻结皮技术和传统生物固沙技术融合，相互辅助，可以提高固沙效果，应该得到广泛的推广和应用，促进我国沙漠治理事业的快速发展。

生物土壤结皮固沙的作用：

（1）提高地表抵抗力。

通过接种人工藻，使藻类丝状和沙粒相结合，利用藻类分泌出来的有机凝胶、多聚糖会把松散土黏在一起，形成一层抗蚀层，提高沙土表面的抗风蚀能力。

（2）改善土壤养分。

利用藻类生长与代谢为土壤中异养微生物提供营养，促进沙漠表面生物的多样化，达到土壤物质循环流动的效果，改变沙漠土壤理化性质，加速沙漠向原始土层的演变。

（3）维持土壤水分。

利用结皮中水稳性土壤团聚体与有机质含量逐渐增加，强化了土壤的吸湿性和可塑性，使得沙漠表层土壤持水量增强，进而降低土壤水分的挥发速率。

【案例 5】内蒙古某旗的生物土壤结皮固沙实例

（1）项目概况。

随着人工藻结皮技术的问世，项目区内曾建立 20 hm^2 的沙漠治理示范区，实行人工藻结皮技术固沙工程试验。项目区位于鄂尔多斯高原北部，属温带大陆性季风气候，项目区内沙丘以流动沙丘、固定沙丘为主。

（2）项目内容。

在人工藻结皮技术应用时，根据气候特点和沙漠类型特点，大规模培育养殖微鞘藻、伪枝藻，开展“藻、草、灌、乔”接种进行实验，分为对照组和实验组。结果证实，实验组短短几天后，藻类通过短期适应迅速开始拓殖，9 天即可形成藻类和沙粒所组成的结皮，接种 20 天后，固沙藻结皮为绿色，叶绿素含量达 65 173 Lg/cm^2，厚度可达 1 mm。而对照组无藻结皮，叶绿素含量仅为 4 159 Lg/cm^2。3 年后，实验组人工藻类结皮厚度为 3～5 mm，固沙藻结皮发育很好，结皮凹凸不平，可以抵抗风蚀，持水性较好，并在长时间的循环演替中，逐渐向原始土壤的方向发展。

6.3.3 沙漠产业

1. 梭梭树接种肉苁蓉

1）肉苁蓉的功能和作用

肉苁蓉是沙漠地区特有的名贵中药，别名寸芸、苁蓉、查干告亚（蒙语），属濒危种，是一种寄生在沙漠树木梭梭根部的寄生植物，从梭梭寄主中吸取养分及水分。肉苁蓉素有“沙漠人参”之美誉，大部分地下生，花期 5—6 月，果期 6—8 月，具有极高的药用价值，是我国传统的名贵中药材。肉苁蓉主产于新疆、内蒙古，甘肃、宁夏也有分布。肉苁蓉在历史上就被西域各国作为上贡朝廷的珍品，也是历代补肾壮阳类处方中使用频度最高的补益药物之一。

2）肉苁蓉的栽培技术

肉苁蓉作为沙生植物，适宜在阳光充足、雨量少、排水良好、昼夜温差大的沙漠丘陵生长。肉苁蓉为多年生寄生性种子植物，对寄主、土壤、气候条件都有一定的选择性，较适宜的寄主为梭梭、红柳、碱柴等。寄主可利用天然梭梭，也可人工种植梭梭接种肉苁蓉。

人工种植肉苁蓉的技术，由中国科学院药用植物资源开发研究所与内蒙古阿拉善盟医药公司合作，早在 1985 年便获得了成功，曾荣获内蒙古科技二等奖。随后，新疆、宁夏也取得了成功。目前，人工种植肉苁蓉的接种、栽培、管理等农艺技术已经成熟，并研发出了肉苁蓉种子促萌发、肉苁蓉授粉特性研究、病虫害无公害防治、种子纸等多项新技术。磴口县科技局从 1998 年开始在乌兰布和沙漠生态治理区进行大面积的梭梭种植和肉苁蓉接种实验示范，已取得成功，技术成熟已开始大面积推广。经过引进和发展，全县共有从事治沙及肉苁蓉产业企业 30 余家，取得了治理乌兰布和沙漠显著的成效，并积累了丰富的经验。中国林科院沙漠林业试验中心等科研单位、院校通过多年科学的考察、试验和研究，取得了多项科研成果，并积累了沙漠化地区综合治理和科学开发的宝贵经验，在肉苁蓉的人工栽培与育种上具有丰富的经验及理论基础。这些丰硕的科研成果和宝贵的经验能够为项目的实施提供可靠的科学根据，也可为项目培训一批技术骨干人员。

【案例 6】内蒙古某县的梭梭树接种肉苁蓉实例

（1）项目概况。

项目区内计划人工接种肉苁蓉 6.5 万亩。其中，新造梭梭林接种肉苁蓉 3.5 万亩，现有梭梭林接种肉苁蓉 3 万亩。新栽梭梭，全部按照新造林模式，布局在项目区内，根据工程进度分步实施。由于新栽梭梭树种单一，集中连片。肉苁蓉接种时间从造林后两年开始，并根据成活率、生长势、沙障模式选择机械接种或人工种植。

（2）设计依据。

该项目设计方案制定的依据为：《造林作业设计规程》（LY/T 1607—2003）、《内蒙古自治区主要造林树种苗木标准》《造林技术规程》（GB/T 15776—2016）、《内蒙古自治区造林技术规程》（DB15/T 389—2003）、《节水灌溉技术规范》（GB/T 50363—2006）、《梭梭、肉苁蓉规范化生产技术标准操作规程》《肉苁蓉种植技术规程》（DB15/T 599—2013）。

（3）项目内容。

①种子采集、分级与处理。

种子采集：选择单株健壮、无病虫害的肉苁蓉作为采种母株，可借助棉球进行人工异花授粉，授粉一周后种子开始发育，四周后成熟，可持续约 20 天，为防止早熟种子脱落，在整株花朵完全授粉后，用尼龙布带套住肉苁蓉头，下部用绳子扎住，待整株完全成熟后采收，阴干后储藏于阴凉、干燥处备用。

种子千粒重测定与分级：将除去杂质的纯净肉苁蓉种子充分混合均匀，不加选择地从中连续随机数取三份 1 000 粒试样，用电子秤称重，取差距最小的两份试样计算平均千粒重，并测定种子活力、发芽率。

②接种时间与接种地土壤。

接种时间全年均可，但春季接种比秋季接种要好，因为春季接种后可使肉苁蓉有一个完整的生长期，在秋季接种后很快就进入了漫长的冬季休眠期，梭梭根系和肉苁蓉都停止了生长，无形中延长了生长周期，不利于提高肉苁蓉产量。接种的时间以 3 月中下旬至 4 月中下旬最好，这个时间是梭梭根系年生长高峰的开始时期，此时接种可提高肉苁蓉接种成功率。接种地土壤以通气性良好的沙土为宜。

③接种方法。

选择生长良好的天然或人工梭梭林，在距梭梭主干 40～60 cm 处挖 1～2 穴，穴深 40～60 cm。接种方法主要有营养诱导法和接种纸接种法。

营养诱导法：用 $1\,000\times10^{-6}$ 乙酞水杨酸水溶液等营养诱导物质拌和黏土制作直径 10 cm，厚 2～3 cm 的接种盘，将处理过的种子 40～60 粒均匀撒在接种盘上，上覆沙土后置于接种坑内梭梭根系分布密集处，用 50×10^{-6} 浓度的 ABD 生根剂、ABT（3）号生根粉水溶液喷洒毛根及周围沙土，然后将 1 kg 腐熟肥与沙土混合均匀后回填至距坑口 10 cm 左右，每穴灌水 10～15 kg，待完全渗入后做好标记，覆土踩实。

接种纸接种法：接种纸接种法是一种专门用于接种寄生植物种子的特殊方法，在试验中易于控制种子的用量和位置，是十分有效的方法。具体做法是：用胶泥（一种黏度很高、透水透气性良好、颗粒小的泥）加水搅拌至一定黏度，加入适量种子拌匀。用刷子将泥浆均匀刷在一张约 10/25 cm 的纸带上，这样种子就被均匀涂布并粘于纸带上。接种时将纸带垂直种在寄主根旁 50～70 cm 不等的深度。然后每穴灌水 10～15 kg，待完全渗入后做好标记，覆土踩实。这样做的好处是：①种子平铺在种子纸上与根的相对面积很大，接触的机会较多；②梭梭根的向肥性会使其伸向带有有机肥和微量元素的种子纸，增加了肉苁蓉寄生的机会。

④抚育管理与病虫害防治。

肉苁蓉接种后的抚育管理主要是通过对其寄主梭梭的抚育管理来实现，参见梭梭抚育管理，具体管护由建设单位进行管理。肉苁蓉常见病害主要有腐烂病，发病时会使肉质茎腐烂。可在接种时施入一定量的杀菌剂进行预防。虫害主要有金龟子和娇蟾，其幼虫钻入地下啃食肉苁蓉，影响肉苁蓉生长和质量。可用40%锌硫磷乳油1 000～1 200倍液防治。

2．经济作物林

1）经济林的定义

经济林是指利用乔、灌木的花、叶、皮、干、根、种子、果实、果壳、果仁、树液、树脂、寄生植物等作为原料，加工制成油脂、芳香油、淀粉、食品、纤维、饮料、肥料、填料、药材等成品和半成品，为多种行业发展提供必需品。因地制宜地发展单一树种、多种混交林、林草、林粮、林果等间作。具有适应各种生态环境的树种，一切视为不可耕种的劣质土地都可以营造经济林。

在西北地区发展经济林，是贯彻落实禁牧、退耕还林还草政策有效的林业措施。将原来单一的林业结构向产出型、经济效益型转化，实现公助、农牧民企业生产，沙产业负责技术指导，产品收购、加工、销售，提供新技术、种子和苗木。形成乡镇企业新的产业链和经济增长点，从而促进农村、沙区经济向农、工、贸一体化，一级、二级、三级产业结构形成，并向产前、产中、产后社会化服务的现代化大农业方向发展。

2）经济林的分类

我国西北地区经济林分为天然林和人工林栽培两种类型。它们不仅提供特有各种经济价值的功能和效益，还有与防护林、用材林、薪炭林一样，绿化、美化、净化环境，防风固沙，保持水土，涵养水源，保护农田牧场，改良盐碱和湿地，改善小气候等功能和三大效益，对人类发展和国民经济可持续发展具有突出贡献。其根据产品用途可分为十大类。

（1）油脂类。利用果实、果仁加工成食用、医用、工业等用油。如核桃、文冠果、沙棘、榛、巴旦杏、花椒。

（2）芳香类。利用树木花提取芳香精，具有特殊用途，经济价值高。如玫瑰花、木香。

（3）淀粉类。以果实和种子提取淀粉，用于食品、饲料、工业。如板栗、枣、柿、沙枣、银杏、栎类等。

（4）饮料类。利用果实、树液加工成饮料。如沙棘、白刺、树莓、穗醋栗、越桔、野蔷薇等。

（5）纤维类。利用树木的枝、皮、干等下脚料，制作纺织品、纤维板、纺织等。主要有沙柳、乌柳、罗布麻、毛条等灌木和乔木的下脚料。

（6）鞣料、染料、树液、树脂类。以树皮、树根、果实中浸提单宁、染料，将树液、树胶、树脂加工成糖料、松香、松节油等。华北、新疆落叶松和油松、云杉、糖槭等。

（7）药类。树木的根、茎、叶、皮、花、果实等入药，有枸杞、木通、酸率、槐、麻黄、黄连木等 50 余种。

（8）寄生生物类。昆虫在树上的分泌物、虫瘿、根、皮、枝干寄生植物可入药和食用及工业用，如白蜡、桑、青麸杨、梭梭、槲寄生等。

（9）饲料、肥料类。利用乔灌木的嫩枝、叶、根、皮等为饲料或肥料改良土壤。有杨柳榆类、紫穗槐、锦鸡儿等树种。

（10）果品类。众所周知，不再赘述。

目前利用高科技从植物体内提取毒素，防治病虫害和医用，如苦豆子、沙冬青、狼毒等，不久的将来将从树木体内提取防冻美容素等。

3）经济林的发展趋势

对于经济落后、人民生活相对比较贫困的西北地区，积极发展沙区经济林，可以为广大农村沙区增加多种类型的新产业，吸纳农业剩余劳动力，减少耕地的农业人口负载，提高农民经济收益。目前我国经济林的发展仍处于起步阶段，尤其是在西北地区，经济林的发展速度滞后于防护林、用材林等林业的发展。但是在我国西北地区，沙区经济林有着巨大的发展潜力，如肉苁蓉、蒴杨、甘草、杏树、枸杞等沙区植物蕴藏着巨大的经济潜力，只需在充分研究国内外市场的基础上，适当选择，制订相应的培育计划，逐步完善产品供销链条，我国的沙区经济产业将得到长足发展并占领国际市场。

【案例 7】内蒙古某县的经济林种植实例

（1）项目概况。

项目区内种植花棒、杨柴、枸杞等乡土树种造林 0.5 万亩，集中布置在道路两侧，以防护和景观为主兼顾经济效益。

（2）设计依据。

该项目设计方案制定的依据为：《造林作业设计规程》（LY/T 1607—2003）、《内蒙古自治区主要造林树种苗木标准》《造林技术规程》（GB/T 15776—2016）、《内蒙古自治区造林技术规程》（DB15/T 389—2003）、《节水灌溉技术规范》（GB/T 50363—2006）。

（3）项目内容。

苗木选择：按照因地制宜原则，优先选择生态功能与经济功能俱佳的乡土树种和经引进试验成功的树种，不选用侵害性树种，并充分考虑病害与转主寄生、森林防火等因素，合理地进行树种、树龄搭配。

苗木种植：对施工人员进行培训，使其熟悉施工图纸，根据设计要求进行树种材植选择。种植期选在春季与秋季，避开高温少雨季节，在出现数场大雨并出现连续阴天时最为适宜。具体种植方案见表 6.2。

表 6.2　种植方案一览表

	名称	规格	栽植模式/m
经济林	苹果梨	2 年生裸根苗，高≥80 cm，地径≥1 cm	2×3
	黑果枸杞	2 年生裸根苗，高≥40 cm，地径≥0.6 cm	1×1
	欧李	2 年生裸根苗，高≥50 cm，地径≥0.4 cm	1×1
	苹果	2 年生裸根苗，高≥80 cm，地径≥1 cm	2×3
	蒙古扁桃	2 年生裸根苗，高≥100 cm，地径≥1 cm	2×3
	沙棘	2 年生裸根苗，高≥50 cm，地径≥0.5 cm，雌雄比例 8∶1	2×3
	红枣	2 年生裸根苗，高≥80 cm，地径≥1 cm	2×3
	枸杞	3 年生裸根苗，高≥100 cm，地径≥1 cm	1×1

后期管护：在种植后项目区采用封禁管理，以防止牲畜啃食。同时项目区病虫害防治贯彻“预防为主、防治结合”的基本方针，将林区病虫害防治贯穿于整个建设环节之中。一旦发生病虫害，采用生物、机械和化学防治相结合的方法进行防治。

6.4　本章小结

沙漠治理作为维护山水林田湖草沙生态体系的重要一环，长期以来受到党中央、国务院的高度重视。习近平总书记 2014 年在考察内蒙古时指出，“内蒙古的生态状况如何，不仅关系全区各族群众生存和发展，也关系东北、华北、西北乃至全国的生态安全。要努力把内蒙古建设成为我国北方重要的生态安全屏障”。2018 年 3 月 5 日习近平总书记在参加十三届全国人大一次会议内蒙古代表团审议时强调：“要加强生态环境保护建设，统筹山水林田湖草治理，精心组织实施京津风沙源头治理、‘三北’防护林建设、天然林保护、退耕还林、退牧还草、水土保持等重点工程，实施好草畜平衡、禁牧休牧等制度，加快呼伦湖、乌梁素海、岱海等水生态综合治理，加强荒漠化治理和湿地保护，加强大气、水、土壤污染防治，在祖国北疆构筑起万里绿色长城。”

同时，沙作为山水林田湖草沙一个生态文明命运共同体的重要组成部分，沙漠治理对沿线水源治理、荒漠造林、减少沙尘气候均有突出的作用。内蒙古作为我国主要的沙漠分布区域，对内蒙古境内的沙漠治理更是迫在眉睫。有效的沙漠治理，更可以阻断沙漠下风口广大地区沙尘暴的直接源头，减少沙漠对黄河、乌梁素海流域、河套平原农业区乃至华北平原北部地区构成直接的风沙危害和威胁，形成生态屏障，构筑起我国北方的一条生态安全屏障。

本章从内蒙古沙漠治理切入，以乌梁素海流域山水林田湖草生态保护修复试点工程中沙漠治理部分为例，详细介绍了沙漠治理工程的实施方式，期望提供一种沙漠治理的新模式以供读者参考。本章从具体工程实例拓展到目前实用的多种沙漠治理技术方案，如草方格沙障固沙、黏土平铺式网格状沙障固沙、工业品材料固沙、生物沙障固沙、植物固沙、生物土壤结皮固沙，并从防沙固沙拓展到当地经济的发展、沙产业的建立，以梭梭树接种肉苁蓉与发展经济作物林为例，找寻一条治理沙漠与发展沙漠经济相结合的产业化治沙道路，旨在达成从荒漠黄沙向绿水青山的转变，构建起沙、水、林、田、动物、人和谐相处的整体生态系统的最终目标。

参考文献

[1] 吴钢，赵萌，王辰星．山水林田湖草生态保护修复的理论支撑体系研究[J]．生态学报，2019，39（23）：8685-8691．

[2] 罗明，于恩逸，周妍，等．山水林田湖草生态保护修复试点工程布局及技术策略[J]．生态学报，2019，39（23）：8692-8701．

[3] 田野，冯启源，唐明方，等．基于生态系统评价的山水林田湖草生态保护与修复体系构建研究——以乌梁素海流域为例[J]．生态学报，2019，39（23）：8826-8836．

[4] 李红举，宇振荣，梁军，等．统一山水林田湖草生态保护修复标准体系研究[J]．生态学报，2019，39（23）：8771-8779．

[5] 吴浓娣，吴强，刘定湘．系统治理——坚持山水林田湖草是一个生命共同体[J]．河北水利，2019（1）．

[6] 朱冬楠．基于同位素技术和水文地球化学的寒旱区人工控制湖泊研究[D]．呼和浩特：内蒙古农业大学，2014．

[7] 李振龙．美丽的乌梁素海[J]．中国水产，2006，370（9）：80．

[8] 张晶．守卫乌梁素海“蓝”[J]．实践（思想理论版），2019（5）．

[9] 罗强．基于遥感数据的乌梁素海水质参数及湿地演化反演研究[D]．呼和浩特：内蒙古农业大学，2011．

[10] 张森林．谈芦苇收割机的研制[J]．农机使用与维修，2006（2）：10-11．

[11] 秦峰，李玉梅，杨小华．2001—2010年我国湿地恢复研究的文献计量学分析[J]．安徽农业科学，2013（2）：904-906．

[12] 刘春兰．白洋淀湿地退化与生态恢复研究[D]．石家庄：河北师范大学，2004．

[13] 梁永亮，辛颖，武周虎，等．马踏湖水流水质数学模型及其应用研究[J]．青岛理工大学学报，2013（5）：61-66．

[14] 蔡建华，周全民，牛赟．张掖城市（北郊）湿地恢复与治理技术研究[J]．防护林科技，2010，000（002）：87-90．

[15] 姚海燕，王纪忠，付丽娜．山东无棣县盐碱地综合治理、改良措施与成效[J]．农业工程技术·综合版，2017（3）．

[16] 林炳条．湿地保护与湿地生态修复技术[J]．现代农业科技，2010（6）．

[17] 董胜，袁朝辉，谷超，等．基于多科学技术融合的智能农机控制平台研究综述[J]．西部探矿工程，2013（3）．

[18] 缪建新．浅析临泽县盐碱地治理现状及思路措施[J]．甘肃农业，2012（1）．

[19] 罗以筛．盐碱地改良利用技术研究[J]．农业灾害研究，2011（2）：24-44.
[20] 邹福星，李建平，楼建忠．水生植物机械化采收与能源化利用[C]．会议论文，2010（10）.
[21] 邹良栋．盐碱地改良利用技术研究[J]．农业灾害研究，2011（2）.
[22] 张嘉琦，方祥光，高晓月．沉水植物过度的生物控制技术研究进展[J]．农业环境与发展，2013（3）：66-68.
[23] 朱请顺．草鱼对沉水植物过度生长的控制技术[J]．天津农业科学，2014（9）：92-95.
[24] 张宇，王圣瑞，李重祥．沉水植物对富营养化水体的修复作用[J]．内蒙古草业，2012（3）：23-43.
[25] 汪海霞，吴彤，禄树晖．我国围栏封育的研究进展[J]．黑龙江畜牧兽医（上半月），2016（5）：89-92.
[26] 胡丹．辽宁省青山工程围栏封育项目绩效评价[J]．安徽农业科学，2015（11）：161.
[27] 王成尧，梅杰，刘阳阳．封山育林模式与发展对策研究[J]．农家科技旬刊，2015（7）.
[28] 谢连臣．浅析封山育林工作的重要性[J]．科技致富向导，2015（1）.
[29] 广西壮族自治区人民政府．广西壮族自治区工程封山育林项目暂行管理办法[S].
[30] 封山（沙）育林技术规程（GB/T 15163—2004）.
[31] 马兴堂．五丈原林场封山育林工程的设计与实践[J]．现代农业科技，2019，740（6）：118-119.
[32] 齐杨，于洋，刘海江，等．中国生态监测存在问题及发展趋势[J]．中国环境监测，2015（6）：9-14.
[33] 李政．生态环境监测及其在我国的发展[J]．资源节约与环保，2016（2）：97-98.
[34] 肖文发，韩景军，马娟．美国国家森林健康监测与评价计划及对我国的启示[J]．世界林业研究，2012（3）：67-74.
[35] 飞播种草技术规程（NY/T 635—2002）.
[36] 扈延成，崔凯，巴布拉，等．赤峰市飞播种草治理退化、沙化草地关键技术研究[J]．现代农业科技，2015（10）：243-245.
[37] 戴国良，董立军，马宇．浅谈科尔沁沙地飞播造林技术[J]．内蒙古林业，2013（4）：21.
[38] 卢卫平．西部地区退耕还林工程存在的问题及解决对策[J]．农村科技，2008（7）：98.
[39] 岷县人民政府．岷县新一轮退耕关林实施方案.
[40] 孟子烨．我国草原虫害生物防治技术应用现状[J]．山西农经，2017（18）：56.
[41] 程天亮，冯今，吴江，等．甘肃省草原虫害生物防治技术研究与推广进展[J]．甘肃畜牧兽医，2017（2）.
[42] 李雁，张金海，唐玉红，等．白僵菌在贵阳城市森林虫害防治中的应用[J]．中国城市林业，2012，10（5）：55，57.
[43] 汪晓春．农田水利节水技术与措施分析[J]．科学技术创新，2013（34）：260.
[44] 李东洋．国外的节水灌溉模式[J]．农村科技，2006（1）：69.
[45] 张寅虎．高效节水灌溉方式及其优缺点浅析[J]．建筑工程技术与设计，2015（14）.
[46] 罗文杰，李建军．从五丈原林场的地类变化看封山育林效果[J]．陕西林业科技，1999（3）：23-25.
[47] 王瑛，李媛，张军林．对我国生态监测发展现状的探讨及几点建议[J]．环境与发展，2017（7）.
[48] 周自恒．Mezyad 沙漠景观公园对我国沙漠化防治的意义[J]．美与时代（城市版），2016（3）：75-76.
[49] 魏亚娟，左小锋，汪季，等．PLA 沙障在荒漠化防治中的应用综述[J]．内蒙古农业大学学报：自

然科学版，2017（6）：86-93.
[50] 常兆丰. 甘肃河西60年防沙治沙的问题及出路[J]. 干旱区资源与环境，2019（9）：153-159.
[51] 赖俊华，张凯，王维树，等. 化学固沙材料研究进展及展望[J]. 中国沙漠，2017（4）：645-658.
[52] 王涛. 荒漠化治理中生态系统、社会经济系统协调发展问题探析——以中国北方半干旱荒漠区沙漠化防治为例[J]. 生态学报，2016（22）：7045-7048.
[53] 乔牡丹. 库布齐沙漠不同地类生态治理技术应用探讨[J]. 内蒙古林业，2017（4）：10-11.
[54] 雄鹰. 内蒙古防沙治沙法治建设对策研究[D]. 兰州：西北民族大学，2017.
[55] 郭秀丽，周立华. 企业参与沙漠化治理的相关建议[J]. 环境保护，2018（1）：47-50.
[56] 姜海光. 浅谈内蒙古沙漠沙地治理现状、问题与建议[C]. 中国治沙暨沙业学会2018年学术年会，2018.
[57] 赵学庆. 人工藻结皮技术及其在沙漠治理中的运用[J]. 现代园艺，2018，355（7）：86-87.
[58] 周春丽，刘会强. 沙漠藻研究回顾及趋势分析[J]. 伊犁师范学院学报：自然科学版，2017（11）：69.
[59] 宁宝英，马建霞，姜志德，等. 沙障技术演化特点及发展趋势（英文版）[J]. 资源与生态学报，2013（4）：404.
[60] 赵勇. 生态垫覆盖在沙漠治理中的应用研究[J]. 农业工程技术，2017（2）：32-33.
[61] 麻云霞，王月林，李钢铁，等. 生物地毯治沙工程——生物结皮现状的研究进展[J]. 草地学报，2019，27（3）.
[62] 李志敏. 乌兰布和沙漠防治情况及对策建议[J]. 南方农业，2017（30）：122-123.
[63] 李锦荣，郭建英，董智，等. 乌兰布和沙漠沿黄段不同治理措施的风沙运移特征及其防护效果[J]. 干旱区资源与环境，2016（8）：113-119.
[64] 吕建平，程大元，曹忠，等. 乌兰布和沙漠沙障设置技术[J]. 内蒙古林业，2017（6）：24.
[65] 邓晓红，付永飞，倪俊艳，等. 乌兰布和沙区沙产业发展建议[J]. 内蒙古林业，2017（4）：24.
[66] 那平山，李寒雪，徐洪峰，等. 西北地区沙产业经济林栽培及策略[C]. 庆贺中国治沙暨沙业学会成立10周年，2003.
[67] 张丽霞. 中国沙漠化土地成因及治理的主要模式[J]. 陕西林业科技，2016（3）：77-79.